纳米薄膜材料与技术

主　编　宋　超
副主编　王　祥　张　毅

東北林業大學出版社
Northeast Forestry University Press
·哈尔滨·

举报电话： 0451-82113295

图书在版编目（CIP）数据

纳米薄膜材料与技术 / 宋超主编 ; 王祥, 张毅副主编. -- 哈尔滨 : 东北林业大学出版社, 2024. 8.

ISBN 978-7-5674-3672-5

Ⅰ. TB383

中国国家版本馆 CIP 数据核字第 20242YT133 号

责任编辑： 彭　宇

封面设计： 寒　露

出版发行： 东北林业大学出版社

（哈尔滨市香坊区哈平六道街 6 号　邮编：150040）

印　　装： 河北万卷印刷有限公司

开　　本： 787 mm × 1092 mm　1/16

印　　张： 13.25

字　　数： 228 千字

版　　次： 2024 年 8 月第 1 版

印　　次： 2024 年 8 月第 1 次印刷

书　　号： ISBN 978-7-5674-3672-5

定　　价： 88.00 元

前言
FOREWORD

《纳米薄膜材料与技术》是一本针对纳米薄膜材料研究的系统性教材，致力于搭建纳米薄膜科学与技术的全面框架，旨在推动读者对纳米薄膜材料有深入而系统的理解。

第一章对纳米材料进行了全面的概述，包括基本概念、基本结构单元和基本效应。这些内容为读者建立了全面的基础知识，帮助他们理解纳米尺度下材料的特性变化和新出现的现象。第二、三章着重介绍了纳米薄膜材料，详细阐述了纳米薄膜材料的概念、分类和性能，并深入讨论了表面薄膜与真空物理基础。这对理解纳米薄膜材料的制备和使用至关重要。第四、五章专门探讨了纳米薄膜的制备和表征技术，包括物理方法、化学方法、分子组装法，以及厚度的测量与监控、表面成分和组织结构分析、光电性能分析和力学性能，可帮助读者了解纳米薄膜的实际操作和性能评估。第六章详细阐述了纳米薄膜材料在微电子、能源、环境和生物医学等领域的应用。帮助读者了解纳米薄膜材料的实际应用和发展趋势。

本书内容详尽、深入浅出，适合材料领域的工程师、科研人员阅读，同时也适合作为高等学校材料科学与工程专业、纳米科学与技术专业的教材。每一章的内容都经过精心编排，既可以单独阅读，也可以作为整体理解纳米薄膜科学与技术的一部分；每一节都力图用通俗易懂的语言解释复杂的科学概念和技术原理，尽可能地将深奥的科学知识普及给更广大的读者。

本书参编人员有张博栋、刘汉旭。本书获韩山师范学院教材出版和韩山师范学院材料科学与工程学院专业建设资助，同时也感谢大健康产业校企共建协同创新中心（2022 凯普专项 – 0002/b22088）、广东省科技发展专项资金（一事一议项目）（2017B090921002）、广东省教学质量与教学改革工程项目（HSGDJD–KCJ22822、HSGDJG22783）、韩山师范学院教学质量与教学改革工程项目（HSCY231075）的支持。

由于作者水平有限，书中难免存在不足之处，恳请广大读者批评指正。

作者

2023 年 10 月

目录
CATALOG

第一章　认识纳米材料

纳米科技是20世纪80年代末90年代初发展起来的新兴前沿领域，被视为与150年前的微米科技一样，能引起材料性能的重大改变和生产方法的巨大改变，将引发一场工业革命。本章将阐述纳米材料的概念、分类、基本结构单元及基本效应。

第一节　纳米材料概述

一、纳米材料的概念

20世纪90年代以来，纳米科学和技术已经成为全世界材料、物理、化学、生物等众多学科的研究热点之一，纳米材料的出现为人们提供了一个从介观尺度上认识和改造世界的新途径，它所表现出的独特的科学框架、丰富的科学内涵、奇异的物理和化学特性以及诱人的应用前景，已引起人们广泛的兴趣，并迅速成为材料、凝聚态物理、生命科学及化学等相关学科关注和研究的热点。

纳米（nm）就字面来说，只是一种尺度，它和人们所熟悉的米、毫米、微米一样都是长度计量单位。1 nm 等于 10^{-9} m，形象地描述1 nm 为 3 ～ 4 个原子排列在一起的宽度；如果用最小的氢原子来排列的话，1 nm 约是 10 个氢原子的宽度；人体内的血红细胞的直径约为 8×10^{3} nm；人头发的直径有 6×10^{4} ～ 8×10^{4} nm，而人的身高则高达十几亿纳米。

纳米材料是指在三维空间至少有一维处于纳米尺度（1 ～ 100 nm）范围或由它们作为基本单元构成的材料。纳米材料的基本单元或组成单元可由原子团簇、纳米微粒、纳米线或纳米膜组成。纳米材料可由晶体、准晶、非晶组成。近年来，纳米材料的基本单元的尺寸有大幅降低的趋势，纳米材料亦可定义为具有纳米结构的材料，纳米结构是一种显微组织结构，其尺寸介于原子、分子和小于 0.1 μm 的显微组织结构之间。纳米结构也是某种形式的材料或物质，本身就是一种纳米材料。原子团簇、纳米微粒、纳米孔洞、纳米线、纳米薄膜均可组成纳米结构。

二、纳米材料的发展

古代著名的使用纳米材料的例子是收藏于大英博物馆的莱克格斯酒杯（lycurgus cup）。莱克格斯酒杯制造于 4 世纪的罗马帝国，采用的材料是混入了金纳米颗粒的玻璃，混入纳米颗粒的直径约 70 nm。由于金纳米颗粒的局域表面等离子体共振（local surface plasma resonance，LSPR）效应，当光源在酒杯内部时，光线穿透含有纳米粒子的玻璃，纳米颗粒会吸收与其发生共振的光子，酒杯呈现出金纳米粒子的颜色——红色；当光源在酒杯外部时，光线不穿透含有纳米粒子的玻璃，酒杯呈现出玻璃本身的颜色——绿色。局域表面等离子体共振是当光线入射到金属纳米颗粒上时，光波与金属表面自由电子发生集体共振，导致发生共振的光子被吸收的现象。因此，不同粒径的金属纳米颗粒呈现不同的颜色，纳米颗粒的组成、形状、结构、尺寸、局域传导率都会影响纳米颗粒溶液的颜色。古罗马人并不知道纳米粒子 LSPR 的原理，但他们发现了这种现象并将其应用到了莱克格斯酒杯上。

我国古代青铜器经久不腐也是因为使用了纳米材料。经现代研究发现，古代青铜器、铜镜的表面有纳米级的微晶或非晶二氧化锡构成的薄膜，这层薄膜不易腐蚀，且具有光泽。这是因为二氧化锡薄膜在纳米级微晶和非晶态存在时是透明的，且薄膜中不同位置的缺陷等使得其光学性质有一定差异，导致反射光有散射现象，从而导致高锡锈层的玻璃质光泽和玉质感。

将纳米材料真正作为一项科学研究开始于 1861 年，随着胶体化学学科的建立，科学家们开始针对直径为 1 ～ 100 nm 的粒子体系进行系统的研究，但当时还没有人提出纳米材料的概念。

1959 年，美国物理学家、诺贝尔奖获得者理查德 · 费曼（Richard P. Feynman）在《底层大有可为》（*Plenty of Room at the Bottom*）的演讲中首次提出了纳米科技的概念，被视为现代纳米科技的开端。

20 世纪 60 年代，科研人员开始对分散的纳米粒子进行研究，探索用各种方法制备不同材料的金属纳米颗粒，开发和评价纳米材料的表征方法，探索纳米材料不同于常规材料的特殊性能，但这一阶段的大部分研究都局限在单一材料得到的纳米颗粒。

1974 年，Taniguchi 最早使用 nanotechnology（纳米技术）一词，该词最初是用来描述微米和微米技术无法实现的精细机械加工。后来，纳米技术才逐渐扩展为通过原子分子组装来制备纳米材料。

20 世纪 80 年代初，扫描隧道显微镜（scanning tunneling microscopy，STM）的发明为观察原子、分子微观世界提供了可能，并使人类有了操纵原子分子的有力工具，对微纳米材料的研究产生了很大的促进作用。

1985 年，德国萨尔兰大学的 Gleiter 在高真空条件下将粒径为 6 nm 的铁纳米颗粒原位加压成型，得到铁纳米微晶构成的块体材料，标志着纳米材料的研究进入了新阶段。同年，英国化学家克罗托和美国科学家斯莫利等在氦气流中进行激光汽化蒸发石墨实验，首次制得由 60 个碳组成的碳原子簇结构分子 C_{60}。

1989 年，Don Eigler 首次通过扫描隧道显微镜在表面操控 35 个氙原子，在镍晶体表面拼写出“IBM”3 个字母。

1990 年 7 月，在美国举办的第一届国际纳米科学技术会议，正式把纳米材料作为材料学科的一个新分支，标志着纳米科技正式诞生。人们关注的热点开始从制备、研究单一材料的纳米颗粒转移到利用纳米材料已发现的特殊物化性质，设计和制备纳米复合材料，并探索纳米复合材料的特性。

1993 年，我国的中国科学院北京真空物理实验室用扫描隧道显微镜操纵原子成功书写了“中国”二字，标志着我国开始走在纳米科技研究的前沿。

1994 年至今，研究人员的兴趣集中在纳米组装体系、人工组装合成的纳米结构材料体系上，研究零维、一维、二维纳米材料在一维、二维和三维空间进行组装排列，逐步实现物微观信息存储与读取，在分子或原子尺度上加工与制造材料、器件和原子重排等。

三、纳米材料的分类

（一）按其空间维数分类

1. 零维纳米材料

零维纳米材料是指三维空间尺度的尺寸都在 1 ～ 100 nm 范围内的结构单元，这相当于 10 ～ 100 个原子紧密排列在一起的尺度。零维纳米材料包括纳米颗粒、超细粉、纳米团簇，人造原子、原子团簇和量子点等，它们之间的区别在于尺寸、成分和性能略有差异。零维纳米材料一般是通过“自下而上”的方法获得的，如化学合成、化学气相沉积、离子溅射等，“自上而下”的方法也能得到零维纳米材料，但尺寸较大且粒度分布更广。零维纳米材料的电子被局限在很小的空间内，无法自由运动，因此有局域表面等离子共振效应。零维纳米材料比表面积相比其他结构单元更大，因此这种纳米材料的反应活性、吸附能力都是最高的。

2. 一维纳米材料

一维纳米材料是指三维空间尺度的两个维度尺寸都在 1 ～ 100 nm 范围内的结构单元，长度为宏观尺度的纳米结构单元，包括纳米棒、纳米管、纳米纤维和纳米带等。一维纳米材料的制备常使用模板合成法、零维纳米结构单元自组装法、稳定剂法、分子束外延法、电弧法、激光烧蚀法等方式。稳定剂法是根据稳定剂在不同晶面的吸附能力不同，使得材料某一晶面可以生长，其他晶面无法生长，从而得到一维纳米材料。一维纳米材料的电子仅在一个方向上自由运动，因此有较好的导电性能，此外，其力学性能、吸附性能也非常优越。

3. 二维纳米材料

二维纳米材料是指在三维空间尺度的一个维度尺寸在 1 ～ 100 nm 范围内的结构单元，包括纳米薄膜、超晶格和量子阱等。二维纳米材料通常通过剥离块体层状材料、层层自组装、分子束外延、气相沉积等方法制备。最早发现的二维纳米材料石墨烯就是通过剥离法获得的。单层二维材料的表面原子几乎完全裸露，相比于体相材料，原子利用率大大提高。通过厚度控制和元素掺杂，我们就可以更加容易地调控能带结构和电学特性，因此二维纳米材料可以是导体、半导体，也可以是绝缘体。二维纳米材料的表面特性也有利于化学修饰，从而调控催化和电学性能。二维纳米材料的电子能在平面上自由运动，有利于电子器件性能的提升。由于二维纳米材料厚度很薄，因此其具备柔性且透明度高，可用于可穿戴智能器件、柔性储能器件等领域。

4. 三维纳米材料

三维纳米材料是指由零维、一维、二维纳米材料中的一种或多种组合成的复合材料，包括纳米金属、纳米陶瓷、纳米玻璃、纳米介孔材料和纳米高分子等。制备方法包括沉淀法、自组装法、模板法等。三维纳米材料包含纳米结构单元，性能明显高于传统材料，如纳米微晶陶瓷、金属基微晶材料等。

（二）按照化学组分分类

按照化学组分，纳米材料可以分为纳米金属、纳米氧化物、纳米硅酸盐、纳米碳素材料、纳米半导体和纳米复合材料等。各类材料都有其特定的制备方法，如物理气相沉积、化学气相沉积、溶液法、电化学法等。这些纳米材料因其各自的独特化学性质被广泛应用于各种领域，如电子器件、光电子学、催化、能源转换和存储、生物医学等。

（三）按照材料的物理性质分类

按照材料的物理性质，纳米材料可以分为磁性纳米材料、光学纳米材料、电子纳米材料和热性纳米材料等。这些纳米材料的物理性质被大大增强或调控，如磁性纳米材料在信息存储和生物医学中的应用、光学纳米材料在光电子和光催化中的应用、电子纳米材料在电子器件和能源存储中的应用。

（四）按照应用领域分类

按照应用领域，纳米材料可以分为结构用纳米材料、功能用纳米材料、信息用纳米材料、能源用纳米材料和生物医学用纳米材料等。各种纳米材料因其独特的性质和性能，已经在信息存储、能源转换和存储、环境保护和生物医学等领域得到广泛应用。

（五）按照形态分类

按照形态，纳米材料可以分为纳米颗粒、纳米固体、纳米磁性液体以及碳纳米管等。

1. 纳米颗粒型材料

纳米颗粒型材料也称纳米粉末，一般指粒度在 100 nm 以下的粉末或颗粒。由于尺寸小、比表面大和量子尺寸效应等原因，它具有不同于常规固体的新特性。

纳米颗粒材料用途广泛，包括高密度磁记录材料、吸波隐身材料、磁流体材料、防辐射材料、单晶硅和精密光学器件抛光材料、微芯片导热基与布线材料、微电子封装材料光电子材料、电池电极材料、太阳能电池材料、高效催化剂、高效助燃剂、敏感元件、高韧性陶瓷材料、人体修复材料和抗癌制剂等。

2. 纳米固体材料

纳米固体材料（纳米块体材料）是具有纳米级晶粒的块状材料。这些材料可以通过高压缩或者热处理技术来制备。纳米晶粒的尺度小，使得材料内部晶界数量大幅增加，形成大量的晶界缺陷。这种特性导致了纳米固体材料具有超高的硬度和抗磨损性能，因此在耐磨材料和高硬度涂层等领域有着广泛的应用。

3. 纳米磁性液体材料

磁性液体（流体）是在超细（纳米）微粒表面，包覆一层有机表面活性剂，包覆后的复合颗粒高度弥散于一定基液中，而构成稳定的具有磁性的液体。它可以在外磁场作用下整体地运动，因此具有其他液体所没有的磁控特性。

磁性液体由三部分组成：磁性粒子、基液（也叫载液）和表面活性剂（稳定剂）。其中铁磁性颗粒一般选取 Fe_3O_4、铁、钴、镍等磁性好的超细纳米颗粒。正是由于铁磁性颗粒分散在载液中，因而磁流体呈现磁性。组成示例：①磁性微粒，Fe_3O_4、γ-Fe_2O_3、纯钴粉、铁钴合金，稀土小磁粉；②表面活性剂；③基液，酯类、烃类、水基、氟碳类、聚苯醚类（依磁性应用特点而定）。

四、纳米材料的研究意义

研究纳米材料的特性、制备、生产的纳米科技是21世纪极具发展前景和国际竞争力的高新产业之一。纳米科技现在已具有与150年前微米科技所具有的希望和重要意义。材料性能的重大改变和制造模式方法的改变，将引发一场工业革命。

以纳米材料为研究内容的纳米科技从诞生起就迅速引起世界各国尤其是大国的重视。1998年，美国总统克林顿主持内阁会议，订立国家纳米发展规划；1999年，日本首相森喜朗主持内阁会议，订立国家纳米发展规划；2000年，朱镕基总理会见时任中科院副院长的白春礼院士，成立国家纳米发展协调领导小组。世界科技强国争先恐后地订立规划，将纳米科技作为重要发展领域，并认为纳米技术将对面向21世纪的信息技术、生命科学、分子生物学、新材料等领域产生积极影响。在纳米科技领域占据主导地位的国家，能够在未来可能出现的新工业革命中取得更大的进展。

纳米材料的研究是科学领域的一项重要任务，它的意义在于可以利用纳米材料的独特性质来解决许多当前面临的问题，并开发出新的应用。

纳米材料的研究对于科学的发展具有重要的推动作用。纳米科学是跨学科的研究领域，涉及物理、化学、生物学、材料科学、工程等多个学科。纳米材料的研究不仅可以推动这些学科的发展，也为科学的整体进步提供了动力。通过对纳米材料的研究，科学家可以更深入地理解物质的性质，探索新的科学原理，以及开发出新的技术和方法。

纳米材料的研究对于技术的进步具有关键的作用。纳米材料具有许多独特的性质，如高的比表面积、良好的光电性能、特殊的磁性能等。这些性质为开发新的技术提供了可能，如纳米电子技术、纳米光电技术、纳米磁性技术等。通过利用纳米材料的这些性质，技术的性能可以得到大幅提升，满足日益严苛的技术要求。

此外，纳米材料的研究对于社会的发展也具有重大的影响。纳米材料在许多领域都有广泛的应用，如能源、环保、医疗、信息技术等领域。在能源领域，纳米材料可以用于制造高效的太阳能电池，提高能源的利用效率；在环保领域，纳米材料可以用于处理污染物，保护环境；在医疗领域，纳米材料可以用于药物递送，提高药物的疗效；在信息技术领域，纳米材料可以用于制造高性能的电子设备，推动信息技术的发展。

第二节　纳米材料的基本结构单元

一、团簇

原子、分子或离子团簇，简称团簇，是几个、几百个乃至上千个原子的聚集体，一般需要通过物理和化学结合力作用，如 Fe_n、Cu_nS_m、C_nH_m（n 和 m 都是整数）和碳簇（C_{60}、C_{70} 和富勒烯）。

团簇是一种物质初始状态，代表了物质的凝聚，也可以认为其是小分子或者原子物质向大块物质转变的过渡，是介于原子、分子与宏观固体之间的物质结构的新层次，有时被称为物质的“第五态”。当从原子演变到宏观块体材料时，四个原子之前的排列只有一种形式——四角排列，即四面体排列，当再增加一个原子到五个原子时，就有两种排列形式，即可能有两种长大的方式，如图 1–1 所示。

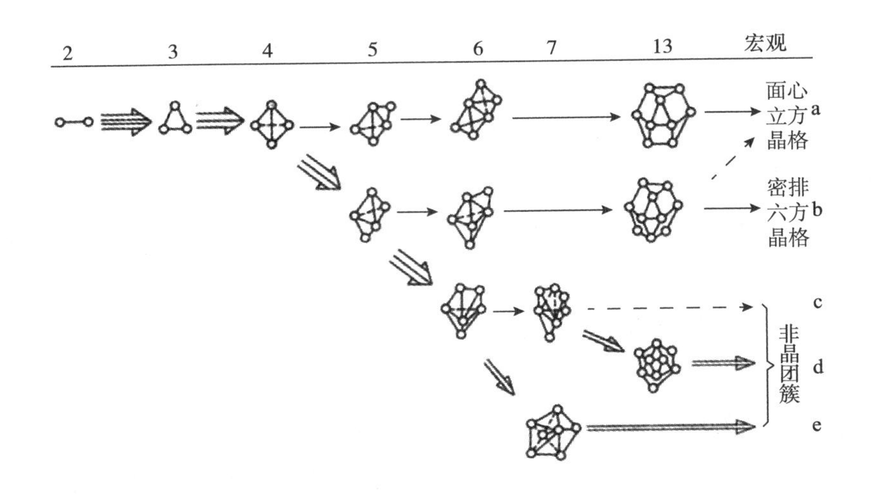

图 1-1　从原子到宏观块体材料的演变

原子团簇按照所属原子种类不同可分为多个种类：

（1）一元原子团簇，主要由金属团簇（如 Na_n、Ni_n 等）和非金属团簇组成。非金属团簇又可分为碳簇和非碳簇（如 B、P、S、Si 簇等）。

（2）二元团簇，如 In_nP_m、Ag_nS_m 等。

（3）多元团簇，如 $V_n(C_6H_6)_m$ 等。

（4）原子簇化合物，此类化合物由其他分子与原子团簇互相结合形成。

二、纳米粒子

纳米粒子是肉眼和一般的光学显微镜看不见的微小粒子，一般指颗粒尺寸在 1 ～ 100 nm 之间的粒状物质。它的尺度大于原子簇，小于通常的微粉。这类物质的尺寸只有人体红细胞的几分之一，小到需要使用高倍的电子显微镜才能够对其进行观察。根据组成物质的不同，可以将纳米粒子分为无机纳米粒子（主要是金属或非金属）、有机纳米粒子（主要是高分子或纳米药物）两大类。

一般而言，当物质粒子尺寸达到 1 ～ 100 nm 时，纳米粒子所含原子数范围在 10^3 ～ 10^7 个。其表面积比块体材料大得多，这就具备了纳米材料的基本效应，表现出许多纳米材料的特性，可以应用到航空航天、医疗、环保等领域。

粒子的结构特点对于物质的特性有很大的影响，很大程度上决定了物质的理化性质。纳米粒子的结构一般可以分为以下几种。

（一）晶体结构与纳米晶体超点阵结构

纳米粒子的几何尺寸对粒子的晶体结构具有决定性的影响，晶体的晶面生长速率也会对晶体结构有所影响。如图 1–2 所示为一立方 – 八面体纳米晶体粒子形态与 R（Rint，晶格）变化的过程。由图 1–2 可以看出，随着 R 值的不断增加，该立方—八面体纳米晶体粒子形态一直处于变化之中。

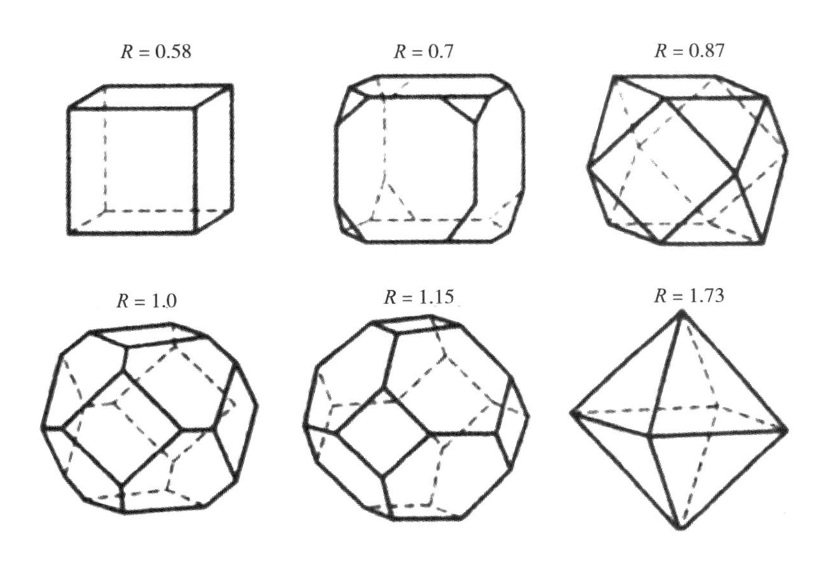

图 1–2　立方 – 八面体纳米晶体粒子形态随 R 值的变化

超点阵结构就是利用胶体化学的方法将尺寸和形态可控的无机纳米粒子与有机物分子耦合在一起形成的。

（二）有机物纳米粒子的结构

有机物纳米粒子的结构根据形成方法的不同可以分为三类。

1. 中空纳米球

中空纳米球是一类特殊的纳米粒子，其特征在于内部为空心，外壳由有机物质组成。这种结构具有较高的比表面积和多孔性，能够提供大量的表面活性位点。因此，中空纳米球在催化、药物载体、能源储存等领域有广泛应用。中空纳米球结构如图 1–3 所示。

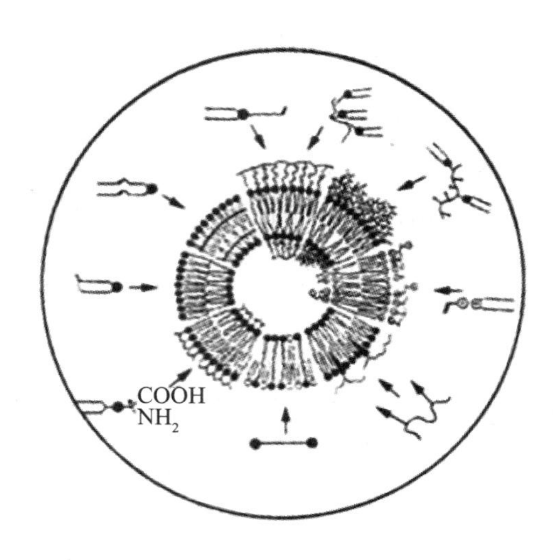

图 1–3　中空纳米球结构

2. 树枝状聚合物（Dendrimer）纳米粒子

树枝状聚合物纳米粒子是一类特殊的聚合物材料，其结构类似于树枝，分子中含有大量的分支结构。这种分支结构使得树枝状聚合物纳米粒子具有大量的功能基团，可以进行多种化学反应。在光电领域，树枝状聚合物纳米粒子可以作为光敏材料，用于生产光敏器件和光电转换器件。此外，由于树枝状聚合物纳米粒子的分支结构可以进行设计和调控，因此在材料科学和纳米技术研究中，树枝状聚合物纳米粒子被广泛应用于自组装和模板制备等领域。树枝状聚合物纳米粒子结构如图 1–4 所示。

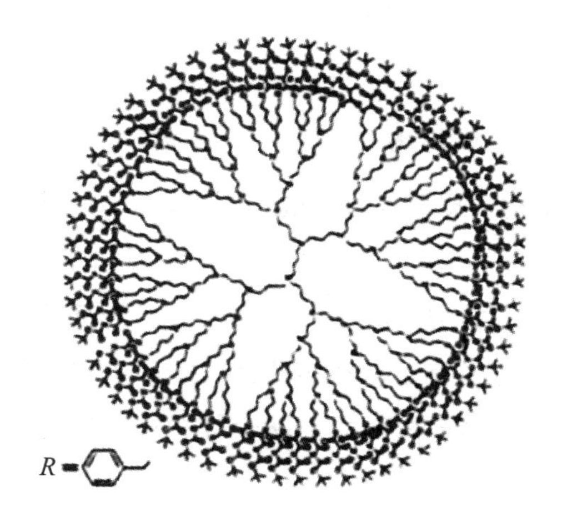

图 1–4　树枝状聚合物纳米粒子结构

3. 层状结构纳米粒子

层状结构纳米粒子是一类具有特殊层状结构的纳米粒子。这类纳米粒子通常由两种不同性质的有机物质通过自组装或者模板法形成。层状结构纳米粒子的层状结构使得这类材料具有良好的光电性能，因此在光电器件、能源转换器件中有着广泛的应用。例如，有机－无机层状结构纳米粒子在太阳能电池中被用作活性层，可以有效地吸收太阳光，并将其转换为电能。

层状结构纳米粒子主要采取逐层沉积的方法进行制备。可以形成层状结构的纳米粒子在静电的作用下吸附在物质表面，静电还可以继续吸附外一层的纳米粒子，如此循环往复即可形成多层结构的纳米粒子，如图 1–5 所示。

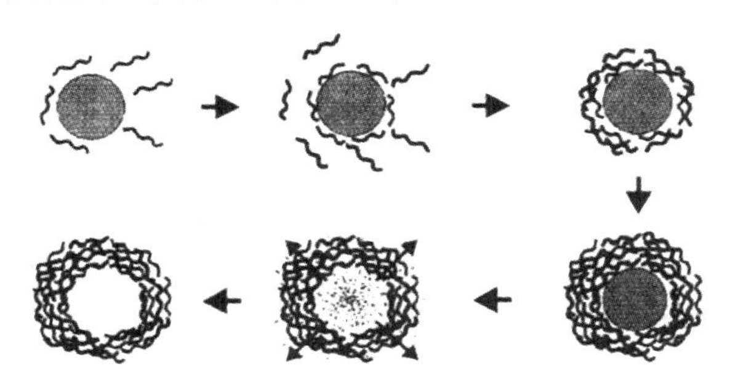

图 1–5　多层结构的纳米粒子的形成过程

（三）复合结构

人们通过原子或分子层级上纳米结构进行调整，已经获得了许多具有特殊结构和性质的纳米粒子，如图 1–6 所示。

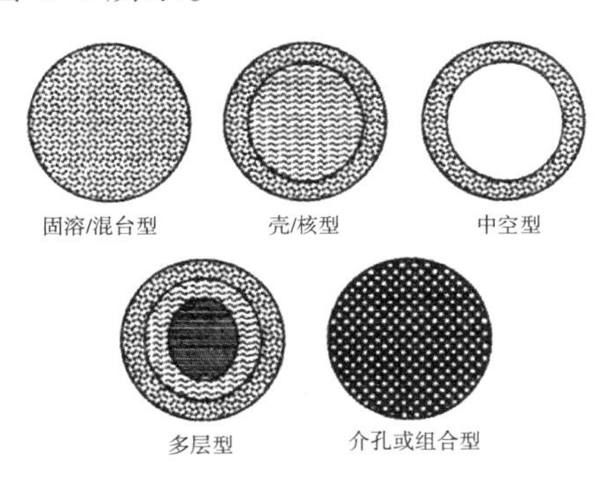

图 1–6　纳米粒子复合结构

三、人造原子

人造原子是20世纪末才出现的一个概念，有时人们也称其为量子点，是由一定数量的实际原子组成的聚集体，此类物质的尺寸处于纳米级别范围。

当电子波函数的相干长度与人造原子尺度相当时，电子在人造原子中的运动规律不能用经典物理解释，其波动极大，使得人造原子中电子输运表现出的量子效应十分显著，可为利用量子效应制造器件提供一定的理论指导。

四、准一维纳米材料

1991年，日本电气公司的饭岛（Iijima）等在研究巴基球分子的过程中发现了纳米碳管，由于其在介观物理学和纳米仪器制造中的特殊应用而得到人们的广泛关注。

准一维纳米材料是指在两个维度上是纳米尺寸，而其长度较大，甚至为宏观量级（如毫米、厘米级）的新型纳米材料。根据具体形状分为管、棒、线、丝、环、螺旋等。准一维纳米材料可用于制造纳米器件，如用作扫描隧道显微镜（STM）或原子力显微镜（AFM）的探针、纳米器件和超大集成电路中的连线、光导纤维、微电子学方面的微型钻头，以及复合材料的增强剂等。

第三节　纳米材料的基本效应

在纳米尺度下，物质中电子的波动性以及原子之间的相互作用将受到尺度大小的影响，物质会因此而出现完全不同的性质。即使不改变材料的成分，纳米材料的熔点、磁学性能、电学性能、光学性能、力学性能和化学活性等都将与传统材料大不相同，呈现出用传统模式和理论无法解释的独特性能与奇异现象。随着纳米科技研究的广泛和深入，科学界对纳米材料的这些独特性能和奇异现象从理论上进行了系统分析，发现了纳米材料的量子尺寸效应、小尺寸效应、表面效应、库仑堵塞效应、宏观量子隧道效应、介电限域效应和量子限域效应等基本效应，从而为人们学习和研究纳米科技与纳米材料提供了理论基础。

一、量子尺寸效应

量子化指的是物质某一物理量的变化不是连续的，而在与之相对应的经典力学中，物质的变化是连续的。

在量子力学中，阶梯式的变化被称为能级。我们可以根据能级与能级之间的间隔大小来判断物质材料的导电能力，间隔越小，导电能力越强，如图 1–7 所示。在纳米材料的研究中，该间隔称为能隙。

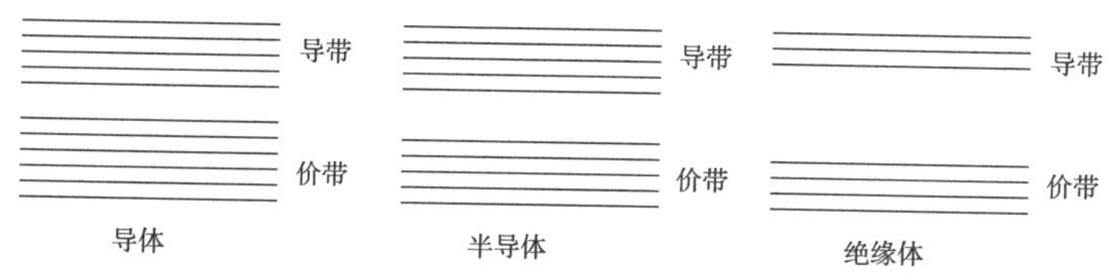

图 1–7　导体、半导体和绝缘体的能级间隔

量子尺寸效应指的是纳米材料的组成粒子尺寸下降到某一值或某一尺度时，粒子的电子能级由准连续变为离散能级，如图 1–8 所示。材料的性能也会发生改变。如图 1–9 所示，Ni_3Al 纳米复合材料的流变应力随 Ni_3Al 粒子尺寸的减小而发生变化。

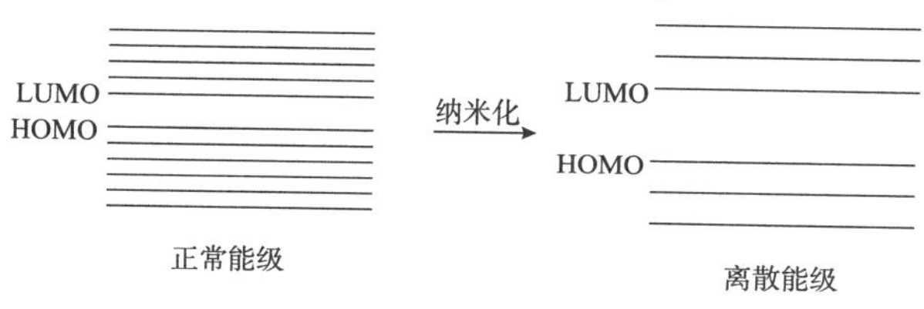

图 1–8　粒子能级变化

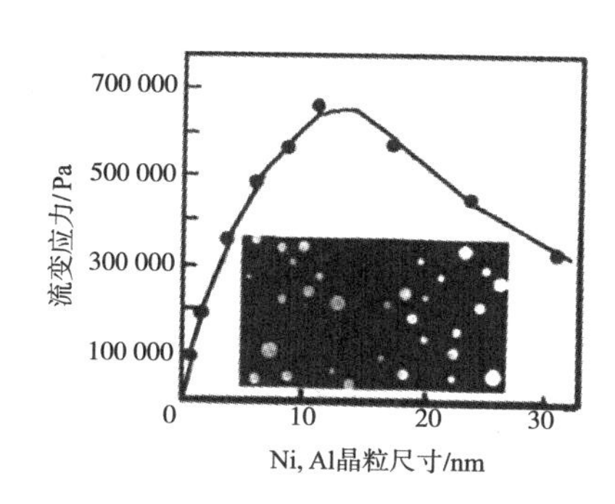

图 1–9　Ni_3Al 合金的流变应力与沉淀粒子 Ni_3Al 尺寸的关系

二、小尺寸效应

当超细微粒的尺寸与光波波长、德布罗意波长（de Broglie wavelength）以及超导态的相干长度或透射深度等物理特征尺寸相当或更小时，晶体周期性的边界条件

将被破坏；非晶态纳米微粒的表面层附近原子密度减小，声、光、电磁热力学等物性均会发生变化，这就是所谓的纳米粒子的小尺寸效应，又称体积效应。纳米粒子体积小，所包含的原子数很少，相应的质量极也较小，因此许多现象不能用通常有无限个原子的块状物质的性质加以说明。

（一）特殊的热学性质

固态物质在其形态为大尺寸时，其熔点是固定的，超细微化后发现其熔点将显著降低。例如，图 1–10 所示为金的熔点与金纳米粒子的尺度关系图。金的常规熔点为 1 064 ℃，当颗粒尺寸减小到 2 nm 时，熔点仅为 500 ℃左右。又如，当银粒子尺度在 150 nm 以上时，熔点为 960.3 ℃，以后银粒子的熔点随尺度变小而下降，当粒子尺度下降到 5 nm 时，熔点为 100 ℃。超微颗粒熔点下降的性质对粉末冶金工业具有一定的吸引力。在钨颗粒中附加质量分数达 0.1% ～ 0.5% 的超微镍颗粒后，可使烧结温度从 3 000 ℃降低到 1 200 ～ 1 300 ℃。在纳米尺度，热运动的涨落和布朗运动将起重要的作用。因此许多热力学性质，包括相变和“集体现象”，如铁磁性、铁电性、超导性和熔点等都与粒子尺度有重要的关系。

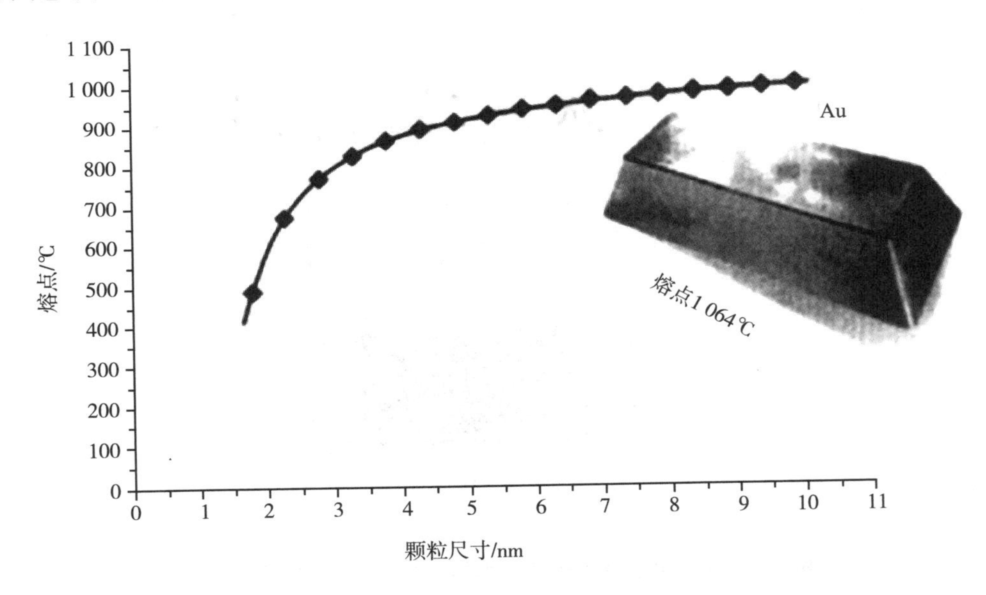

图 1–10　金的熔点与金纳米粒子的尺度关系图

（二）特殊的磁学性质

人们发现鸽子、海豚、蝴蝶、蜜蜂以及生活在水中的趋磁细菌等生物体中存在超微的磁性颗粒，可使这类生物在地磁场导航下辨别方向，具有回归的本领。磁性超微颗粒实质上是一个生物磁罗盘，生活在水中的趋磁细菌依靠它游向营养丰富的水底。通过电子显微镜的研究表明，在趋磁细菌体内通常含有直径为 20 nm 至 2 μm 的磁性氧化物颗粒。小尺寸的超微颗粒磁性与大块材料有显著的不同：大块的纯铁矫顽力约为 80 A/m，而当颗粒尺寸减小到 20 nm 以下时，其矫顽力可增加 1 000 倍；若进一步减小其尺寸，小于 6 nm 时，其矫顽力反而降低到零，呈现出超顺磁性。当前，利用磁性超微颗粒具有高矫顽力的特性，已做成高贮存密度的磁记录磁粉，大量应用于磁带磁盘、磁卡以及磁性钥匙等。利用超顺磁性，人们已将磁性超微颗粒制成用途广泛的磁性液体。

（三）特殊的力学性质

陶瓷材料在通常情况下呈脆性，然而由纳米超微颗粒压制成的纳米陶瓷材料却具有良好的韧性。因为纳米材料具有大的界面，界面的原子排列是相当混乱的，在由于外部作用力而产生内部应力的情况下，边界原子很容易发生迁移而消耗掉内应力，从而表现出极强的韧性与一定的延展性，使陶瓷材料具有新奇的力学性质。

（四）特殊的光学性质

当黄金被细分到小于光波波长的尺寸时，即失去了原有的富贵光泽而呈黑色。事实上，所有的金属在超微颗粒状态都呈现为黑色。尺寸越小，颜色越黑，银白色的铂（白金）变成铂黑，金属铬变成铬黑。由此可见，金属超微颗粒对光的反射率很低，通常可低于 1%，大约几微米的厚度就能完全消光。利用这个特性，作为高效率的光热、光电等转换材料，可以高效率地将太阳能转变为热能、电能；此外，又有可能应用于红外敏感元件、红外隐身技术等。

三、表面效应

图 1–11 为纳米颗粒与表面原子，从图中可以大致看出，纳米材料的一个结构特征是纳米颗粒具有较多的表面原子。表 1–1 为部分统计结果，当颗粒直径在约 4 nm 以下时，纳米颗粒具有较多的表面原子（30% ～ 50%），随着纳米颗粒直径的增大，表面原子百分比急剧下降，当达到纳米尺度的上限 100 nm 时，表面原子仅占 2% 左右。

图 1-11　纳米颗粒与表面原子

表1-1　纳米微粒尺寸与表面原子数的关系

纳米微粒直径 /nm	一个纳米微粒包含的总原子数 / 个	微粒表面原子所占比例 /%
100	3 000 000	2
10	30 000	20
4	4 000	40
2	250	80
1	30	99

在等温、等压条件下，表面能与纳米粒子的表面积成正比。纳米材料因自身颗粒具有巨大的表面积，而带有巨大的表面能量，使得微粒具有很高的物理、化学活性，人们把此现象称为纳米材料的表面效应。

表面原子数占全部原子数的比例和粒径之间的关系如图 1-12 所示。纳米微粒具有较多的表面原子，也就是说纳米材料具有高的表面能。由于随着粒径减小表面原子数增加，原子近邻配位很不完全，因此表面原子具有很高的活性。如金属纳米微粒可以在空气中点燃，无机纳米微粒可以吸附空气中的气体，并发生反应。

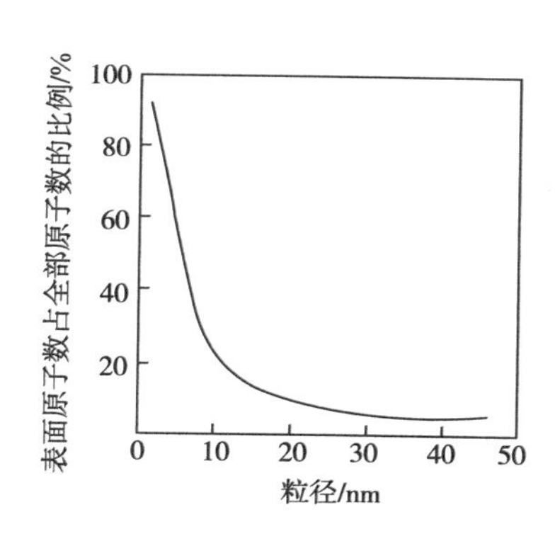

图 1-12　表面原子数占全部原子数的比例和粒径之间的关系

图 1-13 为单一立方结构的晶粒的二维平面图。展示了纳米微粒表面效应的实质，实心圆表示表面原子，空心圆表示内部原子，该图中实心圆的原子近邻配位不完全，“A”原子极不稳定，很快会到“B”位置上，为了达到稳定状态，表面原子极易与其他原子结合，因此具有很高的活性。

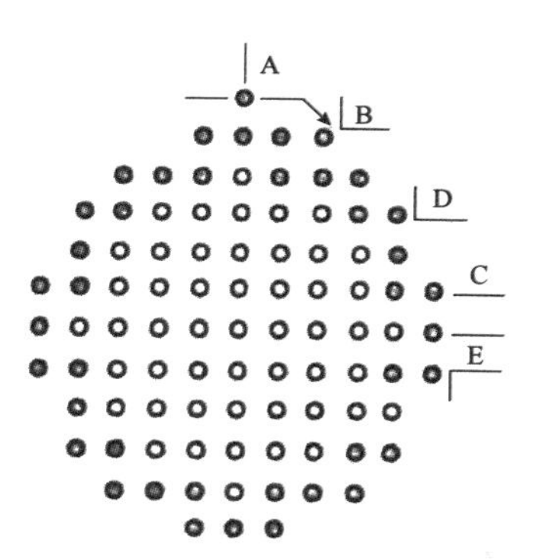

图 1-13　单一立方结构的晶粒的二维平面图

四、库仑堵塞效应

库仑堵塞效应是电子在纳米尺度的导电物质间移动时出现的一种极其重要的物理现象。当一个物理体系的尺寸达到纳米量级时，电容也会小到一定程度，以至于该体系的充电和放电过程是不连续（即量子化）的，此时充入一个电子所需的能量称为库仑堵塞能（它是电子在进入或离开该体系中时前一个电子对后一个电子的库仑排斥能），所以在对一个纳米体系进行充、放电的过程中，电子不能连续地集体传输，而只能一个一个单电子地传输，通常把这种在纳米体系中电子的单个输运的特性称为库仑堵塞效应。

库仑堵塞势垒 V_e 和库仑堵塞能 E_e 分别为 $V_e=Q/C$，$E_e=e^2/2C$，此能量在室温时与热能相比非常小，而当导体尺度极小时，C 变得很小；尤其在低温时，热能也很小，这时就必须考虑 E_e。如对于纳米颗粒，由于其粒径很小，可视为量子点，其电容 C 的大小正比于粒径，数值也很小，一般量子点与外界间的电容 C 为 10^{-18} ～ 10^{-16}F。量子点中单个电子进出所产生的单位电子电荷的变化使量子点的电势和能量状态发生很大改变，进而将阻止随后其他的电子进出该量子点、使量子点中的电荷量呈“量子化”的台阶状变化，这种因库仑力导致对电子传导的阻碍现象就是库仑堵塞效应。

在满足适当条件的情况下，如果纳米颗粒小体系在低温下，库仑堵塞能 $e^2/2C>k_BT$（热扰动能），就可观察到单电子输运行为使充、放电过程不连续的现象，就可开发作为单电子开关、单电子数字存储器等器件应用。

当纳米微粒的尺寸为 1 nm 时，可以在室温下观察到量子隧道贯穿效应（简称隧穿效应）和库仑堵塞效应，当纳米微粒的尺寸在十几纳米范围时，观察这些现象必须在极低温度下，如 −196 ℃以下。我们利用量子隧穿效应和库仑堵塞效应，就可研究纳米电子器件，其中单电子晶体管是重要的研究课题。

五、宏观量子隧道效应

微观的量子隧道效应在一些宏观物理量中得以体现，如电流强度、磁化强度、磁通量等，称为宏观量子隧道效应。

（一）弹道传输

当粒子的长度（L）从宏观尺度（mm）减小至纳米尺度（nm）或原子尺度时，电子传输的属性将会发生重大的变化，如图 1–14 所示。在长度的一端（宏观尺度一端），电子的传输可通过扩散方程来描述，电子被认为是一个粒子，在传输中会遇到各种障碍而反复地散射，从而引起电子在一个宏观的系统中传输时，从进到出表现为“随机游动”的特点；在另一端（纳米尺度一端），当电子器件的尺寸小于电子散射长度（平均自由程）时，电子从一个电极传输到另一个电极时，不会遇到任何散射问题，这样的电子运动称为弹道传输。电子的弹道传输通过短而窄的隧道就会导致量子化的电导。

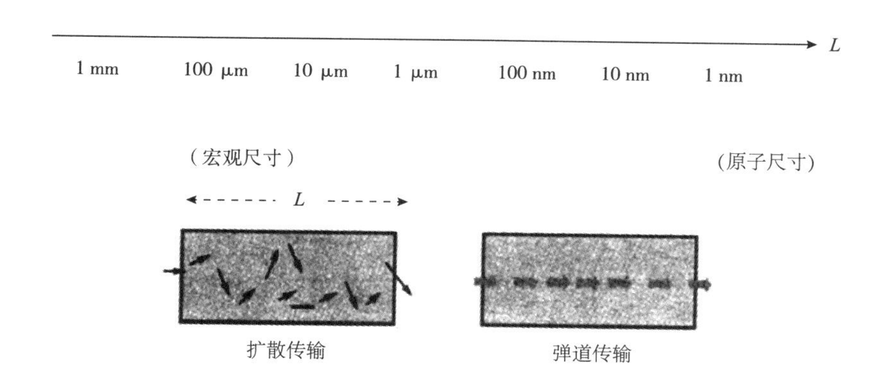

图 1-14 粒子的长度从宏观尺度减小至纳米尺度或原子尺度时电子传输属性的变化

（二）非弹性隧穿

当源极的能级比漏极的能级高得多（不匹配）时，若电子要隧穿通过势垒时，电子的传输存在另外一种可能性。通过激发声子可释放出多余的能量，若声子的能量恰好等于不匹配的带隙能时，电子将发生隧穿。为了实现这个非弹性隧穿过程，就需要一种对表面态进行掺杂、吸附分子、势垒中组合的中间过渡层的第三种材料。实验发现，由半导体（或金属）/ 氧化物 / 金属组成的结构材料可发生这种隧穿。用于激发位于金属 / 氧化物界面处的杂质分子的振动（声子）需要消耗掉一部分电子的能量。

六、量子隧穿效应

根据量子力学的基本理论，当微观粒子被高度和厚度均为有限值的势垒所限域时，即使该微观粒子所具有的能量低于势垒高度，微观粒子仍有一定的概率出现在势垒限域区之外，这种现象就称为微观粒子的隧穿效应。产生隧穿效应的原因在于微观粒子具有波动性，特别是电子，由于其质量很小，波动性表现得较为明显，电子迅速穿越势垒的隧穿效应本质上是一种量子跃迁。

在电学里，导电是电子在导体内运动的表现，如果两个纳米颗粒不相连，那么电子从一个颗粒运动到另一个颗粒就会像穿越隧道一样；若电子的隧道穿越是一个一个发生的，则会在电压 – 电流关系图上表现出台阶曲线，这就是量子隧穿效应。为了使单个电子从一个金属纳米颗粒隧穿到另一个金属纳米颗粒，这个电子的能量必须克服纳米颗粒的库仑堵塞能，这种过程就是单电子隧穿效应，其示意图如图 1–15 所示。

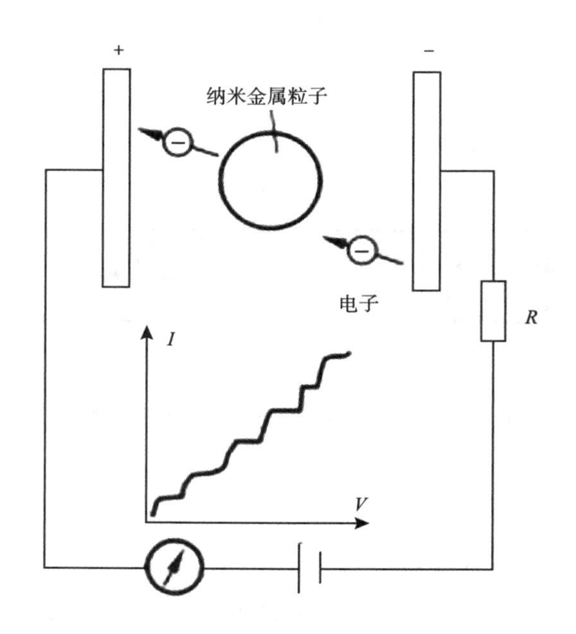

图 1-15　库仑堵塞效应和单电子隧穿效应示意图

近年来基于单电子隧穿效应和库仑堵塞效应的纳米单电子晶体管、纳米单电子内存等组件的开发已经获得了很大的进展，它们具有耗能低、灵敏度高、易于整合等突出的优点，被认为是继传统的 MOS 微电子组件之后最有发展前途的新型纳米组件，在未来的纳米电子学领域将占有重要的地位。

基于电子波动性的电子隧穿效应在纳米尺度也表现出其特殊规律，如当作为势垒的两个纳米颗粒间的距离很小时，对能够在其间隧穿的电子的波长将产生限制，当外来电子具有的能量所对应的波长符合限定波长（与纳米颗粒间的距离，即势垒间隔满足驻波条件）时，电子波可由于共振而很容易通过顺粒间的间隙形成量子隧穿导电。据此规律人们已开发出一种新型的量子效应器件——共振隧穿二极管。

量子阱共振隧穿二极管（resonant tunneling diode，RTD）就是利用量子隧穿效应而制成的新一代器件，制备纳米级厚度的异质结，其导带分布为双势垒结构，电子波函数在这些势垒上多次反射。当由所加电压决定的电子波长与超晶格宽度（势垒间隔）相匹配时，发生共振，电子有最大的隧穿势垒概率，隧穿电流达到峰值（二极管导通）。改变电压，可使电子波长多次满足驻波条件，进而使二极管具有多个不同的导通状态。该二极管在不同电压下的电流及导带如图 1-16 所示。

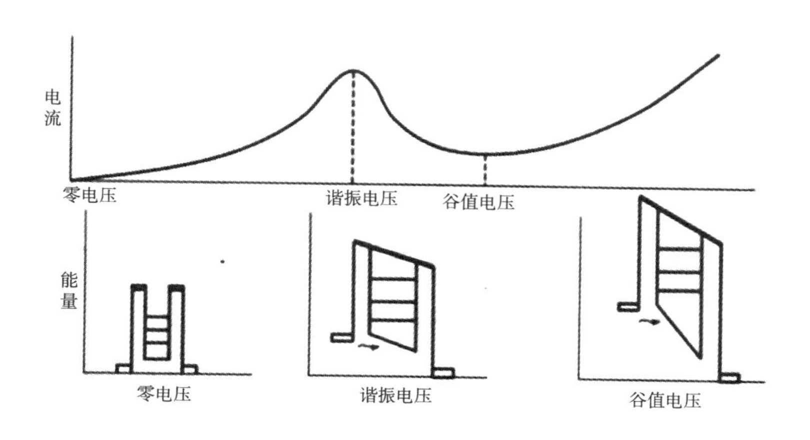

图 1-16 双势垒结构共振隧穿二极管在不同电压下的电流及导带

除电子的隧穿效应以外，在纳米尺度还有一种所谓的宏观量子隧道效应，即纳米颗粒具有的一些宏观物理量，如微颗粒的磁化强度、量子相干器件中的磁通量以及电荷等，也具有隧穿效应，它们可以穿越宏观系统的势垒而产生变化，形成纳米颗粒的宏观量子隧道效应。

单电子隧穿效应和宏观量子隧道效应等量子隧穿效应的研究对基础研究及实际应用都有着重要意义。它限定了磁带、磁盘进行信息贮存的时间极限；在制造半导体集成电路时，当电路的尺寸接近电子波长时，电子就通过隧穿效应而溢出器件，使器件无法正常工作。目前正在努力探索和开发的新型纳米电子组件，其结构尺寸处于纳米量级，其组件将工作于量子状态，电子在组件内的流动不再是连续的，在宏观物理世界内被奉为经典的欧姆定律等将不再适用。量子隧穿效应确立了现有微电子器件进一步微型化的极限，也将会是未来新型量子器件的理论基础。

七、介电限域效应

介电限域是纳米微粒分散在异质介质中由于界面引起的体系介电增强的现象，这种介电增强通常称为介电限域，主要来源于微粒表面和内部局域强的增强。当介质的折射率与微粒的折射率相差很大时，产生了折射率边界，这就导致微粒表面和内部的场强比入射场强明显增加，这种局城强的增强称为介电限域。一般来说，过渡金属氧化物和半导体微粒都可能产生介电限域效应。纳米微粒的介电限域对光吸收光化学、光学非线性等会有重要的影响。因此，在分析这一材料光学现象的时候，既要考虑量子尺寸效应，又要考虑介电限域效应。下面从布拉（Brus）公式分析介电限域对光吸收带边移动（蓝移、红移）的影响。

$$E(r)=E_{\mathrm{R}}(r=\infty)+h^2\pi^2/2\mu r^2-1.786e^2/\varepsilon\cdot r-0.248E_{\mathrm{Ry}} \quad (1-1)$$

式中，$E(r)$ 为纳米微粒的吸收带隙；$E_{\mathrm{R}}(r=\infty)$ 为体相的带隙；r 为粒子半径；h 为普朗克常数；μ 为粒子的折合质量；E_{Ry} 为有效的里德伯能量；第二项为量子限域能（蓝移）；第三项表明，介电限域效应导致介电常数 ε 增加，同样引起红移；第四项为有效里德伯能。

其中

$$\mu=\left[\frac{1}{m_{\mathrm{e}}}+\frac{1}{m_{\mathrm{h}}}\right]^{-1} \quad (1-2)$$

式中，m_{e} 和 m_{h} 分别为电子和空穴的有效质量。

过渡金属氧化物，如 Fe_2O_3、Co_2O_3、Cr_2O_3 和 Mn_2O_3 等纳米粒子分散在十二烷基苯磺酸钠（DBS）中出现了光学三阶非线性增强效应。Fe_2O_3 纳米粒子测量结果表明，三阶非线性系数 $\chi^{(3)}$ 达到 90 m^2/V^2，比在水中高 2 个数量级。这种三阶非线性增强现象归结于介电限域效应。

八、量子限域效应

半导体纳米微粒的半径 $r<\alpha_{\mathrm{B}}$（激子玻尔半径）时，电子的平均自由程受小粒径的限制，被局限在很小的范围，空穴很容易与它形成激子，引起电子和空穴波函数的重叠，这就很容易产生激子吸收带。随着粒径的减小，重叠因子（在某处同时发现电子和空穴的概率 $|U(0)|^2$）增加，对半径为 r 的球形微晶忽略表面效应，则激子的振子强度 f 为

$$f=\frac{2m}{h^2}\Delta E|\mu|^2|U(0)|^2 \quad (1-3)$$

式中，m 为电子质量；ΔE 为跃迁能量；μ 为跃迁偶极矩。当 $r<\alpha_{\mathrm{B}}$ 时，电子和空穴波函数的重叠 $|U(0)|^2$）将随粒径减小而增加，近似于 $(\alpha_{\mathrm{B}}/r)^3$。因为单位体积微晶的振子强度 $f_{微晶}/V$（V 为微晶体积）决定了材料的吸收系数，粒径越小，$|U(0)|^2$）越大，$f_{微晶}/V$ 也越大，则激子带的吸收系数随粒径下降而增加，即出现激子增强吸收并蓝移，这就称作量子限域效应。纳米半导体微粒增强的量子限域效应使它的光学性能不同于常规半导体。

纳米材料界面中的空穴浓度比常规材料高得多。纳米材料的颗粒尺寸小，电子运动的平均自由程短，空穴约束电子形成激子的概率高，颗粒愈小，形成激子的概率愈大，激子浓度愈高。这种量子限域效应，使能隙中靠近导带底形成一些激子能级，产生激子发光带。激子发光带的强度随颗粒尺寸的减小面增加。

思考题

1. 什么是纳米材料的小尺寸效应？
2. 纳米颗粒的高表面活性有何优缺点？如何利用？
3. 单电子器件在工作中是如何利用库仑堵塞效应和量子隧穿效应的？

第二章　纳米薄膜材料

本章首先介绍纳米薄膜材料的概念，然后阐述纳米薄膜材料的分类，最后分析纳米薄膜材料的性能，包括力学性能、光学性能、电磁学性能和气敏特性。

第一节　纳米薄膜材料的概念

一、膜与薄膜

（一）膜的定义与组件

1. 膜的定义

尽管在生产和生活的诸多领域中应用的商品膜种类繁多，具体的分离原理和使用方法千差万别，但它们具有共同的特性，即选择透过性。因此，膜的一般定义是：膜是分离两相和选择性传递物质的屏障。如图 2-1 所示，它可与一种或两种相邻的流体相之间构成不连续区间，并影响流体中各组分的透过速度。

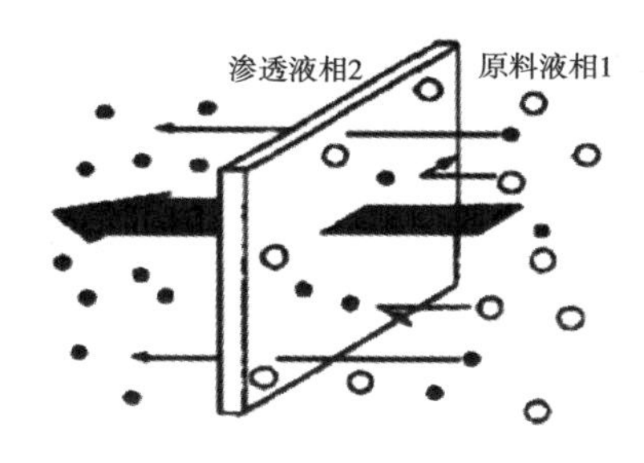

图 2-1　膜分离原理

2. 膜的组件

（1）膜组件。膜组件是膜的支撑材料、间隔物或管式外壳等通过黏合或组装构成的一个单元。对膜组件的一般要求如下：①原料侧与透过侧的流体有良好的流动状态，以减少返混、浓差极化和膜污染；②具有尽可能高的装填密度，使单位体积的膜组件中具有较大的有效膜面积；③对膜能提供足够的机械支撑，密封性良好，膜的安装和更换方便；④设备费用和操作费用低；⑤适合特定的操作条件，安全可靠，易于维修等。膜组件的四种常见形式如图 2-2 所示。

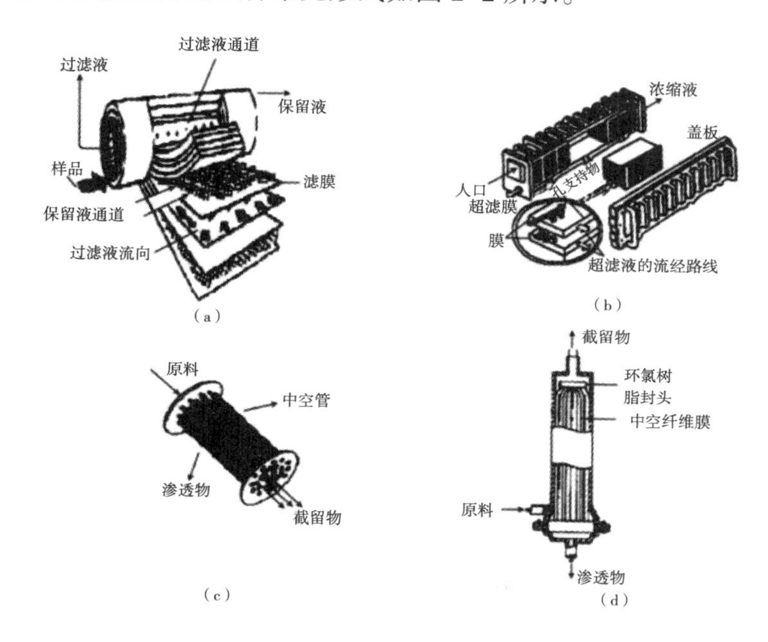

图 2-2　膜组件的四种常见形式

（a）板框式膜组件；（b）毛细管式膜组件；（c）管式膜组件；（d）中空纤维式膜组件

四种膜组件的性能比较如表 2-1 所示。

表2-1　四种膜组件的性能比较

项目	毛细管式	中空纤维式	管式	板框式
填充密度 / ($m^2 \cdot m^{-3}$)	200 ～ 800	500 ～ 30 000	30 ～ 328	30 ～ 500
流动阻力	中等	大	小	中等
抗污染	中等	差	极优	好

续表

项目	毛细管式	中空纤维式	管式	板框式
易清洗	较好	差	优	好
膜更换方式	组件	组件	膜或组件	膜
组件结构	复杂	复杂	简单	非常复杂
膜更换成本	较高	较高	中	低
料液预处理	需要	需要	不需要	需要
高压操作	适合	适合	困难	困难
相对价格	较高	低	较高	高

（2）膜组件中的流型。膜组件中的流型如图 2–3 所示。

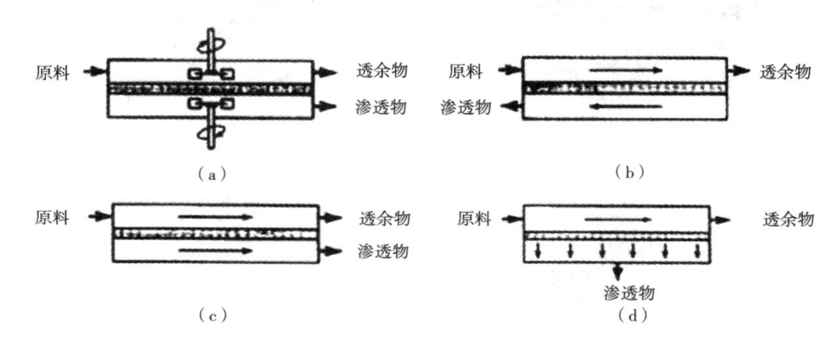

图 2–3　膜组件中的流型

（a）理想混合;（b）逆流;（c）并流;（d）错流

（3）膜组件的级联。图 2–4 为膜组件多级逆流循环。

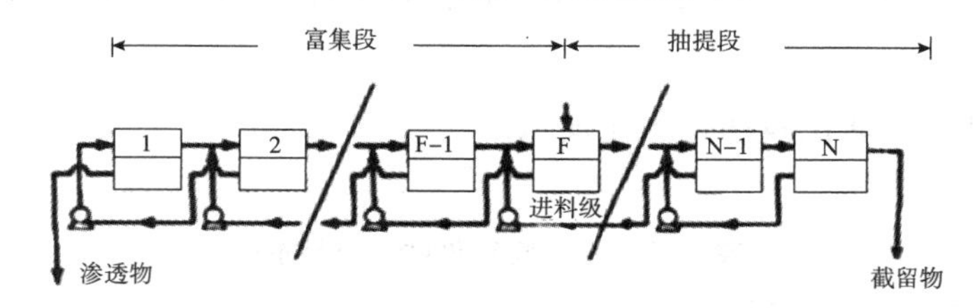

图 2–4　膜组件多级逆流循环

（二）薄膜

在讨论薄膜材料之前，首先说明一下薄膜的定义，即什么是“薄膜”，多“薄”

的膜才算薄膜？薄膜这个词是随着科学和技术的发展而自然出现的，有时与类似的词汇“涂层”“层”“箔”等有相同的意义，但有时又有些差别。人们常常是用厚度对薄膜加以描写，通常是把膜层无基片而能独立成形的厚度作为薄膜厚度的一个大致的标准，规定其厚度约在 1 μm。随着科技工作的不断发展和深入，薄膜领域也在不断扩展，不同应用领域对薄膜厚度有不同要求。所以有时把厚度为几十微米的膜层也称为薄膜。从日常生活角度看，几十微米也是非常薄的，这和薄膜这个词并不矛盾。

从表面科学的角度来说，它研究的范围通常是涉及材料表面几个至几十个原子层，在这个范围内的原子和电子结构与块体内部有较大差别。若涉及原子层数量更大一些，且表面和界面特性仍起重要作用的范围，通常是几个纳米到几十个微米，这也就是薄膜物理所研究的范围。

从微电子器件的角度来说，随着高新技术的迅猛发展，要求微电子器件的集成度越来越高，管芯面积愈大，器件尺寸越来越小，器件尺寸的缩小与发展年代呈指数关系。20 世纪 40 年代的真空器件是几十厘米大小，60 年代的固体器件是毫米大小，80 年代的超大规模集成电路（VLSI 或 ULSI）中的器件是微米大小，90 年代 VLSI 为亚微米，2000 年的分子电子器件是纳米量级的。如此发展趋势要求研究亚微米及纳米的薄膜制备技术和利用亚微米、纳米结构的薄膜制造各种功能器件。

几乎所有的固体材料都能制成薄膜材料。由于其极薄，因而需要基体支撑。薄膜和基体是不可分割的，薄膜在基体上生长，彼此有相互作用，薄膜的一面附着在基体上，并受到约束而产生内应力。附着力和内应力是薄膜极为重要的固有特征，具体大小不仅与薄膜和基体的本质有关，还在很大程度上取决于制膜的工艺条件。基体的类型很多，如微晶玻璃、蓝宝石单晶等都是用得很多的基体。单晶基体可以生长在外延薄膜上。硬质薄膜可以生长在硬质合金、高碳钢等的表面，如 TiN、TiC 等薄膜，使表面硬化。总之，薄膜用途的不同，对基体的要求也不同。

薄膜涵盖的内容十分广泛，按用途可分为光学薄膜、微电子学薄膜、光电子学薄膜、集成光学薄膜、信息存储薄膜、防护薄膜、力学薄膜和装饰薄膜等；按膜层组成可分为金属膜、合金膜、陶瓷膜、半导体膜、化合物膜、塑料膜及其他高分子材料膜等；按膜的结构可分为多晶膜、单晶膜、非晶态膜、超晶格膜等。

薄膜技术目前仍是一门发展中的边缘学科，其中不少问题还正在探讨之中。薄膜的性能多种多样，有电性能、力学性能、光学性能、磁学性能、催化性能和超导性能等。因此，薄膜在工业上有着广泛的应用，而且在现代电子工业领域中占有极其重要的地位，是世界各国在这一领域竞争的主要内容。

二、纳米薄膜

纳米薄膜是指由尺寸在纳米量级的晶粒（或颗粒）构成的薄膜，或将纳米晶粒镶嵌于某种薄膜中构成的复合膜（如 Ge/SiO_2 ，将 Ge 镶嵌于 SiO_2 薄膜中），以及每层厚度在纳米量级的单层或多层膜，有时也称为纳米晶粒薄膜和纳米多层膜。其性能强烈依赖于晶粒（颗粒）尺寸、膜的厚度、表面粗糙度及多层膜的结构。与普通薄膜相比，纳米薄膜具有许多独特的性能，如具有巨电导、巨磁电阻效应、巨霍尔效应和可见光发射等功能。此外纳米还可做气体催化（如汽车尾气处理）材料、过滤器材料、高密度磁记录材料、光敏材料、平面显示材料及超导材料等，因而越来越受到人们的重视。

已经发现的超晶格薄膜、LB 薄膜、巨磁阻颗粒膜材料等都可以归类为纳米薄膜材料，它们具有纳米材料所定义的特征。此外，很多纳米薄膜材料的研究并非有意进行的，仅仅是因为制备之后得到的博膜是由纳米颗粒组成的，这是纳米薄膜材料的研究不同于其他几种形态纳米材料的突出特征。

目前，对纳米薄膜的研究多数集中在纳米复合薄膜上，这是一类具有广泛应用前景的纳米材料。按纳米复合薄膜用途可将其分为两大类，即纳米复合功能薄膜和纳米复合结构薄膜。前者主要利用纳米粒子所具有的光、电、磁方面的特异功能，通过复合赋予基体所不具备的功能；后者主要是通过纳米粒子复合提高机械方面的性能。由于纳米粒子的组成、性能和工艺条件等参量的变化都对复合薄膜的特性有显著影响，因此可以在较多自由度的情况下人为地控制纳米复合薄膜的特性。

多层膜指由一种金属或合金交替沉积而形成的组分或结构交替变化的合金薄膜材料。如果多层膜中各层金属或合金厚度均为纳米数量级，则其称为纳米多层膜。显然，纳米多层膜也属于纳米复合薄膜材料。多层膜的主要参数为调制波长，多层膜中相邻两层金属或合金的厚度之和为多层膜的调制波长。当调制波长比各薄膜单晶的晶格常数大几倍或更大时，可称这种多层膜为“超晶格”薄膜。纳米多层膜中各成分都有接近化学计量比的成分构成。从 X 射线衍射谱中可以看出，所有金属相及大多数陶瓷相都为多晶结构，并且谱峰有一定的宽化。这表明晶粒相当细小，粗略地估算在纳米量级，与子层的厚度相当。部分相呈非晶结构，但在非晶基础上也有局部的晶化特征。通过观察，可以看到多层膜的多层结构，一般多层膜的结构界面平直清晰，看不到明显的界面非晶层，也没有明显的成分混合区存在。

组成薄膜的纳米材料可以是金属、半导体、绝缘体和有机高分子等材料，因此纳米复合薄膜材料可以有许多种组合，如金属 / 半导体、金属 / 绝缘体、半导体 / 绝缘体和半导体 / 高分子材料等，而每一种组合又可衍生出众多类型的复合薄膜。

第二节　纳米薄膜材料的分类

关于纳米薄膜的分类，目前有多种划分方法。

一、按用途划分

按用途划分，纳米薄膜可以分为纳米功能薄膜和纳米结构薄膜。

（一）纳米功能薄膜

纳米功能薄膜是指材料微观结构在纳米尺度上，并且这种微观结构使得薄膜具有特定功能性能的薄膜材料。这些功能性能包括光、电、磁、催化、生物、力学等方面的特性。例如，光电功能薄膜在光伏电池、显示器、照明、传感器等领域有着广泛应用；磁性功能薄膜在数据存储、磁传感器、磁力学设备等方面被广泛利用。下面介绍几种典型的纳米功能薄膜。

1. 纳米光学薄膜

随着构成光学膜的晶粒尺寸的减小，晶界密度将增加，膜表面的粗糙度也将发生变化，表面光散射及光吸收必然不同。因此，当尺寸减小到纳米量级时，薄膜的光学性能也必将发生变化。

纳米晶 Si 膜是国内外广泛研究的一种纳米光学薄膜，表面原子数几乎和体内原子数相等，因而显示出与晶态、非晶态物质均不同的崭新性质。纳米晶 Si 膜具有热稳定性好、光吸收能力强、掺杂效应高、室温电导率可在大范围内变化等优点。对沉积温度、薄膜厚度、内部结构晶粒尺寸等与薄膜的标准化积分散射强度、光吸收系数及光发射强度之间的关系进行的研究表明，Si 晶粒的平均直径小于 3.5 nm 时，紫外光致发光强度迅速增加；平均粒径为 1.5 ～ 2.0 nm 的纳米 Si 膜则可获得更好的发光效果。通过调节基片的温度或膜的厚度，可改变膜的表面状态，进而调节其吸收特性。表面微观粗糙度越大，表面散射越强，导致光吸收性能显著提高。薄膜内部结构对膜的吸光特性也有影响，这与晶界处的缺陷状态有关。纳米晶体硅膜的光吸收系数比单晶和多晶硅都要高。还有研究表明，纳米 Si 粒子之间的界面区域中载流子的跃迁及传输过程对整个范围的吸收光谱起主导作用。

2. 纳米润滑膜

由于润滑设计和加工技术的不断完善，流体润滑膜的厚度日益减小。经超精细加工制得的微机械，共摩擦面之间的间隙常处于纳米范围，为改善摩擦学性能必须采用纳米薄膜进行润滑。这种纳米膜的润滑状态介于弹流润滑与边界润滑之间，兼具流体膜和吸附膜的特点，因而润滑机理更复杂，目前尚处于起步研究阶段。

纳米润滑膜的形成结构特征、流变物性及润滑机理等问题都需要通过实验和数值模拟进行进一步的考察。同时，纳米摩擦学也在 20 世纪 90 年代迅速兴起，为纳米润滑膜提供了一种研究模式。人们借助于各类扫描探针显微镜（STM、AFM、FFM、SFA）等一些微型试验装置以及动力学模拟，从原子分子尺寸上揭示摩擦磨损与润滑机理，建立材料微观结构与宏观特性之间的构性关系。

有序分子膜（LB 膜、SA 膜）可作为纳米润滑膜，是纳米摩擦学的重要研究对象。在此主要介绍 MoS_2 纳米润滑膜。MoS_2 晶体的（001）基面上具有低的剪切强度和可塑性变形的原子结构，因而是一种理想的润滑材料，可采用溅射沉积法制备。纳米润滑膜的致密结构是改善耐磨性的关键。由于（001）面的活性不如（100）、（110）晶面，这种晶体结构的各向异性使得 MoS_2 不同取向的表面具有不同的活性，随着海膜沉积厚度的增加会出现多孔柱状结构。为制得致密的薄膜，在柱状结构形成之前，在膜的表面上再形成 Au 或其他金属的钝化过渡层，并反复制备出只有相同周期结构的纳米膜，每层膜厚在 10 nm 左右，使每个润滑层都具有致密微结构，从而提高润滑效果和耐磨性，延长使用寿命。适当的单层膜厚和周期厚度的组合可改善 MoS_2 膜的组织结构，降低疏松程度。润滑层厚度在 20 nm 以内时，（001）岛生长占优势，在金属过渡层上新形成的 MoS_2 具有高度的（001）基面取向。金属层的最佳厚度为 0.5 ～ 1.0 nm。在保证润滑层晶体结构单一取向的前提下，其厚度越大，摩擦性能越好，寿命越高。对多层纳米膜润滑的轴承，在 2 000 r/min 转速、0.48 GPa 压力下的寿命可达 1 000 万 r。

3. 纳米磁性薄膜

由于晶体结构的有序和磁性体的形状效应，磁性材料的内能一般与其内部的磁化方向有关，即会造成磁各向异性。与三维体材不同，薄膜材料存在单轴磁各向异性，只有薄膜内的某个特定方向易于磁化，因此被成功地应用于磁记录介质。一般薄膜材料是平面磁化的，而纳米磁性薄膜由于厚度很薄，只有薄膜的法线方向易于磁化，即具有垂直磁化性质。因此纳米磁性薄膜可以削弱传统磁记录介质中信息存储密度受到其自运磁效应的限制，加上其具有巨磁电阻效应，在信息存储领域有巨大的应用前景。

纳米磁性薄膜都采用多层结构以获得一定的厚度。每两层为一个周期，其中一层为铁磁性材料，另一层为非铁磁性材料，如 Fe/Cu、Fe/Au、Co/Pt、Pt/Co、Au/Co 及坡莫合金 / 钼等。薄膜的易磁化方向明显依赖于铁磁性材料的厚度。例如，对于每层 Pd 厚度为 8 ～ 30 nm 的 Pd/Co 纳米薄膜，当每层 Co 的厚度减小到 0.8 nm 时，其易磁化方向便由平面方向转到法线方向。同样，对于 Fe/Au 多层膜，随着 Fe 层厚度的减小，纳米薄膜更易磁化，垂直磁化的趋势增强；且由于 Fe/Au 界面的活性过渡层的存在，Fe 原子的原子磁矩也随 Fe 层膜厚的减小而显著增加。可见，在纳米多层膜中，界面随铁磁性材料膜厚的减小对性能会产生显著的影响。

纳米磁性颗粒膜是由强磁性的纳米颗粒嵌埋于与之不相固溶的另一相基质之中生成的复合材料体系，兼具超细颗粒和多层膜的双重特性。通常采用共蒸发和共溅射等技术制备薄膜。磁性颗粒通常是铁磁元素及合金，基质可为金属或绝缘体。根据基质的不同，一般可分为磁性金属 - 非磁性金属合金型（M–M）和磁性金属 - 非磁性绝缘体型（M–I）两大类。由于磁性颗粒膜独特的微结构，磁性颗粒的尺寸、形状和含量以及颗粒与基质之间存在的丰富界面，导致其磁性性质和电子输运性质等大块磁性材料有本质的区别，形成丰富的研究内涵。当磁性颗粒在纳米膜中以分散的纳米颗粒形式存在时，其磁性会发生变化；当其体积百分数超过一定值时，磁性颗粒会连接成网，便具有与连续膜相似的特性。

4. 纳米气敏膜

纳米气敏膜的原理是利用其在吸附某种气体之后引起物理参数的变化来探测气体。因此，纳米气敏膜吸附气体的速率越高，信号传递的速度越快，其灵敏度也就越高。组成纳米气敏膜的颗粒很小，表面原子所占比例很大，其表面活性就很大，因而在相同体积和相同时间下，纳米气敏膜比普通膜能吸附更多的气体；而且，纳米气敏膜中充满了极为细微的孔道，界面密度又很大，密集的界面网络提供了快速扩散的通道，具有扩散系数高和准各向异性的特点，进一步提高了反应速度。因此，纳米气敏膜具有比普通膜更好的气敏性、选择性和稳定性。SnO_2 纳米颗粒气敏膜是当前研究的热点。

5. 纳米滤膜

纳米滤膜是 20 世纪 80 年代末问世的新型分离膜，采用纳米材料研制出分离仅在分子结构上有微小差别的多组分混合物，介于超滤膜和反渗透膜之间。膜在渗透过程中截留率大于 95% 的最小分子约为 1 nm，因此被称为“纳滤”。纳滤膜技术具有离子选择性和操作压力低的特点，故有时也称“选择性反渗透”和“低压反渗透”。

纳米滤膜能截留有机小分子而使大部分无机盐通过，对无机盐也有一定的截留率，可实现不同价态离子的分离，能分离相对分子质量差异很小的同类氨基酸和同类蛋白质，并实现高相对分子质量和低相对分子质量的有机物的分离。无机盐能透过纳滤膜，使纳米滤膜的渗透压远比反渗透膜低。纳米滤膜分离技术与其他膜分离技术一样，同属于压力驱动，分离过程无任何化学反应，无须加热，无相转变，不会破坏生物活性，不改变风味、香味，适于工业流体的分离纯化、精制和浓缩。它的出现填补了反渗透和超滤之间的空白，大大推动了膜技术及相关应用领域的发展，并已在石油化工、生物化工和医药、食品、造纸、纺织印染等领域以及水处理过程中得到广泛应用。

纳米滤膜一般是由高聚物组成活化层的复合膜，表面分离层由聚电解质构成，与其支撑层的化学组成不同，商品化纳滤膜的材质主要是聚酰胺（PA）、聚乙烯醇（PVA）、磺化聚砜（SPS）、磺化聚醚砜（SPES）及醋酸纤维索（CA）等。这种荷电纳滤膜可通过静电斥力排斥溶液中与膜上所带电荷相同的离子，在透水、抗污染、耐压密性、耐酸碱性及选择透过性等方面具有中性膜所不具备的优势。根据所带基团电荷不同，可分为荷负电膜、荷正电膜、双极膜及两性膜四种。

纳滤膜的制备方法主要有相转化法、共混法、荷电法和复合法。液 – 固（L–S）相转化法是制备纳滤膜较为简单的方法，但是有成效地制备小孔径膜材料较少，同时相转化法制备的膜不具有优越的渗透通量，单纯靠改进制膜工艺来减小致密表层厚度及解决过渡层压密也受到限制。

纳滤膜技术因其独特的性能，使得它在许多领域具有其他膜技术无法替代的地位。它的出现不仅完善了膜分离过程，而且大有替代某些传统分离方法的趋势。随着对纳滤膜技术及相关过程的进一步研究和开发，它的应用前景将会更加广阔。

（二）纳米结构薄膜

纳米结构薄膜是指薄膜的微观结构具有纳米尺度的特性，包括纳米颗粒、纳米线、纳米带、纳米孔和纳米薄片等。这种薄膜的特性不仅来源于材料本身的性质，而且来源于其独特的纳米尺度结构。例如，纳米线薄膜由于其一维的尺度效应，能够在光电子设备、催化、传感器等领域展现出优异的性能。

二、按层数划分

按沉积层数划分，纳米薄膜可分为纳米（单层）薄膜和纳米多层薄膜。

（一）纳米（单层）薄膜

纳米（单层）薄膜是指单个原子、分子或离子沉积在基底上形成的一层纳米厚度的薄膜。由于这种薄膜的厚度在纳米级别，因此其性质受到尺度效应和表面效应的显著影响，可能与其块体材料的性质有显著的差异。

单层二维材料如石墨烯、黑磷等，由于其原子厚度，这些材料展示出了优越的电子、光学、力学和热性能，可用于电子器件、光电子器件、传感器和催化剂等多种应用。此外，单层金属或氧化物纳米薄膜，由于其优秀的电导性、磁性、催化活性等性质，也在电子、催化等领域有着广泛应用。

（二）纳米多层薄膜

纳米多层薄膜是指由多层纳米薄膜通过物理或化学方法交替堆叠而成的复合材料。不同于单层纳米薄膜，纳米多层薄膜可以实现更多复杂的功能，这是因为通过设计和调控不同材料与层数的组合，可以得到各种性能的组合，从而实现预期的功能。

例如，利用金属和绝缘体交替堆叠，可以得到具有优异电子性能的纳米多层薄膜，适用于高密度数据存储、微纳电子器件等；通过不同磁性材料的堆叠，可以制备出具有特殊磁性的多层薄膜，应用于磁传感器、磁随机存取记忆器等；通过两种或多种二维材料的垂直堆叠，可得到具有新奇电子、光学性能的异质结构，应用于场效应晶体管、光电子器件等。

在实际制备中，单层纳米薄膜和纳米多层薄膜的厚度与层数、组成材料都可以通过选择适当的制备方法和条件进行调控，以实现预期的物理、化学性质。在未来的科技进步中，纳米薄膜材料，无论是单层还是多层，都将继续发挥其独特的性能，为众多科技领域带来更多创新和突破。

三、按微结构划分

按微结构划分，纳米薄膜可分为含有纳米颗粒的基质薄膜和纳米尺寸厚度的薄膜。

（一）含有纳米颗粒的基质薄膜

含有纳米颗粒的基质薄膜是指将纳米颗粒分散在薄膜基质中的复合薄膜。这种薄膜将纳米颗粒的优异性质与基质薄膜的特性结合起来，进一步拓宽了材料的性能范围。在这种薄膜中，纳米颗粒的种类、形状、大小、分布和含量等都会对薄膜的性质产生显著影响。

例如，将磁性纳米颗粒分散在非磁性基质中，可以得到具有良好磁性能的复合薄膜，这种薄膜在数据存储、磁传感等领域有着潜在应用；将发光纳米颗粒如量子点分散在透明基质中，可以制备出具有良好发光性能的复合薄膜，适用于光电子设备如显示器、光电转换器等；将催化活性纳米颗粒分散在耐热基质中，可以得到催化效率高且稳定性良好的催化薄膜。

（二）纳米尺寸厚度的薄膜

纳米尺寸厚度的薄膜是指薄膜厚度在纳米尺度上的薄膜，其厚度可以达到单个原子或分子级别。这类薄膜具有高度的表面活性和优异的尺寸效应，使其在光、电、磁、催化、传感等性能上表现出显著优势。

例如，厚度为单原子层的石墨烯薄膜，具有优异的电子传输性能，应用于场效应晶体管、光电转换器等设备；厚度为几十纳米的氧化物薄膜，如氧化锆、氧化铝等，具有良好的介电性能和热稳定性，可以用于微电子设备中的绝缘层或电容层；厚度在纳米尺度上的金属薄膜，如金、银、铜等，因其高导电性、优秀的反射性、良好的化学稳定性，被广泛用于电子器件、光学镜片、化学催化等领域。

无论是含有纳米颗粒的基质薄膜，还是纳米尺寸厚度的薄膜，都能通过结构设计和性质调控，为各类科技领域带来创新性的解决方案。纳米薄膜材料的研究不仅可以推动材料科学的进步，也能对其他科学技术领域产生深远影响。

四、按组分划分

按组分划分，纳米薄膜可分为有机纳米薄膜和无机纳米薄膜。

（一）有机纳米薄膜

有机纳米薄膜主要由有机分子或聚合物构成，通过物理或化学方法在基底上形成纳米尺度厚度的薄膜。有机分子或聚合物的种类、结构和功能基团等都会影响薄膜的性能。

例如，由导电聚合物如聚吡咯、聚苯胺、聚棒碳等构成的有机纳米薄膜具有优良的电导性和可调性，可用于有机电子器件如有机场效应晶体管、有机光伏电池、有机发光二极管等；再如，由自组装单分子层构成的有机纳米薄膜，因其单分子厚度和有序排列的结构，可用于纳米制造、生物传感器、表面修饰等领域。此外，含有特定功能基团的有机纳米薄膜，如荧光分子、光敏分子、生物活性分子等，具有特殊的光电性能或生物活性，适用于光电子设备、生物医疗等领域。

（二）无机纳米薄膜

无机纳米薄膜主要由无机元素或化合物构成，其组分和结构决定了薄膜的性能。无机纳米薄膜具有优秀的热稳定性、化学稳定性和机械强度等性质，可用于更为苛刻的环境和条件。

例如，由金属元素如金、银、铜等构成的无机纳米薄膜，具有高导电性和反射性，可应用于电子器件、光学镜片等；由氧化物如氧化锆、氧化铝、氧化铁等构成的无机纳米薄膜，具有良好的介电性能、催化性能、磁性能等，可应用于微电子、催化、磁存储等领域；由二维材料如硼化硅、二硫化钼等构成的无机纳米薄膜，由于其单层原子结构，表现出优异的电子和光学性能，可用于高性能电子器件、光电子器件等。

有机纳米薄膜和无机纳米薄膜各有其独特的性能及应用，能满足各种科技领域的需求。其研究将继续推动纳米科技的进步，为未来科技创新提供更广阔的可能性。

五、按薄膜的构成与致密度划分

按构成与致密度划分，纳米薄膜可以分为颗粒膜和致密膜。

（一）颗粒膜

颗粒膜是指由多个纳米颗粒组成的薄膜，颗粒间可能存在一定的空隙。这种结构的薄膜通常由颗粒沉积或自组装技术制备，其性能受到纳米颗粒的性质、颗粒尺寸和形状、颗粒间的排列和分布等多种因素的影响。

颗粒膜的主要特点是具有大量的空隙和高表面积，这使得它在催化、传感、吸附和过滤等领域具有潜在的应用价值。例如，在催化领域，金或银的纳米颗粒膜由于其优良的催化性能，被广泛用于化学反应的催化。在传感领域，半导体的纳米颗粒膜可以作为气体传感器，用于检测环境中的有害气体。

（二）致密膜

致密膜则是一种更为紧凑的纳米薄膜，其组成的纳米颗粒或分子在薄膜内部紧密排列，基本无空隙。这种薄膜结构的制备通常需要精细的控制，包括原子层沉积、溅射、化学气相沉积等技术。

致密膜由于其几乎没有空隙的特性，具有很高的密度和强度，以及优异的阻隔性，因此在许多领域有着广泛的应用。例如，在微电子领域，高铝含量的氧化铝等致密膜被作为栅介质，提供了优秀的介电性能；在能源领域，稳定性高且密度大的固态电解质薄膜用于固态锂电池，提供了良好的离子传导性能；在环保领域，高密度的纳米陶瓷膜可作为高效过滤器，用于水处理和空气净化。

第三节　纳米薄膜材料的性能

纳米薄膜由于纳米相的量子尺寸效应、小尺寸效应、表面效应、宏观量子隧道效应等使得它们呈现出常规材料不具备的特殊性能。

一、力学性能

纳米薄膜由于其组成的特殊性，因此其性能也有一些不同于常规材料的特殊性，尤其是超模量、超硬度效应成为近年来薄膜研究的热点。对于这些特殊现象在材料学理论范围内提出了一些比较合理的解释，以及后来的量子电子效应、界面应变效应、界面应力效应等都不同程度地解释了一些实验现象。现在就纳米薄膜材料的力学性能研究较多的有多层膜硬度、韧性、耐磨性等做简要介绍。

（一）硬度

纳米多层膜的硬度与材料系统的组分、各组分的相对含量、薄膜的调制波长有密切的关系。纳米多层膜的硬度对材料系统有比较强烈的依赖性，在某些系统中出现了超硬度效应，如 TiN/Pt 和 TiC/Fe，尤其是在 TiC/Fe 系统中，当单层膜厚为 t_{TiC}=8 nm 和 t_{Fe}=6 nm 时，多层膜的硬度达到 42 GPa，远远超过其硬质成分 TiC 的硬度；而在某些系统中则没有这一现象，如 TiC/Cu 和 TiC/Al。并且十分明显的是不同的材料系统，其硬度有很大的差异，如 TiC/ 聚四氟乙烯的硬度比 TiC 低很多，只有 8 GPa 左右①。

影响材料硬度另一个因素是组分材料的相对含量。机械性能较好的薄膜材料一般由硬质相（如陶瓷材料）和韧性相（如金属材料）共同构成。因此如果不考虑纳米效应的影响，硬质相含量高，则薄膜材料的硬度较高，并且与相同材料的近似混合薄膜相比，硬度均有提高。

普遍认为薄膜材料的调制波长是影响材料硬度的一个重要因素。对于不同调制波长的多层膜，硬度随负荷的增大而减小，这一效应可用 Meyer 定律进行分析，即

$$F = a \cdot d^n \tag{2-1}$$

式中，F 为硬度值；a 为比例常数；d 为测试负荷；n 为 Meyer 指数，对于多数材料来说，Meyer 指数小于 2。

（二）韧性

多层结构可以提高材料的韧性，其增韧机制主要是裂纹尖端钝化、裂纹分支、层片拔出，以及沿界面的界面开裂等，在纳米多层膜中也存在类似的增韧机制。影响韧性的因素有组分材料的相对含量及调制波长，但是现在还没有精确的理论解释。在金属 / 陶瓷组成的多层膜中，可以把金属看作韧性相，陶瓷为脆性相，实验中发现在 TiC/Fe、TiC/Al、TiC/W 多层膜系中，当金属含量较低时，韧性基本上随金属相的增加而上升，但是这种上升趋势并没有一直持续下去，在上升到一定程度时反而下降。对于该现象可以用界面作用和单层材料的塑性加以粗略的解释。当调制波长不是很小时，多层膜中的子层材料基本保持其本征的材料特点，金属层仍然具有较好的塑性变形能力，减小调制波长相当于增加界面含量，有助于裂纹分支的扩展

① 何建立，刘长洪，李文治，等 . 微组装纳米多层材料的力学性能研究 [J]. 清华大学学报，1998，38 (10):16.

增加材料的韧性。当调制波长很小时，子层材料的结构可能发生一些变化，金属层的塑性降低，同时由于子层的厚度太薄，裂纹穿越不同叠层时很难发生转移和分裂，因此韧性降低。

（三）耐磨性

对于纳米薄膜的耐磨性，现在进行的研究还比较少，但是从现有的研究来看，合理的搭配材料可以获得较好的耐磨性。

在52100轴承钢基体上沉积不同调制波长的铜膜和镍膜①，试验证明多层膜的调制波长越小，使其磨损明显变大的临界载荷越大，即铜－镍多层膜的调制波长越小，其磨损抗力越大。对于该现象也没有确切的理论解释，可以用晶粒内部、晶粒界面和纳米多层膜的邻层界面上的位错滑移障碍比传统材料的多，滑移阻力比传统材料的大来解释。

从结构上看，多层膜的晶粒小，原子排列的晶格缺陷的可能性大，晶粒内的晶格点阵畸变和晶格缺陷的增多，使晶粒内部的位错滑移障碍增加；晶界长度也比传统晶粒的长得多，使晶界上的位错滑移障碍增加；此外，多层膜相邻界面结构也非常复杂，不同材料的位错能的差异，导致界面上的位错滑移阻力增大。因此使纳米多层膜发生塑性变形的流变应力增加，并且这种作用随着调制波长的减小而增强。

二、光学性能

（一）蓝移和宽化

纳米颗粒膜，特别是第Ⅰ～Ⅵ族半导体 CdS_xSe_{1-x} 以及第Ⅱ～Ⅴ族半导体 CaAs 的颗粒膜，都能观察到光吸收带边的蓝移和带的宽化现象。可以在 CdS_xSe_{1-x}/玻璃的颗粒膜上观察到光的“褪色现象”，即在一定波长光的照射下，吸收带强度发生变化的现象。由于量子尺寸效应，纳米颗粒膜能隙加宽，导致吸收带边蓝移。颗粒尺寸有一个分布，能隙宽度有一个分布，这是引起吸收带和发射带以及透射带宽化的主要原因。

（二）光的线性与非线性

光学线性效应是指介质在光波场（红外、可见、紫外以及X射线）作用下，当

① 李振明．Cu- Ni 膜的耐磨性研究 [J]. 材料开发与应用，1999，14(5):17.

光强较弱时，介质的电极化强度与光波电场的一次方成正比的现象。例如，光的反射、折射和双折射等都属于线性光学范畴。纳米薄膜最重要的性质是激子跃迁引起的光学线性与非线性。一般来说，多层膜每层膜的厚度与激子玻尔半径 a_B 相当或小于激子玻尔半径时，在光的照射下吸收谱上会出现激子吸收峰。这种现象也属于光学线性效应。半导体 InGaAs 和 InAlAs 构成多层膜，通过控制 InGaAs 膜的厚度，可以很容易观察到激子吸收峰。这种膜的特点是每两层 InGaAs 之间，夹了一层能隙很宽的 InAlAs。对于总厚度 600 nm 的 InGaAs 膜，在吸收谱上观察到一个台阶，无激子吸收峰出现（图 2–5）。如果制成 30 层的多层膜，InGaAs 膜厚约 10 nm，相当于 $a_B/3$；如果制成 80 层的多层膜，InGaAs 膜厚为 7.5 nm，相当于 $a_B/4$，这时电子的运动基本上被限制在二维平面上运动，由于量子限域效应，激子很容易形成，在光的照射下出现一系列激子共振吸收峰。共振峰的位置与激子能级有关。图 2–5 给出了准三维到准二维转变中 InGaAs–InAlAs 的线性吸收谱。

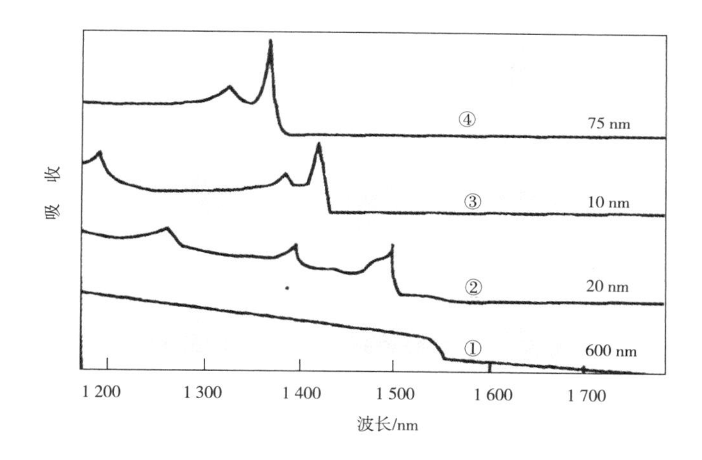

图 2–5 准三维到准二维转变中 InGaAs–InAlAs 的线性吸收谱

（600 nm、20 nm、10 nm、7.5 nm 表示 InGaAs 膜的厚度）

所谓光学非线性，是在强光场的作用下介质的极化强度中就会出现与外加电磁场的二次、三次以至更高次方成比例的项，这就导致了光学非线性的出现。光学非线性的现象很多，这里简单介绍一下纳米材料中由于激子引起的光学非线性。一般来说，光学非线性可以用非线性系数来表征。对于三阶非线性系数可以通过下式计算

$$X_S^{(3)} = \left|X_r^{(3)}\right|\left(C_S^{(3)} / C_r^{(3)}\right)^{1/2}\left(n_s / n_r\right)^2\left[La / \left(1-\mathrm{e}^{aL}\right)\mathrm{e}^{-aL/2}\right] \quad (2\text{–}2)$$

式中：S 为样品；r 为参比物质；$C^{(3)}$ 为四波混频信号强度与泵浦光强之比；n 为折射系数；a 为吸收系数；L 为有效样品长度。

对于光学晶体来说，对称性的破坏、介电的各向异性都会引起光学非线性。对于纳米材料，由于小尺寸效应、宏观量子尺寸效应，量子限域和激子是引起光学非线性的主要原因。如果当激发光的能量低于激子共振吸收能量，不会有光学非线性效应发生；只有当激发光的能量大于激子共振吸收能量时，能隙中靠近导带的激子能级很可能被激子所占据，处于高激发态。这些激子十分不稳定，在落入低能态的过程中，由于声子与激子的交互作用，会损失一部分能量，这是引起纳米材料光学非线性的一个原因。纳米微粒中的激子浓度一般比常规材料大，尺寸限域和量子限域显著，因而纳米材料很容易产生光学非线性效应。

用离子溅射技术制备的颗粒镶嵌膜，介质为 SiO_2、Ge，颗粒平均尺寸为 3 nm，膜厚为 500 nm。它的扫描曲线表明：透过率曲线以焦点位置为对称轴，并在焦点处有一极小值，样品的吸收是与强度相关的非线性吸收。在焦点附近，由于单位面积上的光强增大，吸收系数也增大，在焦点处吸收系数达最大值。非线性吸收系数 β 为 0.82 cm/W，为三阶光学非线性响应。

三、电磁学性能

（一）电学特性

纳米薄膜的电学性质是当前纳米材料科学研究中的热点，这是因为研究纳米薄膜的电学性质，可以明确导体向绝缘体的转变，以及绝缘体转变的尺寸限域效应。常规的导体，例如金属，当尺寸减小到纳米数量级时，其电学行为发生很大的变化。可以在 Au/Al_2O_3 的颗粒膜上观察到电阻反常现象，随着 Au 含量的增加（增加纳米 Au 颗粒的数量），电阻不但不减小，反而急剧增加，如图 2-6 所示。这一实验结果告诉我们，尺寸因素在导体和绝缘体的转变中起着重要的作用。这里有一个临界尺寸的问题，当金属颗粒的尺寸大于临界尺寸时，将遵守常规电阻与温度的关系；当金属的粒径小于临界尺寸时，它就可能失掉金属的特性。因此对纳米体系（金属）电阻的尺寸效应的研究，以及电阻率与温度关系的数学表达式的尺寸修正是亟待研究的重要科学问题，而纳米金属薄膜或者是颗粒膜可能对上述问题的解决起着重要的作用。

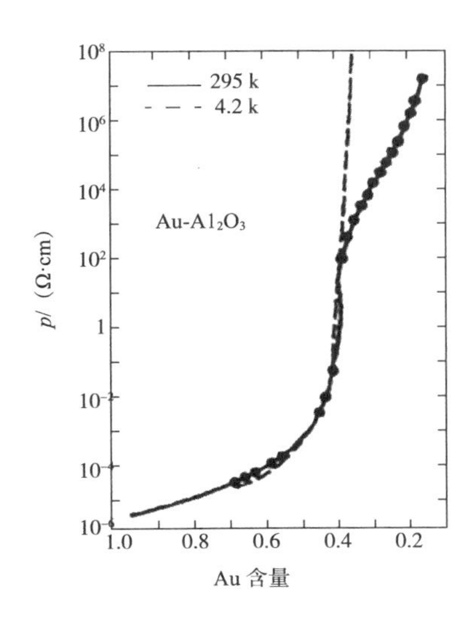

图 2-6　Au/Al_2O_3 颗粒膜的电阻率随 Au 含量的变化

（二）磁学特性

纳米双相交换耦合多层膜 α - $Fe/Nd_2Fe_{14}B$ 永磁体的软磁相或硬磁相的厚度为某一临界值时，该交换耦合多层永磁膜的成核场达到最大值。目前，所报道的纳米交换耦合多层膜 α - $Fe/Nd_2Fe_{14}B$ 的磁性能仍然不高，因此，进一步优化工艺参数是研制理想纳米交换耦合永磁体材料的重要方向。

（三）磁阻效应（GMR 效应）

材料的电阻值随磁化状态变化的现象称为磁（电）阻效应，对非磁性金属，其值甚小，在铁磁金属与合金中发现有较大的数值。铁镍合金磁阻效应为 2% ～ 3%。且为各向异性。磁阻效应习惯上以 $\Delta\rho/\rho_0$ 表示，$\Delta\rho=\rho_H-\rho_0$，ρ_H 和 ρ_0 分别代表磁中性状态和磁化状态下的电阻率。比 FeNi 合金的 $\Delta\rho/\rho_0$ 大得多的磁阻效应称为巨磁阻效应。具有巨磁阻效应的材料正是纳米多层膜。

对颗粒膜的巨磁阻效应的理论解释，通常认为与自旋相关的散射有关，并以界面散射效应为主。电子在金属中运动时，将受到金属中的杂质、缺陷以及声子的散射。设相邻两次散射的平均自由时间为 τ，τ 为散射概率的倒数，则电导率可表示为 $\sigma=\frac{ne^2}{m}\tau$。当存在铁磁组元时，散射概率与磁化状态有关，因此会出现对一种自旋取向的传导电子的散射比对另一种自旋取向的传导电子的散射更强的现象。理论表明，当传导电子自旋与局域磁化矢量平行时，散射小，反平行时散射大。理论与实验都已表明，颗粒膜的巨磁阻效应与磁性颗粒的直径呈反比关系，要在颗粒膜体系中显示出巨磁阻效应，必须使颗粒尺寸及其间距小于电子平均自由程。

有人曾经采用双靶、直流磁控溅射系统制备了（$Ni_{80}Fe_{20}/Cu$）纳米多层膜，NiFe 膜厚 3 nm，Cu 膜厚 0.4 ～ 4.0 nm，发现了多层膜的巨磁阻效应 Cu 的厚度对巨磁阻效应是正态分布，1 nm 时最大。在这个位置 NiFe 通过 Cu 层间接耦合为反铁磁排列，而在其他位置呈铁磁排列。这被认为铁磁性 / 非磁性 / 铁磁性多层薄膜体系的巨磁阻效应是由层间交换耦合作用决定的，而层间交换耦合作用是通过空间间隔层（非磁性层）间接产生的。

利用巨磁阻效应制成的读出磁头可显著提高磁盘的存储密度，利用巨磁阻效应制作磁阻式传感器，可大大提高灵敏度，因此巨磁阻材料具有良好的应用前景。

四、气敏特性

采用 PE–CVD 方法制备的 SnO_2 超微粒薄膜比表面积大，存在配位不饱和键，表面存在很多活性中心，容易吸附各种气体而在表面进行反应，是制备传感器很好的功能膜材料。该薄膜表面吸附很多氧，而且只对醇敏感，测量不同醇（甲醇、乙醇、正丙醇、乙二醇）的敏感性质和对薄膜进行红外光谱测量，可以解释 SnO_2 超微粒薄膜的气敏特性。

思考题

1. 简述纳米薄膜材料的分类。
2. 简述纳米薄膜材料的光学性能。
3. 纳米薄膜材料的力学性能有哪些？

第三章　表面薄膜与真空物理基础

薄膜是指尺度在某个一维方向远远小于其他二维方向，厚度可从纳米级到微米级的材料。它是不同于通常的气态、液态、固态和等离子态的一种新的凝聚态物质，可为气相、液相和固相，或是它们的组合。它亦可以是均相的或非均相的、对称的或非对称的、中性的或荷电的。纳米薄膜材料与技术是材料学、表面科学、物理学、化学、真空技术和低温等离子体等多学科的交叉。为此，本章有必要先介绍有关薄膜与表面以及真空技术等相关知识。

第一节　表面物理化学基础

固体是一种重要的物质结构形态，通常分晶态和非晶态两大类。相是指系统中具有同一凝聚状态，同一晶体结构和性质并以界面相互隔开的均匀组成部分。在一定温度和压力条件下，两个不同相之间的交界面称为界面，如固－固、固－液、固－气界面。也就是说，表面、界面是由一个相过渡到另一相的过渡区域。固体材料通常有三种界面：

（1）表面——固体材料与气体或液体间的分界面，它具有与固体内部不同的独特的物理和化学特性；

（2）晶界（或亚晶界）——多晶材料中，成分、结构相同而取向不同的晶粒（或亚晶）之间的界面；

（3）相界——固体材料中成分、结构不同的两相之间的界面。

而对于固体材料与气体的界面，又有清洁表面和实际表面之分。所谓清洁表面，是指不存在任何污染的化学纯表面，系经过诸如轰击、高温脱附、超高真空条件下的解理、燕发薄膜、化学反应、场致蒸发、分子束外延等特殊处理后，保持在 10^{-9} ～ 10^{-6} Pa 超高真空下，外来污染少到不能用一般表面分析方法探测的表面；实际表面是指暴露于大气环境中的固体表面，或经切割、研磨、抛光、清洗等加工处理，保持在常温、常压或低真空或高温下的表面。

以表面和界面为研究对象的表面科学是表面工程技术的理论基础，下面介绍有关的表面理化知识。

一、表面晶体学

按照原子或分子在空间排列的特征，固态物质可分为晶体和非晶体两大类。晶体中的原子在空间呈有规则的周期重复排列，而非晶体的原子则是无规则排列的。这里主要以晶体物质来介绍表面结构。

根据理想晶体的三维空间点阵，若不考虑晶体内部周期性势场在晶体表面中断的影响，忽略表面上原子的热运动和扩散现象以及表面外界环境的作用，可认为晶体的解理面是理想晶体表面。理想晶体表面的原子排列具有二维的周期结构，可用二维点阵加上结构单元来描述。二维点阵是点在平面上按某一规则的周期排列，且围绕每一点的周围环境完全相同。可以证明二维晶体只可能有五种不同的二维布拉菲点阵，属于斜方、长方、正方、六方四大晶系。如图 3-1 所示。

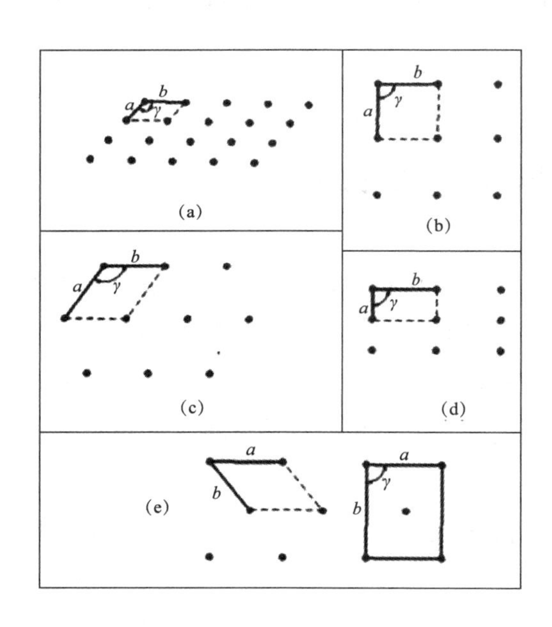

图 3-1　五种二维布拉菲格子

（a）斜方 $a \neq b$，$\gamma \neq 90°$；（b）正方 $a=b$，$\gamma=90°$；（c）六角 $a=b$，$\gamma=120°$；（d）长方 $a \neq b$，$\gamma=90°$；（e）有心长方 $a \neq b$，$\gamma=90°$

二维晶格的周期性可用平移、旋转和镜面反映对称操作外，还存在镜像滑移群。同样可以证明二维晶体只有九种点群和十七种二维空间群，如表 3-1 所示。注意，这里所说的“空间”仅是对二维点阵对称性抽象的空间表达，而不是几何上的三维空间。二维空间群全面地概括了二维晶体的所有对称性。

表3-1 二维点阵、点群和空间群

点阵符号	点群	空间群符号	
		全符	短符
协方 P	1	P_{1}	P_{1}
	2	P_{211}	P_{2}
长方 P 有心长方 C	1 m	P_{1m1}	P_{m}
		P_{1g1}	P_{g}
		C_{1m1}	C_{m}
	2 mm	P_{2mm}	P_{mm}
		P_{2mg}	P_{mg}
		P_{2gg}	P_{gg}
		C_{2mm}	C_{mm}
正方 P	4	P_{4}	P_{4}
	4 mm	P_{4mm}	P_{4m}
		P_{4gm}	P_{4g}
六方 P	3	P_{3}	P_{3}
	3 mm	P_{3m1}	P_{3m1}
		P_{31m}	P_{31m}
	6	P_{6}	P_{6}
	6 mm	P_{6mm}	P_{6m}

二维晶格中排列在一直线上的格点组成晶列，这样二维晶格可看成由任意一组平行晶列所构成。若在二维晶格的平面取一坐标系，其坐标轴与基矢 $\vec{a}$ 、$\vec{b}$ 平行，坐标轴上的单位长度分别为 a 和 b，而某一晶列在 a 轴和 b 轴上的截距分别为 t 和 s，则

$$\frac{1}{t}:\frac{1}{s}=h:k \tag{3-1}$$

式中，（h，k）为一组互质的整数，称为晶列指数，表示晶列的方向。

于是，每一组（h，k）表示一组互相平行的晶列系，而相邻晶列之间的距离 d 可由该组晶列的指数求得。

（1）正方点阵：

$$\frac{1}{d^2}=\frac{h^2+k^2}{a^2}$$

（2）长方点阵：

$$\frac{1}{d^2}=\left(\frac{h}{a}\right)^2+\left(\frac{k}{b}\right)^2$$

（3）六方点阵：

$$\frac{1}{d^2}=\frac{4}{3}\left(\frac{h^2+k^2+hk}{a^2}\right)$$

（4）协方点阵：

$$\frac{1}{d^2}=\frac{h^2}{a^2\sin^2\alpha}+\frac{k^2}{b^2\sin^2\alpha}+\frac{2hk\cos\alpha}{ab\sin^2\alpha}$$

二、表面晶体结构

由于晶体表面原子和体内原子周围环境不同，体内的对称性在表面上被破坏了，因而表面的电荷分布、势能分布、电子能态等均发生了变化，且暴露在晶体表面外侧的原子排列面无固体原子的键合，形成了附加的表面能。同时，由于受力情况的变化，表面原子相对于体内的平衡位置不再是稳定的，会有位移。从热力学角度来看，表面原子的排列总是趋于能量最低的稳定态。这种稳定态，一是靠自行调整，发生表面弛豫或重构；二是依靠表面的成分偏析和表面对外来原子或分子的吸附以及这两者的相互作用而趋向稳定。因此，晶体表面的成分和结构与体内是不同的，要经4～6个原子层后才与晶体内部基本一致。图3-2为各种清洁表面结构的示意图。另外，晶体表面原子的排列与呈现在表面上的晶面有关，因为晶面指数不同的晶面上原子排列、位向和晶面间距不同。

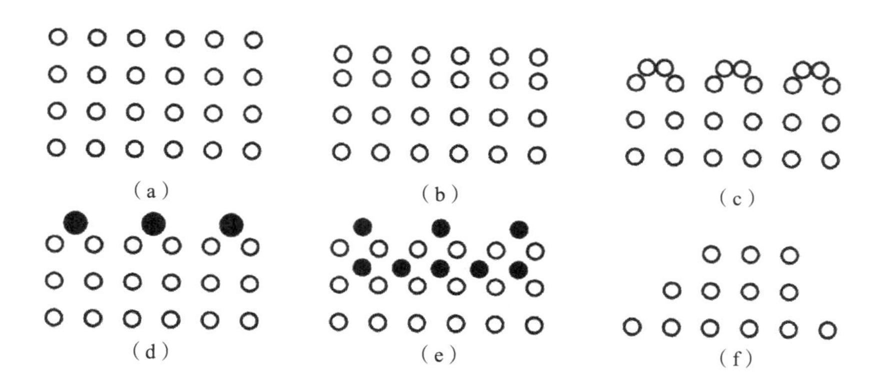

图 3-2　各种清洁表面结构

（a）理想表面；（b）弛豫表面；（c）重构表面；（d）吸附表面；（e）合金表面；（f）有台阶的表面

随着科学技术的发展与进步，特殊试验条件下制备的清洁表面，为深入了解表面原子的排列规律和表面微观缺陷，研究表面弛豫、重构、台阶化、偏析吸附和表面物理化学反应等现象创造了有利条件；并为实现分子束外延（MBE）、金属有机化学气相沉积（MOCVD）提供了可行性。

从图 3-2 得知：首先，晶体表面实际上只有几个原子层范围，其成分和结构不同于晶体内部；其次，晶体表面最外一层也不是一个原子级的平整表面，因为这样的熵值较小，自由能较高，因此，清洁表面必然存在多种表面缺陷。

（一）表面台阶结构

材料表面微观结构的物理模型认为表面微结构主要由平台面（Terrace）– 台阶（Ledge 或 Step）– 扭折（Kink）为特征，所以简称 TLK 模型。根据表面自由能最小的原则，平台面和台阶一般都为低指数晶面，如（111），（110），（100）等。通常平台面上的原子配位数比体内少，而台阶上原子的配位数又比台面少，扭折处原子的配位数则更少，故这些特殊位置的原子的价键具有不同程度的不饱和性。所以，台阶和扭折容易成为晶体的生长点、优先吸附位置、催化反应活性中心和腐蚀反应起点。由于表面的特殊环境，其原子的活动能力远大于体内，形成点缺陷的激活能又小，故在表面上的热力学平衡的点缺陷浓度远大于体内，最为常见的是吸附原子或偏析原子。所以平台面、台阶和扭折处常有吸附原子或分子，台面上还会有原子空位。晶体表面还有一种常见缺陷为位错。根据位错的守恒性，位错只能终止在晶体表面或晶界上，因此，位错往往在表面露头。由于位错造成其周围点阵畸变，位错附近的原子平均能量往往高于其他区域的能量，故易被杂质原子取代。若是螺位错的露头，则会在表面形成一个台阶。

台阶结构可用下式表示

$$R(S)-\left[m(hkl)\times n\left(h'k'l'\right)\right]-[uvw] \quad (3-2)$$

式中，R 为台阶表面的组成元素;（S）为台阶结构；*m* 为有 *m* 个原子晶列的平台宽度;（*hkl*）为平台的晶面指数；*n* 为台阶的原子层高度;（*h' k' l'*）为台阶侧面的晶面指数；[*uvw*] 为平台与台阶相交的原子列方向。例如 Pt（S）-[6（111）×（100）]—[011] 表示：Pt 为台阶表面组成元素；平台有 6 个原子列宽；平台晶面指数为（111）；台阶高度为 1 个原子层；台阶侧面指数为（100）；平台与台阶相交的晶列方向为 [011]。

（二）表面弛豫

晶体的三维周期性在表面处突然中断，表面上原子的配位情况、电荷分布发生变化，所受的力场与体内原子不同，表面上的原子就会偏离正常晶格位置，发生上、下位移。这种当某一表面形成时，为了降低体系的能量，表面原子位移到一个新的稳定的平衡位置的现象称为表面弛豫。

表面弛豫不仅改变了表面原子层间距，键角同时也发生了变化，但表面原子的最近数目和转动对称性则未变。通常最外层表面的移动距离可以为体相层间距的百分之几到十几。随着深度的增加，很快恢复为正常的层间距。通常所观察到大都是层间距的缩短即负弛豫。例如，Ni 的（100）面的体相面间距是 0.222 nm，而表面第一层与第二层之间面间距为 0.178 nm，收缩 19.8%。但是正弛豫也是存在的，如 Al（111）面的体相晶面间距是 0.233 nm，而表面层间距是 0.241 nm，膨胀约为 3.4%。

（三）表面重构

由于表面原子配位数的不足，表面原子会偏离体相外延的晶格位置，沿着表面做横向移动，在表面二维晶格上找到合适的位置。这种表面原子位置改变称为表面重构（或再构）。这种重构也会影响表面下几个原子层。表面重构与表面悬挂键有关，这种悬挂键是由表面原子价健的不饱和而产生的。当吸附外来原子而使悬挂键饱和时，重构必然发生变化。由于材料的原子之间的键合不同，因此表面重构发生概率不同，如半导体和金属的表面重构概率不一样。表面重构是很普遍的现象。

三、表面能与表面张力

人们熟知液体表面有表面能和表面张力，这在固体表面同样存在。当然，固体的表面能与表面张力复杂得多。由于晶体的三维周期性在表面处突然中断，暴露在晶体外侧无固体原子的键合，因此每个原子只是部分地被其他原子包围着，其相邻原子数比晶体内少。同时，由于表面弛豫和表面重构现象，表面原子可沿垂直表面方向或横向位移，发生胀缩和排列上的高低不平，也较易形成空位。另外，成分偏析和表面吸附现象往往导致表面成分与体内不一。这些均将导致表面原子偏离其正常的平衡位置，并影响至邻近的几层原子，造成表层的点阵畸变，使它们的能量比内部原子高。故表面能可理解为解理一块晶体时从无表面至生成单位面积新表面环境所做的功。

$$\gamma = \frac{\mathrm{d}W}{\mathrm{d}A} \tag{3-3}$$

式中，$\mathrm{d}W$ 为产生 $\mathrm{d}A$ 表面积环境所做的功。

由于表面是一个原子排列的终止面，另一侧无固体中原子的键合，如同被割断，故其表面能也可用形成单位新表面所割断的结合键数目来近似表达。

$$\gamma = \left[\frac{\text{被割断的结合键数目}}{\text{形成单位新表面}}\right] \times [\text{单位键能}] \tag{3-4}$$

由热力学原理得知，在恒温下，系统的自由能为

$$F=U-TS \tag{3-5}$$

式中，U 为内能；S 为总熵值（包括组态熵、振动熵和电子熵）；T 为绝对温度。实际上，表面内能的绝对值是无法测量的，可以测量到的仅是与物质状态发生改变时其内能的改变量 ΔU。表面可以认为是体相沿某个方向劈开造成的，显然表面的形成使体相状态发生了变化，因此内能必有 ΔU 的改变。但是，人们往往不是用内能的变化量 ΔU 来描述表面能，而是用表面自由能增量 ΔF 来描述表面能的大小。从式（3-5）可得到 $\Delta F = \Delta U - T\Delta S$。显然，实际的表面能要比 ΔF 大了一个熵热值。但实际上组态熵、振动熵和电子熵在总能量中所做贡献小，可以忽略不计。所以表面能取决于表面自由能。又因为我们接触的大部分表面是处于等温等压的环境下的，因此，一般采用自由焓 ΔG。而对于固体和液体，由于等温等压下体积几乎无变化，$\Delta G = \Delta F + \Delta(pV) \approx \Delta F$。所以，比表面自由能 γ 可写成：$\gamma = \mathrm{d}F/\mathrm{d}A$。

表面能与晶体表面原子排列致密程度有关，原子密排的表面具有最小的表面能。若以原子密排面作表面时，晶体的能量最低、最稳定。所以自由晶体暴露在外的表面通常是低表面能的原子密排晶面。图 3–3 为面心立方的 Au 晶体表面能极图。图中矢径方向表示面的法线方向，长度则表示表面能的大小。从图 3–3 可知，原子密排面 {111} 具有最小的表面能。如果晶体的外表面与密排面成一定角度，为了保持低能量的表面状态，晶体的外表面大都呈台阶状，台阶的平面是低表面能晶面，台阶密度取决于表面和低能面的交角。晶体表面原子的较高能量状态及其所具有的残余结合键，将使外来原子易于被表面吸附，并引起表面能的降低。此外，台阶状的晶体表面也为原子的表面扩散以及表面吸附现象提供了一定条件。

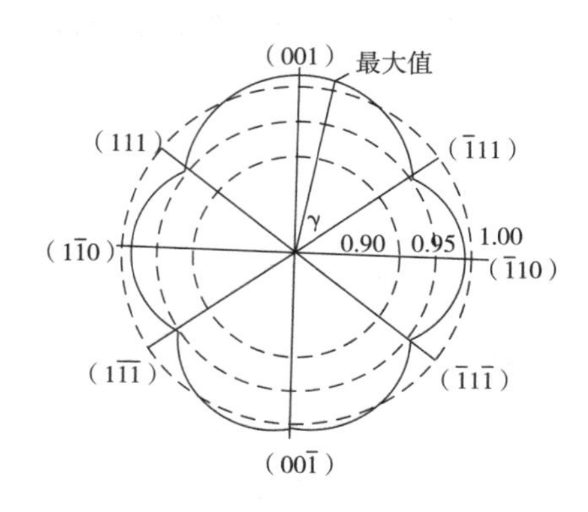

图 3–3　Au 在 1 030 ℃于 H_2 中的表面能级图

表面能除了与晶体表面原子排列致密程度有关外，还与晶体表面曲率有关。当其他条件相同时，曲率愈大，表面能也愈大。表面能的这些性质，对晶体的生长、固相变中新相形成都起着重要作用。

表面张力是在研究液体表面状态时提出的。液体皆有其表面尽量缩小这一最基本的特性，这是由于其表面切线方向上有一种缩小表面积的力作用着。对液面而言，表面能（γ）与表面张力（σ）数值上是一致的（$\gamma=\sigma$）。但是，固体的表面能在概念上不等同于表面张力，而且固体的表面张力很难测得定值，这是因为即使对同一晶体，由于处于表面上的晶面不同，其表面张力也会不同，更何况表面微观形态复杂多变，晶格缺陷存在的程度也不相同。通常最简单的测量方法是解理单晶时所消耗的功，即断裂功。断裂功可以用溶解热的方法求出，即由晶体和粉末的溶解热的差别求出表面张力。在接近于熔点的高温条件下，固体表面的某些性质与液体相类似，在这种情况和条件下，常用液体的表面理论和概念来近似地讨论固体的表面现象。此时可用表面张力直接显示法求之，表面能也可以用单位长度上表面张力（N/m）表示。

四、表面吸附和氧化

暴露在环境气氛中的固体表面与气体的作用有三种形式：吸附、吸收和化学反应。其中吸附是最普遍的现象。固体表面的吸附现象与催化、吸氢、材料的氧化腐蚀、半导体器件的钝化技术均密切相关。固体表面吸附是放热过程，所放的热称吸附热。按照吸附热值的大小可将吸附分为物理吸附和化学吸附。物理吸附是依靠物理键，即范德华力，吸附热的数量级为 $\Delta H_a < 0.2$ eV / 分子；而化学吸附依靠化学键，其键能远高于物理键，其强度与形成化合物的作用可以相比，吸附热的数量级为 $\Delta H_a > 0.5$ eV / 分子。化学吸附时分子的价电子状态有显著的变化，常可从光电子谱看出。由于气体分子的热运动，吸附与脱附总是同时并存的，当吸附速率与脱附速率相等时为吸附平衡，吸附量达到恒定值。该值的大小与吸附体系的本身性质、气体的压力、温度、固体比表面积、微孔尺寸等因素有关。

一般情况下，增加气体压力，吸附量会增加，最后会达到一饱和值；对物理吸附，温度低则吸附量大，温度高则可能发生脱附；对化学吸附，在某一成键温度下，吸附量是固定的，不随压力而变，因为化学吸附是单分子层吸附。一定温度下吸附量随压力变化的曲线称为等温吸附线，并可归纳为五种类型。最简单的等温吸附方程式为

$$\Gamma = kp \tag{3-6}$$

式中，Γ 为单位面积上吸附量，mol/cm^2；k 为常数；p 为气体压力。

人们在研究表面吸附时还发现除惰性气体原子外，其他气体原子在固体表面往往以化学吸附形成覆盖层或形成置换式、间隐式合金型结构。外来原子吸附在表面上形成覆盖层，往往使表面原子排列发生重构，其结构记为

$$\mathrm{R}(h,k,l) - p\times q - \alpha - m\times n - \beta - \mathrm{D} \tag{3-7}$$

式中，p，q 为表面晶格基矢与基底晶格基矢的长度比；α 为表面晶格相对于基底晶格所转过的角度；m，n 为覆盖层点阵基矢与基底表面基矢的长度比；β 为覆盖层点阵基矢与基底点阵基矢之间的偏转角；D 为吸附元素符号。为了只表示吸附原子相对于基底表面的结构变化，可忽略 $p\times q$，将上式简化为

$$\mathrm{R}(h,k,l) - \alpha - m\times n - \beta - \mathrm{D} \tag{3-8}$$

至于吸附层是单原子或单分子层，还是多原子或多分子层，则与具体的吸附环境密切相关；而吸附层原子或分子在晶体表面是有序排列或是无序排列，则与吸附的类型、吸附热、温度等因素有关。

当固体表面暴露在一般的空气中时会吸附氧或水蒸气，甚至在一定的条件下发生化学反应而形成氧化物或氢氧化物。除 Au 等少数金属外，多数金属表面在常温下会被氧化膜覆盖，而且在大气中存放的金属，由表及里会生成不同的氧化物。金属表面在高温下的氧化现象是一种典型的化学腐蚀。例如 Fe 在大于 560 ℃时生成三种氧化物：外层是 Fe_2O_3，中层是 Fe_3O_4，内层是溶有氧的 FeO（以化合物为基的缺位固溶体）。这三层氧化物中，含氧量依次递减，而厚度依次递增。Fe_2O_3、Fe_3O_4 及 FeO 对扩散物质的阻碍均很小，故保护性差，尤其是厚度较大的 FeO，因其晶体结构不致密，保护性更差，故碳钢零件一般只能用到 400 ℃左右。

实际上，在工业环境中，除了氧和水蒸气外，还可能存在 CO_2、SO_2、NO_2 等各种污染气体，它们吸附于材料表面生成各种化合物。污染气体的吸附层中其他物质，如有机物、盐等，与材料表面接触后也会留下痕迹，造成污染。所以，为提高膜基间结合强度，镀膜前基片都必须经过严格的表面预处理，以清除基片表面的一切污染物，必要时在镀膜前要对基片表面进行离子轰击，以进一步去除表面氧化膜、钝化膜等污染，获得洁净的新鲜表面。有时基片在真空室内还需加热，以彻底去除基片表面吸附的气体和水分，并可使某些污染物分解排除。如低压离子喷涂时，在喷涂前用电清理或转移弧对工件进一步清理，目的就是为获得清洁的新鲜表面，提高涂层与基底的结合强度。

五、表面扩散

扩散可分为固相、液相和气相扩散三种类型。固相扩散是通过固体中的原子、离子或分子的相对位移而实现的，其又分体扩散、表面扩散、晶界扩散和位错扩散四种不同途径进行。表面扩散如同表面吸附和偏析一样是一基本的表面过程。薄膜和涂层的力学性质、电学性质和光学性质都与扩散现象密切相关。表面扩散包括两个方向的扩散：一个是平行表面的扩散，从而获得均质的理想的薄膜和表面改性层；另一个是垂直表面即向体内的运动，从而得到一定厚度的薄膜和表面改性层，有时也借此提高膜基之间的结合强度。

如同其他扩散一样，表面扩散也是通过热激活来实现的。由于表面这一特殊结构和环境，表面扩散所需的扩散激活能最低。许多金属的表面扩散所需的能量为62.7 ～ 209.4 kJ/mol。随着温度的升高，愈来愈多的表面原子可得到足够的激活能，使它与邻近原子的键合断裂而沿表面运动。表面扩散除了需激活能外，另一先决条件是要到达的位置是空着的，这就要求二维点阵中存在空位或其他缺陷。因此，表面缺陷就成了扩散的主要机制。但是，表面缺陷与晶体内部的缺陷存在一定差异，因而表面扩散与体扩散亦不尽相同。

晶体表面存在平台面、台阶和扭折，还有吸附原子、平台空位等点缺陷。当表面达到热力学平衡时，表面缺陷的浓度会固定不变。浓度的大小仅是温度的函数。从定性而言，平台面—阶梯—曲折表面的最简单缺陷就是吸附原子和平台空位，它们与表面的结合能比所有其他缺陷的大，故表面扩散主要是靠它们的移动来实现的。

第二节　真空技术

由于纳米薄膜尺寸、结构上的特殊性，加上对薄膜材料的高要求，纳米薄膜材料的制备多数是在真空或是在较低的气压条件下进行的，如真空蒸镀、溅射镀、离子镀、低压化学沉积以及电子束、离子束表面改性等。这是由于真空可以排除空气的不良影响，防止氧化脱碳，可减少气体、杂质之污染，提供清洁工艺条件；真空还可减少气体分子间的碰撞次数，降低材料的沸点和汽化点以及具有很好的绝热性能等特点。下面对有关真空的物理基础知识、真空如何获取、如何测量等做一简单介绍。

一、真空与压强

“真空”是指低于 101.3 kPa 的气体状态，即与正常的大气相比，是较为稀薄的一种气体状态。因此，人们所说的“真空”均指相对真空状态，“真空”并非什么物质都不存在。即使采用最先进的真空系统所能达到超高真空状态下，每立方厘米的空间中仍然存在相当数量的气体分子。当然，宇宙真空除外。

在真空技术中，常用“真空度”这个习惯用语和“压强”这一物理量表示某一空间的真空程度，但是它们的物理意义不同。真空度是对气体稀薄程度的一种度量，最直接的物理量应该是每单位体积中的分子数；而气体的压强是指气体作用于单位面积器壁上的压力。由于要精确地测定单位体积中的分子数很难实现，而单位面积上的压力却能进行直接或间接的精确测量，所以，真空度的高低通常都用气体的压强来表示。气体压强越低，就表示真空度越高；反之，压强越高，真空度就越低。

真空技术中压强的国际单位为帕斯卡（Pascal），简称帕（Pa），它代表每平方米的压力为 1 牛顿（1 Pa=1 N/m²），而早期人们使用的压强单位有毫米汞柱（mmHg）、托（Torr）、巴（bar）、标准大气压（atm）、每平方英寸磅力（psi）等。

为了方便起见，常根据压强的高低，习惯将真空划分为以下几个区域。

（1）粗真空：$1 \times 10^{2} \sim 1 \times 10^{5}$ Pa；

（2）低真空：$1 \times 10^{-1} \sim 1 \times 10^{2}$ Pa；

（3）高真空：$1 \times 10^{-6} \sim 1 \times 10^{-1}$ Pa；

（4）超高真空：$1 \times 10^{-10} \sim 1 \times 10^{-6}$ Pa；

（5）极高真空：$<10^{-10}$ Pa。

各个真空区域的气体分子运动状态各不相同。粗真空下，气体空间近似为大气状态，分子仍以热运动为主，分子之间碰撞十分频繁；低真空下，气体分子的流动逐渐从黏滞流状态向分子状态过渡，此时气体分子之间和分子与器壁之间的碰撞次数差不多；高真空下，则以分子与器壁碰撞为主，而且碰撞次数大大减少；在超高真空时，气体分子数目更少，几乎不存在分子间的碰撞，分子与器壁的碰撞机会也更少了。

从物理学中得知，气体分子（或原子）对器壁进行大量的、无规则的碰撞是产生压强的本质。某一容器内的压强与气体分子浓度、它的平均动能成正比，或与它的温度成正比，气体压强可用式（3-9）表示为

$$p = \frac{2}{3} n \left(\frac{1}{2} m \overline{v}^{2} \right) = \frac{2}{3} n \overline{\omega} = nkT \tag{3-9}$$

式中，p 为气体压强；n 为气体分子浓度；m 为气体分子质量；$\overline{v}^2$ 为气体速率的平方平均值；$\overline{\omega}$ 为分子平均平动动能；k 为玻耳兹曼常数；T 为气体温度。

当存在混合气体时，根据道尔顿分压定律，混合气体的总压强等于其各组成气体的分压强之和，用式（3-10）表示为

$$p = p_1 + p_2 + \cdots + p_k \tag{3-10}$$

式中的分压强 p_i（i= 1，2，…，k）是指多组分气体中组分 i 的气体单独占有混合气体原有体积时所具有的压强。

二、气体分子间的碰撞及平均自由程

从气体分子运动论可知，气体分子做无规则的热运动，气体分子从一处移到另

一处的过程中，它要不断地与其他分子碰撞，这就使分子沿着迂回的折线前进。气体的扩散、热传导过程等进行的快慢都取决于分子相互碰撞的频繁程度。

气体分子在运动中经常与其他分子碰撞，在任意两次连续的碰撞之间，一个分子所经过的自由路程的长短显然不同，经过的时间也是不同的。我们可以求出单位时间内一个分子和其他分子碰撞的平均次数 $\bar{Z}$，以及每两次连续碰撞之间一个分子自由运动的平均路程 $\bar{\lambda}$。$\bar{Z}$ 和 $\bar{\lambda}$ 的大小反映了分子间碰撞的频繁程度。

为了使计算简单，假定每个分子都是直径为 d 的圆球，并且假定只有某一个分子以平均速度 $\bar{v}$ 运动，而其他分子则都静止不动，这一分子与其他分子作弹性碰撞。由于运动分子和其他分子碰撞一次，它的速度方向就改变一次，所以运动分子球心的轨道是一条折线。如果以一秒钟内球心所经过的轨道为轴，d 为半径作一圆柱体，高为 $\bar{v}$，所以体积为 $\pi d^2\bar{v}$。这样，凡是球心在这圆柱体内的其他分子，均将在一秒钟内和运动分子碰撞，设单位体积内的分子数（分子密度）为 n，则圆柱体内分子数为 $\pi d^2\bar{v}n$。显然，这就是运动分子在一秒钟内和其他分子碰撞的平均碰撞次数

$$\bar{Z} = \pi d^2\bar{v}n \tag{3-11}$$

式（3–11）是假定一个分子运动而其他分子都静止而得出的结果。实际上，所有分子都在不断运动，而且按麦克斯韦速度分布定律分布，分子平均碰撞修正为

$$\bar{Z} = \sqrt{2}\pi d^2\bar{v}n \tag{3-12}$$

由于一秒钟内每一个分子平均走过的路程为 $\bar{v}$，而一秒钟内每一个分子和其他分子碰撞的平均次数则为 $\bar{Z}$，因此分子平均自由程应为

$$\bar{\lambda} = \frac{\bar{v}}{\bar{Z}} = \frac{1}{\sqrt{2}\pi d^2 n} \tag{3-13}$$

根据式（3–9），可求出 $\bar{\lambda}$ 和温度 T 及压力 p 的关系为

$$\bar{\lambda} = \frac{kT}{\sqrt{2}\pi d^2 p} \tag{3-14}$$

由此得知，当温度一定时，$\bar{\lambda}$ 与 p 成反比，压力愈小，则平均自由程愈长。

应指出，上述讨论的自由程是指气体分子间的碰撞，而气体分子与容器器壁间的碰撞不能用此概念。分子平均自由程 $\bar{\lambda}$ 与容器尺寸 D（直径）的比值称为克努森（Knudsen）数，用 Kn 表示。如果 Kn $\ll$ 1，则分子间的碰撞是主要的；如果 Kn $\gg$ 1，则分子与器壁间的碰撞是主要的。

上面讨论的是单一气体的情况。如为多种气体成分，则成分 1 的气体分子在混

合气体中的平均自由程为

$$\overline{\lambda_1}=\frac{1}{\pi\sum_{i=1}^{k}\sqrt{1+\frac{m_1}{m_i}}\left(\frac{d_1+d_i}{2}\right)^2 n_i} \tag{3-15}$$

式中，$\overline{\lambda_1}$ 为成分 1 的分子在混合气体中的平均自由程；m_1，m_i 为第 1 种、第 i 种气体分子的质量；d_1，d_i 为第 1 种、第 i 种气体分子的直径；n_i 为第 i 种气体分子的密度。

离子或电子在气体中运动时，它们也将与气体分子碰撞。由于离子或电子的数目比气体分子少得多，因此可不考虑离子或电子本身之间的碰撞。对离子而言，它们的直径与分子的直径基本相同，但它们的运动速度由于受电场的作用而远大于分子的速率，因此可近似认为分子是静止的。离子的平均自由程根据前面计算方法得到

$$\overline{\lambda_i}=\frac{1}{\pi d^2 n}=\sqrt{2}\overline{\lambda} \tag{3-16}$$

对于电子，由于其质量轻，在电场下其运动速率更快，因此分子同样可视为静止。但电子的直径小，与分子相比，可忽略不计。因此电子的平均自由程 $\overline{\lambda_e}$ 根据前面算法可得到

$$\overline{\lambda_e}=\frac{4}{\pi d^2 n}=4\sqrt{2}\overline{\lambda} \tag{3-17}$$

三、气体与表面的作用

真空容器内的气体分子除做无规则的热运动，引起相互碰撞外，还将与容器壁内表面发生碰撞，其结果将产生反射、溅射、吸附和吸收。

可以通过计算得到从任何方向、单位时间内碰撞于容器内壁 dA 面积上的分子总数为

$$\frac{n\overline{v}}{2}\mathrm{d}A\int_0^{\pi/2}\sin\theta\cos\theta\mathrm{d}\theta=\frac{n\overline{v}}{4}\mathrm{d}A \tag{3-18}$$

式中，n 为分子的密度；$\overline{v}$ 为分子平均速度；θ 角为分子飞来方向与 dA 面法线之间的夹角。

写成单位时间碰撞于单位面积上的分子数为

$$n_0=\frac{n\overline{v}}{4} \tag{3-19}$$

根据$p=nkT$，$\bar{v}=\sqrt{\frac{8kT}{\pi m}}$，式（3–19）可改写为

$$n_0=\frac{n\bar{v}}{4}=\frac{p}{\sqrt{2\pi mkT}} \tag{3–20}$$

由式（3–20）可知，n_0正比于n和$\bar{v}$，而与容器中总的分子数无关。由于分子平均速度$\bar{v}$很大，故n_0的值一般很大。 如在真空度为10^{-4} Pa，温度为0 ℃时，氮气分子每秒碰撞每平方厘米面积上的分子仍有2.8×10^{14}个。

由于碰撞于一个平面上的分子数其数目与θ的余弦成正比，那么反射回来的分子方向又如何分布呢？研究表明，碰撞于固体表面的分子，其飞离表面的方向与原飞来方向无关，并遵从余弦定律分布。这是因为凡是碰撞于表面的分子，都被表面暂时吸附，停留在表面一段时间后重新“蒸发”。

气体分子与固体表面相碰撞时还会在固体表面的力场作用下而被吸附在表面。固体表面吸附气体分子的作用力的性质因气体和固体的不同而异，从而产生不同的吸附现象。当固体表面的原子键饱和时，固体表面对气体分子形成物理吸附，吸附力为范德瓦尔斯力；若固体表面原子键未饱和，有可能形成化学吸附，其吸附力为化学键，且作用键也较短，类似于发生于表面的化学反应；若气体分子在与固体表面发生碰撞前已被电离为正离子，在电场力作用下，飞向固体表面并获得电子恢复成中性吸附在固体表面，这种吸附称为电离吸附。

吸附在固体表面的气体分子因扩散作用到达固体内部形成固溶体或化合物的现象，称为溶解或吸收。

注意处于吸附状态的气体分子又会由于各种原因获取能量而脱离固体表面，称为脱附或解吸。若在真空镀膜时，容器壁和基板表面吸附气体在成膜过程中不断解吸出来，将会影响镀膜质量。故在镀膜前，常需对基片进行加热，甚至使整个真空腔体加热升温，有时还对基片进行离子轰击清洗，以便将吸附或溶在基片和真空腔壁上的气体逸出，获得洁净表面，以提高膜基结合强度和镀膜的质量。

此外，每一种气体都有一个临界温度，在该温度以上，无论怎样压缩，气体均不会液化。它可用来区分物质是气体还是蒸气。凡高于临界温度的气态物质称为气体，而低于它的气态物质称为蒸气。

在一定的温度下，在密闭的容器中单位时间蒸发出来的分子数与凝结在器壁和回到蒸发物质中的分子数相等，即蒸气与其凝聚相处于平衡状态时，该物质的蒸气压力称为饱和蒸气压。饱和蒸气压随温度上升而增加，下降而下降。在真空技术中，要求真空系

统所用材料的饱和蒸气压高于该系统所规定的真空度，且一般需要高出两个数量级。

四、气体在真空容器中的流动

在真空中，通常将气体沿管道流动时其流量不随时间而变化的流动称为稳态流动，而将气体流量随时间和地点变化的流动称为非稳态流动。真空系统中气体流动多数是稳态流动。真空中气体沿着管道流动的状态与压强、管道的直径有关。当管道直径一定，而压强从高到低改变时，气体流动将随气体分子的平均自由程 $\bar{\lambda}$ 与管道的直径 D 之比值 $\bar{\lambda}/D$（克努森数），或者气压 p（1.332×10^2 Pa）与管道直径 D 之乘积 pD 的变化出现几种不同的状态。

（1）$\bar{\lambda}/D<0.01$ 或 $pD>5\times10^{-1}$ 时为黏滞态。由不同流速的各个流动态所组成，流线与管轴平行，流动与气体的黏滞性有关。

（2）$0.01<\bar{\lambda}/D<1$ 或 $5\times10^{-3}<pD<5\times10^{-1}$ 时为分子－黏滞流。系过渡区，流动呈现分子流和黏滞流的特性。

（3）$\bar{\lambda}/D>1$ 或 $pD<5\times10^{-3}$ 时为分子流。分子间相互碰撞减少，分子间的内摩擦消失，分子与管壁的碰撞占主导地位，气体分子以热运动自由、独立地直线前进。

此外，当气压和流速较高时，流动呈现不稳定状态，流线不仅沿管轴方向，而且，还沿径向发生横向位移，形成时隐时现的漩涡，气体流动受到较大的阻力，这种流动称为湍流或紊流。湍流与黏滞流之间的过渡与气压、流速、管道直径及气体的黏滞性有关，可用雷诺数 Re 来判别

$$Re = Dv\rho / \eta \tag{3-21}$$

式中，v 为流速，m/s；ρ 为其他密度，kg/m^3；η 为内摩擦系数，kg/（m · s）。

$Re>2\,200$ 为湍流，$Re<1\,200$ 为黏滞流。20℃的空气通过圆管道的雷诺数为

$$Re = 14.9Q / D \tag{3-22}$$

式中，Q 为气体流量，Pa · L/s。当 $Q>200\,D$ 时为湍流，$Q<100\,D$ 时为黏滞流。

如同电路中一样，真空中，气体在管道中流动的动力是管道两端的压强差（p_1-p_2），而气体沿管道流动时受到的阻力相当于电阻，称为流阻。流阻的倒数称为流导，它表示管道通过气体的能力。流量、压强差和流阻（或流导）三者之间的关系类似于电路中的欧姆定律

$$Q = (p_1 - p_2) / \omega = v(p_1 - p_2) \tag{3-23}$$

式中，Q 为流量，Pa · L/s； ω 为流阻；v 为流导，L/s。

至于整个系统的总流导的确定，可以分别将不同形状的管道、小孔、弯头、真空阀等的流导计算出来，再根据系统的具体情况，类似于电路，将各流导经串联、并联，最后计算出真空系统的总流导。

五、真空技术基本方程

真空抽气过程中，人们最关心的技术参数是抽气速率、真空度（工作压强）和抽气时间。

抽气速率是指单位时间内泵从被抽容器中抽走的气体体积，简称抽速（S）。

$$S=\left|\frac{\mathrm{d}V}{\mathrm{d}t}\right|_{p,T} \tag{3-24}$$

因此，若不考虑管道的流阻，即将泵直接对真空腔体抽气，则泵入口处的抽速等于容器出口处的抽速，故 dt 时间内由泵抽走的气体量应等于容器内减少的气体量。根据理想气体状态方程，可知气体压强和体积的乘积代表气体量，故有

$$p\mathrm{S}\mathrm{d}t=-v\mathrm{d}p \quad S=-\frac{v}{p}\cdot\frac{\mathrm{d}p}{\mathrm{d}t} \tag{3-25}$$

假定抽速 S 为常数，两边积分

$$S=\frac{v}{t}\ln\frac{p_2}{p_1} \tag{3-26}$$

这样，真空腔体经 t 秒抽气后，其真空度（工作压强）则为

$$p_2=p_1\exp(-S\cdot t/v) \tag{3-27}$$

所以压强 p_1 到 p_2 所需的抽气时间为

$$t=\frac{v}{S}\ln\left(p_1/p_2\right) \tag{3-28}$$

镀膜时，在稳定的情况下，真空系统在抽气过程中，流过系统任何截面上的气体量应该相等，即

$$p_0S_0=v\left(p_0-p_1\right)=S_1p_1 \tag{3-29}$$

式中，p_0，S_0 为被抽真空腔体出口处的压强和抽速；p_1，S_1 为抽气系统入口处的压强和抽速；v 为连接真空腔体和泵的管道的流导。由式（3-28）可推导得

$$\frac{1}{S_0}=\frac{1}{v}+\frac{1}{S_1} \text{ 或 } S_0=\frac{vS_1}{v+S_1} \tag{3-30}$$

这就是真空技术基本方程，它阐述了泵的抽速、管道的流导和真空腔体出口处的抽速三者之间的关系。

由式（3–30）不难发现，当 $v \ll S_1$ 时，则有 $S_0=v$；而当 $S_1 \ll v$ 时，则有 $S_0=S_1$。

六、真空的获得

真空的获得就是人们常说的“抽真空”，即利用各种真空泵将容器中的气体抽出，使该空间的压强低于一个大气压。目前，常用来获得真空的设备有旋片式机械真空泵、罗茨泵、油扩散泵、复合分子泵、分子筛吸附泵、钛升华泵、溅射离子泵和低温泵等。其中，前四种泵属于气体传输泵（传输式真空泵），即通过将气体不断地吸入并排出真空泵而达到抽真空的目的；后四种真空泵属于气体捕获泵（捕获式真空泵），即利用各种吸气材料所特有的吸气作用将容器中的气体吸除，以达到所需的真空度。由于气体捕获泵工作时不使用油作为工作介质，故又称为无油类真空泵。

传输式真空泵又可细分为机械式气体传输泵和气流式气体传输泵。旋片式机械泵、罗茨泵和涡轮分子泵是机械式气体传输泵的典型例子，而油扩散泵则属于气流式气体传输泵。捕获式真空泵主要包括低温吸附泵和溅射离子泵等。

通常不同的镀膜工艺对真空镀膜室的真空度有不同的要求，在真空技术中一般使用本底真空度（也称本征真空度）来表达这种要求。所谓本底真空度就是指利用真空泵使真空镀膜室达到能满足某种镀膜工艺所要求的真空度。而这一真空度能否达到，从根本上说主要取决于所使用的真空泵的抽真空能力，即极限压强（或极限真空度）。极限压强是表示真空泵性能的重要参数之一，它指的是使用标准容器作为负载时，真空泵按规定条件正常工作一段时间后，真空度不再变化而趋于稳定时的最低压强。

人们通常把 2 ～ 3 种真空泵组合起来构成复合真空系统以获得所需要的高真空度。例如，在有油真空系统中，采用“油封机械泵（两级）+ 油扩散泵”组合，可获得 10^{-8} ～ 10^{-6} Pa 的压强；在无油真空系统中，采用“吸附泵 + 溅射离子泵 + 钛升华泵”组合，可获得 10^{-9} ～ 10^{-6} Pa 的压强；有时也将有油系统与无油系统混用使用，如采用“机械泵 + 复合分子泵”组合，亦可获得超高真空。其中，机械泵和吸附泵都可以从一个大气压下开始抽气，因此通常将这类泵称为“前级泵”，相应地将那些只能从较低的气压抽到更低的气压的真空泵称为“次级泵”。

下面重点介绍几种真空泵的结构和工作原理。

（一）旋片式机械泵

凡是利用机械运动（转动或滑动）来获得真空的泵，统称为机械真空泵。这是一类可以从大气压开始工作的真空泵，既可以单独使用，又可以作为高真空泵或超高真空泵的前级泵使用。由于这种泵工作时是用油进行密封的，所以又属于有油类真空泵。这类机械真空泵常见的有旋片式、定片式和滑阀式（又称柱塞式）几种，其中以旋片式机械泵最为常见。

旋片式机械泵利用油来保持各运动部件之间的密封，并通过机械的方法，使该密封空间的容积周期性地增大（抽气）和缩小（排气），从而达到连续吸气和排气的目的。图 3-4 是单级旋片式机械泵的结构，其泵体主要由定子、转子、旋片、进气口和排气口等组成。定子两端被密封，形成一个密闭的泵腔。泵腔内部装有偏心的转子，定子与转子的几何关系相当于两个内切圆。沿转子的直径方向开一个通槽，槽内装有两块旋片，在两块旋片之间装有弹簧，当转子旋转时，弹簧能使旋片始终沿着定子的内壁滑动，这样旋片就把泵腔分成了 A、B 两个部分。

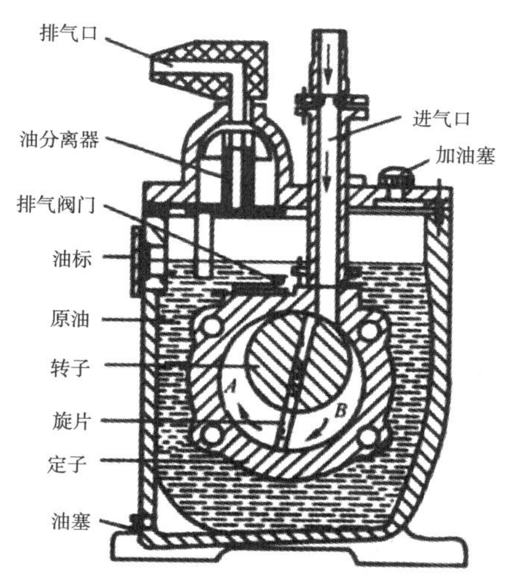

图 3-4　旋片式机械泵的结构

旋片式机械泵的工作原理如图 3-5 所示。当转子带动旋片沿图 3-5 中给出的方向旋转时，由于旋片 1 后面空间的压强小于进气口的压强，此时泵体就会通过进气口吸入气体，如图 3-5（a）所示；图 3-5（b）所示为吸气过程停止，泵的吸气量达到最大，气体开始压缩；当旋片继续运动到图 3-5（c）所示位置时，泵腔左侧的气体由于受到压缩而使旋片 2 前面空间的压强增高，当压强高于 1 个大气压时，气体就会推开排气阀门，此时泵体通过排气口排出气体；然后转子继续旋转，旋片重新回到图 3-4 所示的位置，排气过程结束，旋片泵重新开始下一个吸气、排气循环。单级旋片泵的极限真空度可以达到 1 Pa，而双级旋片泵的极限真空度可以达到 10^{-2} Pa。

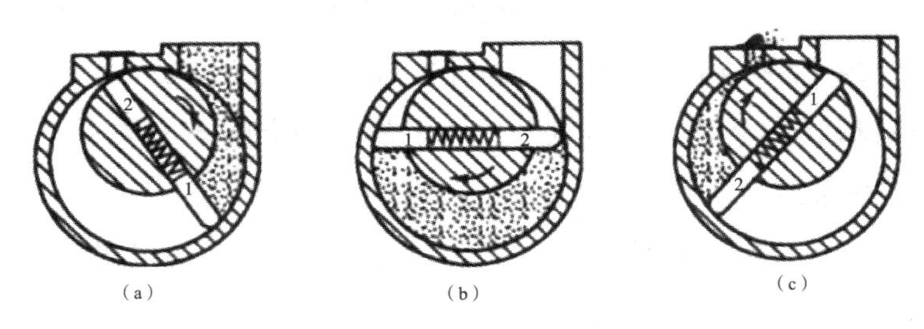

图 3-5　旋片式机械泵的工作原理

（a）泵体通过进气口吸入气体；（b）吸气停止；（c）泵体通过排气口排出气体

旋片式机械泵在工作时，定子和转子全部浸在油中，在每一个吸气、排气循环中，会有少量的油进入真空容器内部，因此要求机械泵油具有较低的饱和蒸气压，同时还具有一定的润滑性、黏度和较高的稳定性。

（二）罗茨泵

机械式气体传输泵的另一种常见形式就是罗茨泵，其结构如图 3-6 所示。工作时，罗茨泵腔体内的两个哑铃形转子以相反的方向旋转。由于这两个转子之间的配合精度很高，因而在转子与转子、转子与泵体之间的间隙不需要用油做密封介质。由于转子旋转过程中扫过的空间很大，同时转子的转速又很高，因而这种泵的抽速很大（如 10^3 L/s），而且极限真空度也较高（可达 10^{-2} Pa 左右）。

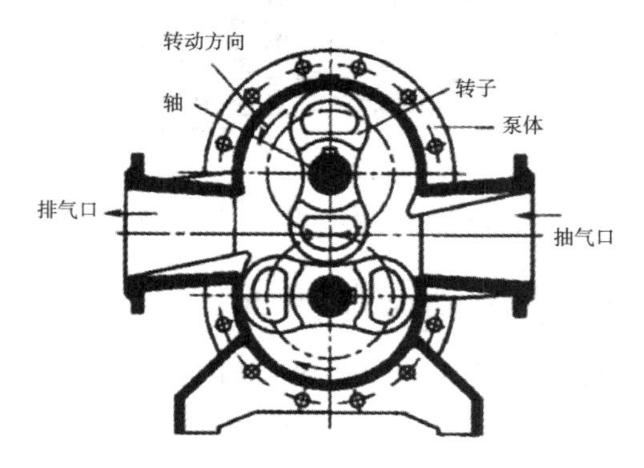

图 3-6　罗茨泵的结构

当真空容器的气压低于 10^{-1} Pa 时，气体的回流会使罗茨泵的抽速降低；当气压较高时，大量气体的高速压缩又会引起泵体和转子的发热和膨胀，从而造成配合精度很高的泵体的损坏。因此，罗茨泵适合的压力范围是 0.1 ～ 1 000 Pa。一般情况下，罗茨泵总是与旋片式机械真空泵串联在一起使用。

（三）油扩散泵

图 3-7 为油扩散泵的结构及工作原理。与机械式真空泵不同，在油扩散泵中没有转动的部件。如图 3-7（b）所示，油扩散泵的工作原理是将泵油加热至高温蒸发状态，当高压油蒸气在泵内向下逐级定向喷射时会不断撞击气体分子，并将部分动量传递给它们，使其被迫向排气口方向运动，最后在压缩作用下排出泵体，而经泵体冷却的油蒸气又会凝结起来返回泵的底部循环使用。

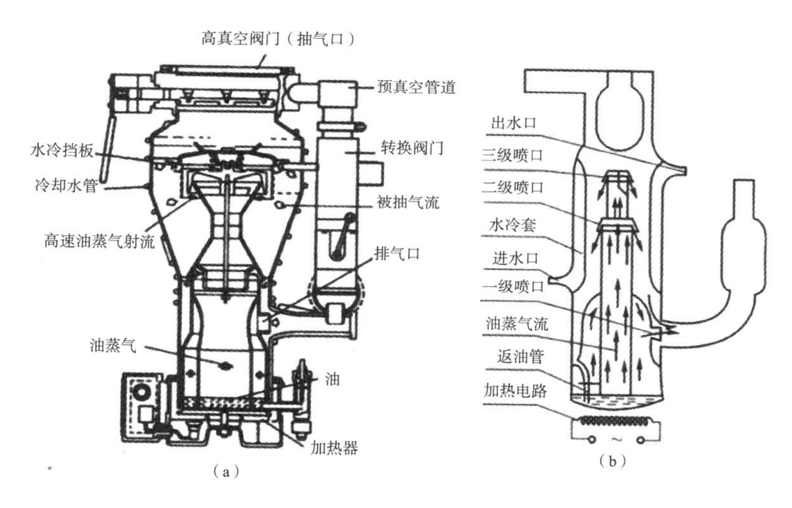

图 3-7　油扩散泵的结构及工作原理

（a）结构；（b）工作原理

在启动油扩散泵之前需要用机械泵将系统压强预抽至 1 Pa 左右。根据口径大小不同，油扩散泵的抽速从每秒几升到每秒上万升不等。

油扩散泵的主要缺点是泵内油燕气的回流会造成真空室的油污染。由于这个原因，在材料分析仪器和其他一些要求超高真空的系统中一般不采用油扩散泵。在对油污染要求不高的场合，可以通过在油扩散泵与真空室之间增加冷阱的方法，使油蒸气大部分凝结在冷阱中而不扩散到真空室中去，但这样做的代价是泵的有效抽速会降低。

（四）分子泵

分子泵属于无油的气体传输泵，它作为次级泵可以与前级泵构成复合真空系统，来获得超高真空。

分子泵根据结构分为牵引泵、涡轮分子泵和复合分子泵三大类。其中牵引泵的结构最简单，转速较小，但压缩比大；涡轮分子泵则又分为“敞开”叶片型和重叠叶片型，前者转速高，抽速也较大，后者则相反；复合型分子泵把牵引分子泵的压缩比大的优点与涡轮分子泵抽气能力高的优点结合在一起，利用高速旋转的转子携带气体分子而获得超高真空。图 3-8 为复合分子泵的结构。该泵转速为 240 000 r/min，它的最上部分是一个只有几级敞开叶片的涡轮分子泵，紧接着是一个多槽的牵引分子泵，抽速为 460 L/s，转速为零时的压缩比为 150。注意在分子泵运行过程中严禁异物掉入，否则高速运转的叶片将被打坏。

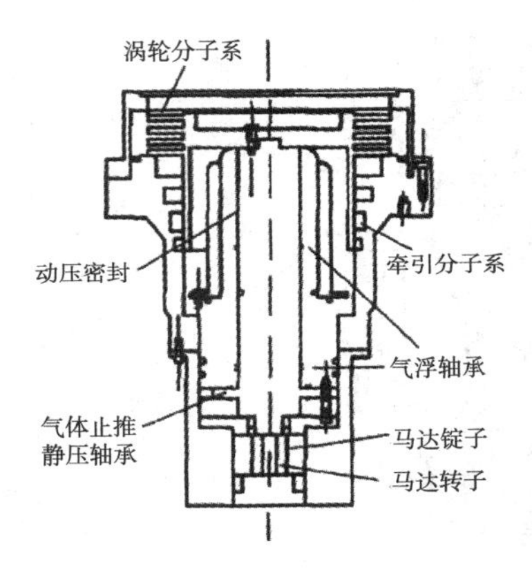

图 3-8　复合分子泵的结构

（五）低温泵

低温泵是利用温度在 20 K 以下的低温表面来凝结气体分子以获得高真空和超高真空的真空泵，是目前具有最高极限真空度的真空泵，主要用于高能物理、超导材料制备、宇航空间模拟站等要求高清洁、无污染、大抽速、高真空和超高真空等的场合。低温泵按其工作原理又分为低温吸附泵、低温冷凝泵和制冷机低温泵。前两种真空泵是使用低温液体（液氮、液氦等）来进行冷却的，成本较高，通常仅作为辅助抽气手段。

制冷机低温泵是利用制冷机产生的深低温进行抽气的泵，其基本结构如图 3-9

所示。在制冷机的第一级冷头上，装有辐射屏和辐射挡板，温度处于 50 ～ 77 K，用于冷凝抽除水蒸气和二氧化碳等气体，同时还能屏蔽来自真空室的热辐射，以保护第二级冷头和深冷板（低温冷凝板）。深冷板装在第二级冷头上，温度为 10 ～ 20 K，深冷板正面的光滑金属表面可去除氮、氧等气体，置于深冷板反面的活性炭可吸附氢、氖等气体。通过两级冷头的作用，可以达到去除各种气体的目的，从而获得超高真空。

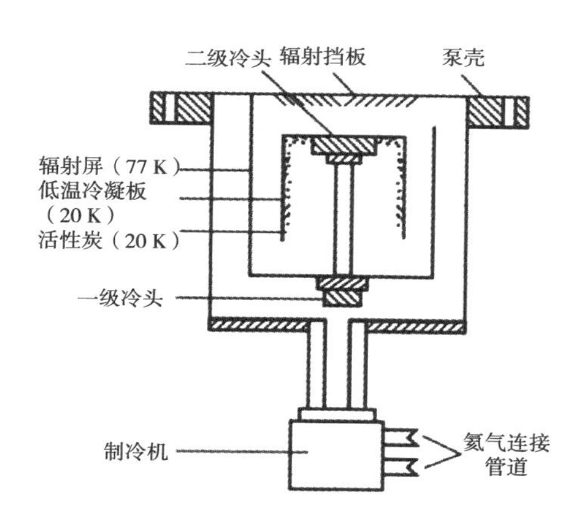

图 3-9　低温泵的结构

低温泵属于捕获式真空泵的一种，能用来捕集各种气体（包括有害气体或易燃易爆气体），使其凝结在制冷板上，以实现较高的真空度。但是，低温泵工作一段时间后，其吸气能力会降低，因此必须进行“再生”处理，即通过升温清除低温凝结层。

七、真空的测量

真空测量是指利用特定的仪器和装置，对某一特定空间内的真空度进行测量。这种仪器或装置称为真空计（或真空仪、真空规管等）。真空计的种类很多，按照测量原理可分为绝对真空计和相对真空计两类。凡是通过测量物理参数直接获得气体压强值的真空计均为绝对真空计（如 U 形压力计等），这类真空计所测量的物理参数与气体成分无关，测量比较准确。但是，在气体压强很低的情况下，直接测量压强是极其困难的，而通过测量与压强有关的物理量，并与绝对真空计进行比较而得到压强值的真空计称为相对真空计（如热传导真空计等）。这类真空计的缺点是测量值的准确度略低，而且与气体成分有关。在实际生产中，除真空校准外，大都使用相对真空计。下面主要对电阻真空计、热偶真空计、电离真空计等常见真空计的工作原理和测量范围等进行介绍。

（一）电阻真空计

电阻真空计是一种热传导真空计。此类真空计一般通过测量置于真空室中的灯丝的温度间接地获得真空度的大小，其基本依据是在低气压下气体的热传导与其压强有关，因此如何测量灯丝温度并建立其与气体压强的函数关系，就是此类真空计要解决的主要问题。

电阻真空计的结构如图 3–10 所示，它由一个电阻规管和一个惠斯顿电桥组成。电阻规管中的加热灯丝通常用电阻温度系数较大的钨丝或钼丝制作，灯丝连接着惠斯顿电桥，并作为电桥的一个臂。在低气压下通电加热时，灯丝上的产热和散热关系可以表示为

$$Q=Q_1+Q_2 \tag{3-31}$$

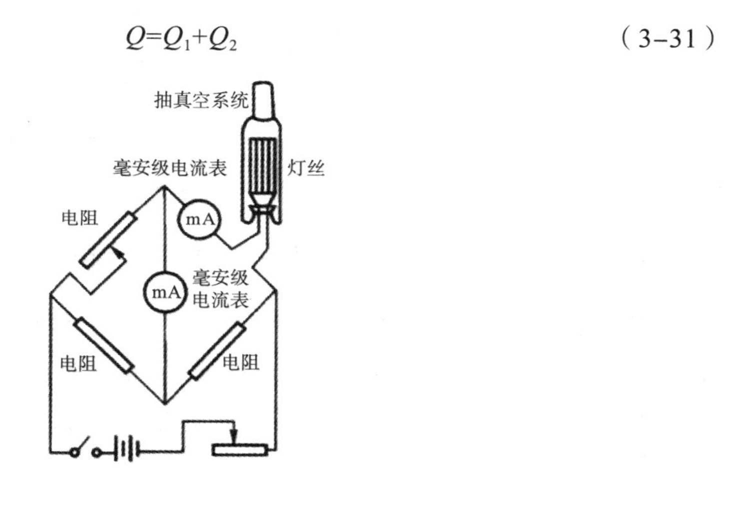

图 3–10　电阻真空计结构

式中，Q 为通电加热时灯丝所产生的热量，与灯丝中通过的电流有关；Q_1 为灯丝辐射出去的热量，与灯丝的温度有关；Q_2 为气体分子因碰撞灯丝而带走的热量，与气体的压强有关。假如灯丝在某一恒定的电流下工作（Q 恒定），当真空室的气体压强降低时，Q_2 将随之降低，此时灯丝上积累的热量就会增加，导致灯丝温度升高，从而使灯丝的电阻增大。也就是说，在气体压强 p 与灯丝电阻 R 之间存在着这样的关系：p 降低则 R 增大，反之亦然。因此，可以通过测量灯丝的电阻值来间接地确定真空室的压强。

电阻真空计能够测量的真空范围是 10^{-2} ～ 10^{5} Pa，所测压强值对气体种类的依

赖性较大。由于其校准曲线通常都是针对干燥的氮气或空气的，所以，如果被测气体成分变化较大，就应该对测量结果进行修正。另外，电阻真空计经长时间使用后，灯丝会因氧化而发生零点漂移，因此使用时要避免灯丝长时间接触大气或在高气体压强下工作，而且需要经常调节工作电流来校准电阻真空计的零点位置。

（二）热偶真空计

热偶真空计也是一种热传导真空计，与电阻真空计的不同之处在于，它利用热电偶直接测量加热灯丝的温度，再通过气体压强与灯丝温度之间的函数关系确定真空度。

热偶真空计的结构如图 3-11 所示，它同样由一个规管和相应的电路组成。加热灯丝 C 和 D、变阻器、直流电源和毫安表等构成热偶真空计的工作回路，为灯丝提供稳定的工作电流。由 A、B 两种材料制作的热电偶和毫伏计构成测量回路，热电偶的热端与灯丝在 O 点相连，以测量灯丝的温度。灯丝通电后会发热，这些热量可以通过周围的气体分子以及热电偶的热传导带走，也可以通过灯丝本身的热辐射散失。与电阻真空计的测量原理相似，在某一恒定的电流条件下，灯丝的发热量保持恒定。当真空室的气压降低时，由气体分子碰撞灯丝而带走的热量将随之降低，此时灯丝上积累的热量就会增加，从而造成灯丝的温度升高。也就是说，在真空室压强 p 与灯丝温度 T 之间存在着这样的关系：p 降低则 T 增大，反之亦然。因此，可以通过测量灯丝的温度间接地获得真空室的压强。

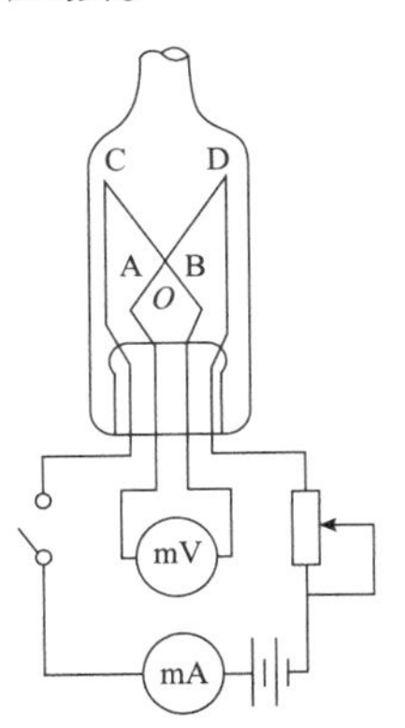

图 3-11　热偶真空计的结构

热电偶真空计的测量值受到与灯丝相连的热电偶的热传导和灯丝自身热辐射的影响，因而精度不太高，但热偶真空计的电路简单，价格低廉，又便于真空度的自动测量和控制，因而得到了广泛的应用。热偶真空计的测量范围为 $10^{-1} \sim 10^{2}$ Pa。测量压强不能太低，因为当气体压强过低时，灯丝通过气体分子的热传导而散失的热量很少，以热电偶的热传导和自身的热辐射散热为主，此时灯丝温度与气体压强之间原来的函数关系就不再成立。

热偶真空计具有热惯性，气压变化时，灯丝温度的改变会滞后一段时间，所以数据的读取也应延迟一定时间。与电阻真空计一样，经过长时间使用后，热偶真空计的灯丝也会因氧化而发生零点漂移，因此应经常调整加热电流，以校准热偶真空计的零点位置。此外，热偶真空计对不同气体的测量结果是不同的，这是因为各种气体分子的热传导性能不同，因此测量不同的气体时需进行修正。表 3–2 给出了常见气体或蒸气的修正系数。

表3–2　常见气体或蒸气的修正系数

气体或蒸气	修正系数
空气、氮气	1
氢气	0.6
氦气	1.12
氖气	1.31
氩气	1.56
氪气	2.30
一氧化碳	0.97
二氧化碳	0.94
甲烷	0.61
己烯	0.86

（三）电离真空计

电离真空计是目前工业上广泛使用的一种真空计，是在高真空范围内最常用的真空测量工具，经常与热偶真空计组合使用。电离真空计是利用气体分子电离的原理进行真空度测量的，根据气体电离源的不同，可分为热阴极电离真空计和冷阴极电离真空计。

热阴极电离真空计的结构如图 3–12 所示，它主要由热阴极、阳极和离子收集极三个电极组成。由热阴极发射的电子在飞向阳极的过程中会碰撞气体分子并使其电离。离子收集极用来接收电离的离子，根据离子电流强度的大小就可以确定真空度的高低。离子电流强度取决于阴极发射的电子电流强度，气体分子的碰撞截面和气体分子密度三个因素，在固定阴极发射电流和固定气体种类的情况下，离子电流强度就只取决于被电离气体的压强。

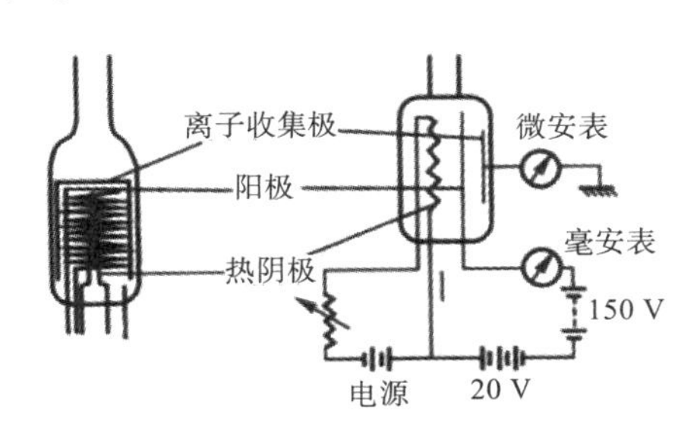

图 3-12 热阴极电离真空计结构

电离真空计可检测的压强下限会受到阴极发射的高能光子在离子收集极上产生的光电效应的限制。光电效应所产生的光电流相当于在 10^{-7} Pa 真空度下的离子电流，这正是电离真空计可检测的压强下限。电离真空计可测量的压强上限为 1 Pa 左右，因为高于这一压强时，电子的自由程太短，不能使气体分子产生有效的电离。

为了消除电离真空计本身的放气现象对于高真空度测量值的影响，在使用电离真空计之前可预先将其加热至稍高的温度进行烘烤。由于不同气体分子的碰撞截面不同，电离真空计的测量值还与所测量的气体种类有关。

（四）薄膜真空计

薄膜真空计是一种依靠金属薄膜在其两侧气体的压力差作用下产生的机械位移来测量真空度的，因而可用于气体绝对压力的测量，同时又是一种测量值与气体种类无关的真空计。

如图 3-13 所示，薄膜真空计有两个被隔开的真空腔，在一个真空腔内的压力已知，另一个真空腔内的压力未知的情况下，薄膜的位移量将与两个真空腔内的压力差成正比。为提高测量精度，对薄膜位移量的测量通过测量薄膜与另一金属电极之间的电容 C_1 的变化来实现。为了进一步减少温度漂移所引起的机械误差，一方面，可采用差分测量，即同时测量出薄膜与另一参考电极之间的电容 C_2 的变化，并取 C_1 与 C_2 之间的差值作为气体压力的度量；另一方面，还可以对薄膜真空计采取恒温措施，以减少温度漂移对压强测量值的影响。

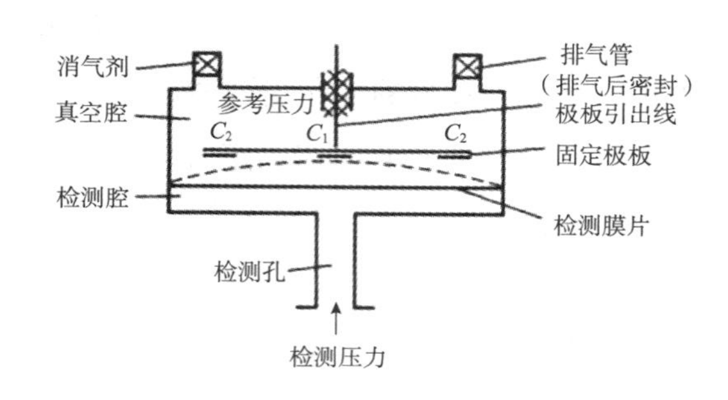

图 3-13 薄膜真空计的结构原理图

薄膜真空计在很大的量程范围内都具有很好的线性度，其测量下限约为 10^{-3} Pa，这相当于探测到的薄膜位移量只有一个原子的尺度。薄膜真空计的测量上限取决于薄膜材料本身的抗破坏强度或薄膜的位移极限。

图 3-14 为各种真空测量方法所适用的压力范围。由于各种测量方法适用的压力范围不同，因而将不同的测量方法结合起来使用，可以有效地拓宽压力测量的范围。

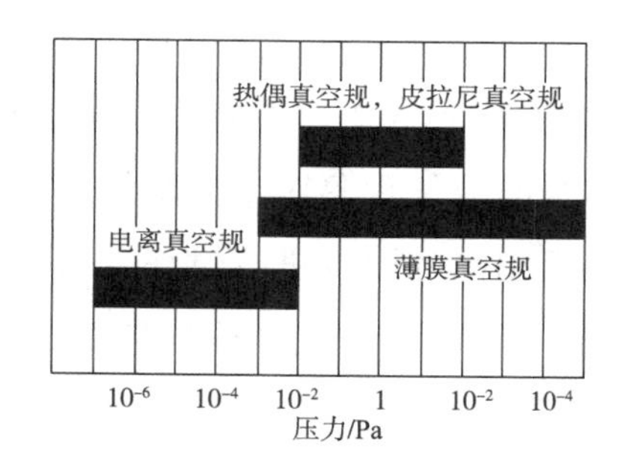

图 3-14 常用真空测量方法适用的压力范围

图 3-15 为一个典型薄膜制备系统的构成。在此制备系统中，以真空室为中心，装备有进样室及进样室真空泵、压力控制系统及废气处理系统。其中，向真空室中充入氮气（或氩气）是为了降低某些气体组分对系统和真空泵的污染，以及达到稀释易燃或有害气体的目的。

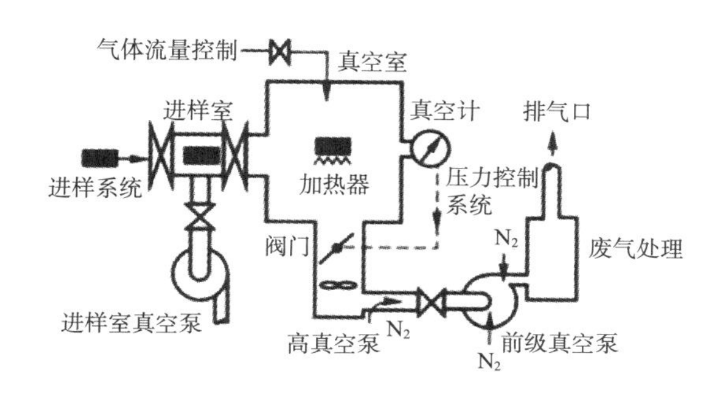

图 3-15　典型薄膜制备系统的构成

第三节　低温等离子体

在溅射镀、离子镀、等离子体化学气相沉积以及等离子体基离子注入等镀膜工艺中，不仅要求在真空条件下进行，而且还要借助低温等离子体技术来实现。对于离子，人们并不陌生，通常金属原子失去外层价电子后就变成正离子，非金属原子得到价电子后则成负离子。那么何为等离子体呢？

等离子体是部分电离了的气体，它实际上是电子、光子、正离子和中性粒子（包括原子、分子、原子团和它们的激发态）的混合物，而且正、负带电粒子的数目相等，宏观上属于电中性，有时称这种物质状态为第四态。利用等离子体与固态表面的交互作用，可直接影响镀膜工艺，并可使薄膜材料或材料表面改性层具有更优越的性能。当然关键先要有产生等离子体的源。等离子体源的种类很多，而且各有自己的特点。低温等离子体是指除热核反应所需的高温等离子体外的所有较低温度下的等离子体，它的产生可通过气体放电、光照（包括激光）、燃烧和高能粒子束（电子束或离子束）等方法，其中气体放电方法装置较简单，容易实现。气体在一般情况下是电的绝缘体，但若在气体的两端加上电压，在一定条件下，气体将产生放电现象。通常把在电场作用下气体被电离而导电的现象称气体放电，由此产生的等离子体称气体放电等离子体。气体放电等离子体是将电场或电磁场的能量转变为等离子体中粒子的光能、内能（包括激发态能解离能和电离能）和动能。至于气体放电的形式则有直流、工频、高频（13.56 MHz）和微波（2 450 MHz）放电等。

对于气体放电等离子体，电子温度与气体原子（或分子、正离子）的温度和气压有关，气压较低时，粒子间碰撞较少，故电子的温度（动能）远高于气体原子（或分子、正离子）的温度（动能），称非平衡态冷等离子体；而在气压增高时，电子与气体原子等粒子的碰撞频繁，粒子间充分交换能量，因此，电子温度与气体原子等粒子的温度相等，称平衡态的热等离子体。

由于气体放电等离子体中的电场不强，因此，带电粒子的运动可以认为以热运动为主，与气体中原子的热运动类似，故带电粒子的能量分布（或速率分布）近似地可以认为符合麦克斯韦分布。当然在电场库仑作用力下，还会产生定向迁移运动，若存在化学势梯度则还有扩散运动等。

一、低压气体放电原理

（一）原子的激发与电离

从原子结构理论中获知，原子是由位于原子中心的带正电荷的原子核和核外高速旋转带负电的电子构成的，而且核外电子的排布遵循能量最低原理。凡是原子中所有电子都处于本身最低能级上的状态称为原子的基态，基态原子是最稳定的原子。但是基态原子中的任一电子如果接收外界的能量，则可跃迁至较高能级上或离开原子，前者称为原子的激发，后者称为原子的电离。

被激发的原子称为受激原子。受激原子是不稳定的，处在大多数激发能级上的电子，在 10^{-10} ～ 10^{-7} s 内就自发地返回较低能级或最低能级（基态）。与此同时，多余的能量以光子的形式辐射出去。但是，原子中也存在着少数几个亚稳能级。含有亚稳能级的原子称亚稳原子。亚稳原子存在的时间远比受激原子长，因此它在气体放电中起着重要的作用。

若将真空室内的电极接上直流电源，此时，真空室内固有的带电粒子在电势作用下加速运动，当电子速度达到一定值后，和中性气体原子碰撞使之电离成等离子体。如果原子激发或电离所需要的能量由电子的动能所给予，而电子的动能是在某一电位差的电场中被加速而获得的，则此电位差或电位称为激发电位 U_e 或电离电位 U_i，显然对应于亚稳能级有亚稳激发电位 U_m。各种气体原子（分子）的 U_e、U_m 和 U_i 值可参阅有关资料，通常它们小于 25 V。

（二）粒子间的碰撞

气体放电中，原子（或分子）的激发或电离主要依靠粒子间的频繁碰撞而交换能量，而具有较高能量的带电粒子（如电子）从电场中获得能量。粒子间的碰撞分类如下。

（1）弹性碰撞。只交换动能，粒子的内能不变，碰撞前后的动能总和保持不变。

（2）非弹性碰撞。内能变化，但总能量不变。具体包括：①第一类非弹性碰撞（总的动能减少，1 个粒子的内能增加）；②第二类非弹性碰撞（1 个粒子内能减少，而总动能增加或另一粒子的内能增加）。

若两粒子对心弹性碰撞，且它们的质量分别为 m_1 和 m_2，碰撞前粒子 1 的速度为 v_0，粒子 2 为静止，碰撞后粒子速度分别为 v_1 和 v_2，根据能量守恒和动量守恒，则碰撞后粒子 2 获得的能量

$$E_2 = \frac{1}{2} m_2 v_2^2 = 2\frac{m_1^2 m_2}{(m_1 + m_2)} v_0^2 = 4\frac{m_1 m_2}{(m_1 + m_2)} E_1 \tag{3-32}$$

由式（3-32）可知，当 $m_1 \approx m_2$ 时，$E_1 \approx E_2$，即粒子 1 几乎将全部的能量交给粒子 2；当 $m_1 \ll m_2$ 时，$E_2 \approx 4\frac{m_1}{m_2} E_1 \ll E_1$，即粒子 1 只有极少一部分能量交给粒子 2。由此可推断，如果气体原子或正离子相互间、电子与电子相互间发生弹性碰撞时，大量交换能量；而电子与原子或正离子发生弹性碰撞时，能量交换很少。

非弹性碰撞时，碰撞后一部分的能量用于激发或电离，仍假定粒子 2 碰撞前为静止，则碰撞后粒子 2 获得内能最大值为

$$E_m = \frac{m_2}{m_1 + m_2} E_1 \tag{3-33}$$

若 $m_1 \ll m_2$，则 $E_m \approx E_1$；$m_1 \approx m_2$，则 $E_m \approx \frac{1}{2} E_1$。由此可得出结论：发生非弹性碰撞时，若两粒子质量相差很远，如电子与原子，则粒子 1（轻粒子）几乎将全部能量交给粒子 2（重粒子）；若两粒子质量相近，如正离子与原子、原子与原子，则粒子 1 只有约 1/2 能量可交给粒子 2。

电子碰撞气体原子的结果如何呢？

被电场加速而具有一定动能的电子，当其能量较小时，它不能激发原子，与原子只发生弹性碰撞；而当其能量较大时，与气体原子的碰撞既可能是弹性的，也可能是非弹性的。通常把电子激发原子的次数和电子碰撞原子的总次数之比称为激发概率。激发概率与电子的能量有关，它是电子能量的函数，这个函数称为激发函数。电离概率和电离函数同激发概率与激发函数类似。

图 3-16 为几种气体的电离函数。当电子能量增加至某一临界值后，电离概率由零急剧上升，在 80 ～ 120 eV 时先后出现极大值，然后缓慢下降。

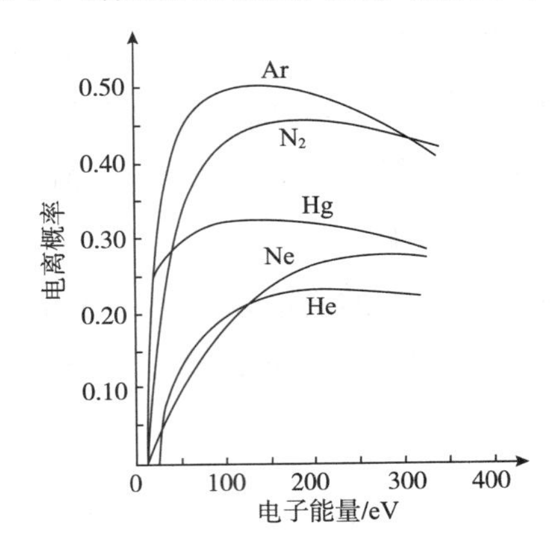

图 3-16　几种气体的电离函数

当然，气体的激发、电离除了上述的电子与气体原子碰撞产生激发、电离外，尚有原子、正离子引起的以及光电离、剩余电离等，有时剩余电离往往是引起气体放电的先决条件。

（三）电子离子在气体中运动

在气体放电空间带电粒子在气体中总是处于不断运动，其基本运动的形式有热运动、迁移运动和扩散三种。

1. 热运动

带电粒子的热运动可以看作是杂质气体中的热运动。在平衡状态时，此时气压较高，粒子间可充分交换能量，带电粒子的温度与气体的温度相同；在非平衡态时，此时气压较低，粒子间碰撞较少，带电粒子特别是电子的温度高于气体的温度。

2. 迁移运动

在电场作用下，带电粒子的运动可以看作在热运动的基础上叠加了一定向运动。该定向运动称迁移运动，其方向是正离子顺着电场的方向，而电子则逆着电场方向，故是库仑作用力在起作用，因此也就产生了电流。通常，带电粒子的迁移速度比其热运动速度要小得多。

3. 扩散运动

带电粒子的扩散运动类似于中性气体原子的扩散运动，它是由于放电空间存在化学势梯度的缘故。

带电粒子究竟以哪种形式运动应视具体情况而定。在气体放电空间，在电场较强的地方，迁移运动是主要的；而在电场较弱的地方，则以热运动为主；在有化学势梯度的地方，则存在扩散运动。

（四）带电粒子的复合

气体放电会产生带电粒子，而这些带电粒子通过带电粒子间的碰撞和在气体放电空间的运动过程中会消亡，这就是电离的逆过程，称为消电离或带电粒子的复合。带电粒子的复合有三种形式。

1. 空间复合

凡是两种不同符号的带电粒子在空间相互作用，可以复合为中性原子。正、负离子的复合称为离子复合；若是电子与正离子的复合，则称为电子复合。由于复合需要一定作用时间，故离子复合的概率要比电子复合概率大得多。另外，根据能量守恒定律，电子复合时，放出的能量等于电子的动能加上电离能。这个能量，当有第三物体存在时，就可转交给第三者，这就是所谓的三体碰撞。在高气压的情况下，空间复合概率较大。

2. 表面复合

由于电子的运动速度比正离子的大得多，往往它先跑到容器壁上，然后吸引正离子在器壁上复合。这种复合的概率较大，尤其在低气压时更是容易复合。

3. 电极复合

通电时，电子跑到阳极，正离子跑到阴极；而两电极无电压时，带电粒子的复合与器壁上情况相同。

二、低温等离子体的特征

等离子体的基本特性是正、负带电粒子密度相等，宏观上为电中性。带电粒子的密度通常绝对数较大，可达 10^{10} ～ 10^{15} cm^{-3}，然而相对于中性粒子而言，相对比值却很低。通常将中性粒子的电离数与总粒子数之比定义为电离度，而电离度小于 10^{-4} 称弱电离度，大于等于 10^{-4} 称强电离度。

等离子体的宏观中性是一个相对的概念。由于热运动，可能某瞬间某处出现电子或正离子过多，而另处却出现过少。然而，等离子体对于电中性的破坏是非常敏感的，如果一旦出现电荷分离，立即就会产生巨大的电场，促使电中性的恢复。例如，若在等离子体内带电粒子的浓度为 10^{14} cm^{-1}，且半径 1 cm 的球内有万分之一的电子跑出小球外，在球内偏离子电中性，出现正电荷过剩。这些过剩电荷在球面将产生 6.7×10^3 V/cm 的电场强度，如此大的电场将很快使等离子体恢复电中性。

（一）等离子体宏观中性的判据——德拜（Debye）长度

若在如图 3–17 所示的等离子体中引入两个相距一定距离的金属球，且用电池的正负极将两球连接起来。于是带电球将等离子体中的异号电荷吸引到其周围，把金属球屏蔽起来，在两个球的附近区域等离子体的电中性受到破坏，然而对于球体远处的等离子体却并不因为带电金属球的存在而受影响。

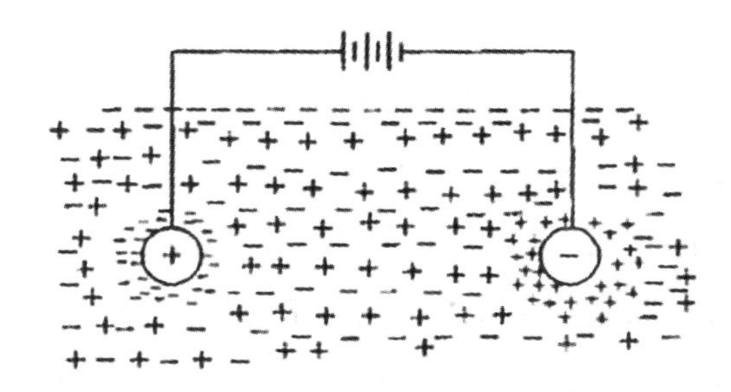

图 3–17　两金属小球在等离子体中的空间电荷

假定金属球的半径足够小，可近似地看作点电荷，根据理论分析，其电位分布为

$$V = \frac{Q}{4\pi\varepsilon_0 r} e^{-r/\lambda_D} \tag{3-34}$$

式中，Q 为金属球的电量；ε_0 为真空介电常数；r 为离金属球的距离；λ_D 为德拜长度。对于孤立点电荷的电位有 $V = \frac{Q}{4\pi\varepsilon_0 r}$，将它与式（3–34）相比较，显然等离子体中的电位分布随距离下降得快（图 3–18）。从图 3–18 还可发现，在 $r > \lambda_D$ 的区域，带电金属球产生的电位很小，它对等离子体的影响可忽略。

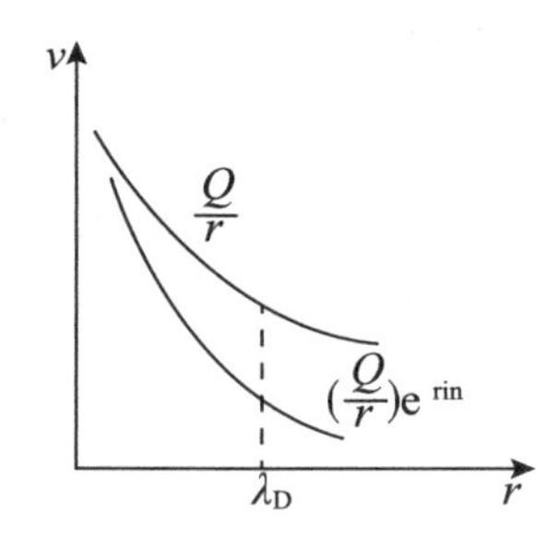

图 3–18　金属小球在空间和等离子体中的电位分布

根据理论分析，德拜长度 λ_D 决定于等离子体中的电子温度（T_e/K）和电子密度（n_e/cm^{-3}）

$$\lambda_D = \sqrt{\frac{\varepsilon_0 k T_e}{n_e e^2}} \tag{3-35}$$

式中，k 为玻耳兹曼常数；e 为电子电荷。将它们的值代入，则有

$$\lambda_D = 6.9\sqrt{T_e / n_e}\,(\text{cm}) \tag{3-36}$$

若考虑问题的线度 $L < \lambda_D$，由于不能保持电中性，因此不论这时带电粒子的浓度有多高，充其量也只能算电离气体；相反，如满足 $\lambda_D < L$ 时，那么不论这时带电粒子浓度多低，均可以认为它是等离子体。三种典型等离子体的 λ_D 值如下：

（1）电离层等离子体 λ_D =1.66 nm，n_e=10^6 cm^{-3}，T_e=0.05 eV。

（2）低气压放电等离子体 λ_D =0.33 nm，n_e=10^9 cm^{-3}，T_e=2 eV。

（3）核聚变等离子体 λ_D =0.074 nm，n_e=10^{14} cm^{-3}，T_e=10 eV。

（二）等离子振荡

电子和正离子间的静电吸引力，使等离子体具有强烈恢复宏观电中性的趋势。众所周知，离子的质量远大于电子的质量，可近似认为正离子是静止的。当电子相对于离子往回运动时，在电场作用下不断加速。由于惯性作用，它会越过平衡位置。这个过程不断重复就形成了等离子体内部电子的集体振荡。

假定电子相对于正离子发生了位移 x，则产生电场为

$$E = \frac{ne}{\varepsilon_0}x \tag{3-37}$$

式中，n 为等离子体中的电子密度。于是，电子受到的力则为

$$F = -eE = -\frac{ne^2}{\varepsilon_0}x \tag{3-38}$$

这里负号表示作用力方向与位移 x 方向相反，力的大小与位移成正比，方向总是指向平衡位置。这种力称为恢复力，在恢复力的作用下，物体将做简谐振动。参照弹簧振子的情况（恢复力 F=–kx，位移 S=$A\cos wt$，其中 A 为振幅，w 为振动频率，$w = \sqrt{K / m}$，m 为质量，K 为弹簧劲度系数），等离子体在恢复力 $F = -\frac{ne^2}{\varepsilon_0}x$ 的作用下也将出现等离子振荡（或朗谬尔振荡）。若将弹簧振子的振动频率的关系式的 m

换成电子质量 m_e，K 换成 $\frac{ne^2}{\varepsilon_0}$，则可得到等离子体的振荡频率

$$f=\frac{\omega}{2\pi}=\frac{1}{2\pi}\sqrt{\frac{ne^2}{\varepsilon_0 m_e}}=9\,000\sqrt{n}\quad\left(\mathrm{s}^{-1}\right) \tag{3-39}$$

若电子密度 n 在 $10^8 \sim 10^{14}\ \mathrm{cm}^{-3}$ 范围，则相应的等离子体振荡频率在 90 MHz ～ 90 GHz 之间。

（三）等离子体中的鞘层

等离子体处在某容器内或者等离子体中存在着浮置的固体时，等离子体与固体表面间存在鞘层，这是由等离子体的特征所决定的。

若将浮置的固体置于等离子体中，热运动的电子和正离子随机地飞向固体表面。由式（3-18）余弦定律得知，单位时间内飞至单位面积上的粒子数 $n_0=\frac{1}{4}n\bar{v}$。由于电子的平均速度 $\bar{v}_e$ 大，致使固体上出现净的负电荷积累，产生相对于等离子体的负电位。此负电位排斥慢速的电子飞向固体，使电子流减少，而对正离子则起加速作用。直至固体表面上的负电位达到某一值 V_f，即使等离子体电位 V_p 与 V_f 之差为一定值时，单位时间、单位面积落在固体上的电子数和正离子数相等。这时，达稳定值，同时固体上形成负的表面电荷，而在固体表面前某一薄层内形成净的正空间电荷层，即所谓的鞘层，如图 3-19 所示。

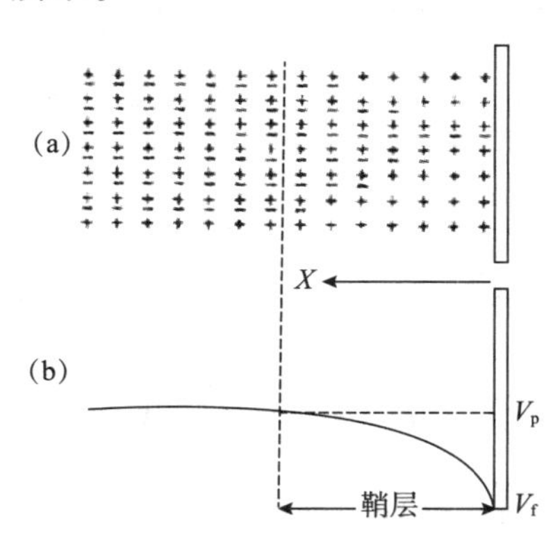

图 3-19　等离子体中的鞘层

（a）浮置极板附近的空间电荷；（b）鞘层中的电位分布

根据理论推导，可求得鞘层的电位降（$V_p - V_f$）和厚度（δ）分别为

$$\begin{cases} V_p - V_f = \frac{KT_e}{2e}\ln\left(\frac{m_i T_e}{m_e T_i}\right) \\ \delta = \sqrt{\frac{\varepsilon_0 k T_e}{n_e e^2}} = \lambda_D \end{cases} \tag{3-40}$$

式中，m_i 为正离子的质量；K 为玻尔兹曼常数，m_i 为正离子的质量；m_e 为电子质量；T_i 为正离子的温度，T_e 为电子的温度；ε_0 为真空电容率；n_e 为电子密度；λ_D 为德拜长度。在 Ar 的等离子体中，T_e=23 200 K，T_i= 500 K，由式（3-40）可算得 $V_p - V_f \approx 15$ V，这与实验结果相近。

由于等离子体中的正离子通过鞘层不断撞击固体表面，其动能在 1 ～ 2 eV 至小于 20 eV 不等时，这些正离子的轰击固体将对其产生一定影响。

（四）等离子体化学

气体放电等离子体中，电场能转变为带电粒子的动能。在冷温等离子体中，电子的动能远高于正离子的动能。它们和气体分子（原子）进行非弹性碰撞时刻发生以下几个过程

$$\mathrm{M^*+e}（快速）\ \mathrm{M^*+e}（快速）\begin{cases} \mathrm{M^*+e}（慢速） \\ \mathrm{M_1+M_2+e}（慢速） \\ \mathrm{M^+ + 2e}（慢速） \end{cases}$$

式中，M* 为激发分子（原子）；M_1，M_2 为由分子 M 解离成的原子或原子团；M^+ 为正离子。这些粒子具有较强的化学活泼性，称活性粒子，从而可促进化学反应的进行，这就是等离子体化学的原理。化学反应包括这些活性粒子在空间或在固体表面，或是它们与固体发生化学反应。

由于等离子体中的电子能量近似地认为符合麦克斯韦分布，而且分布较宽，最大能量可超过 10 eV。因此，等离子体化学的特点是：可进行那些能量较低的热化学反应和通常难以进行，甚至不可能进行的化学反应；但难以对化学反应进行选择性控制。

第四节 薄膜形核与生长

薄膜的形成与生长过程实质上是气相－固体的转化过程。它首先是气态原子或

离子撞击到基片（衬底）的表面，然后被衬底原子吸附，而被吸附的粒子在衬底表面扩散到合适的格点位置，成核然后长大成岛，最后是岛的兼并成膜。因此薄膜的形成过程包括气态原子（离子）的凝聚、形核和长大过程，不仅依赖于外界环境，如温度、气压等，还涉及衬底表面的晶体结构、表面能、表面吸附和表面扩散等。

一、形核

（一）凝聚过程

薄膜的形成不是一种原子（或离子）简单地在基片上的堆积过程。首先气态原子（离子）的凝聚，是气态原子（离子）与所到达基片表面通过一定的相互作用而实现的。凝聚也是吸附和脱附两个过程达到平衡的结果。根据吸引力的性质，吸附可分为物理吸附和化学吸附。当原子的入射能量不太高，则气态原子就会被物理吸附。物理吸附是依靠物理键；而化学吸附是依靠化学键，其强度可与形成化合物的作用相比。在高温下的吸附多为化学吸附，且化学吸附容易在物理吸附基础上产生。

物理吸附原子可以在表面移动，即从一个势阱跃迁到另一个势阱，而且可以在表面有一定的停留或滞留时间，此时，吸附原子可以和其他吸附原子作用形成稳定的原子团或被表面化学吸附，同时释放出凝聚潜热。如果吸附原子没有被吸附，则会被重新蒸发或被脱附到气相中。入射粒子和基片结合在一起的概率称为凝聚或黏着系数，它是已凝聚粒子数与入射粒子总数之比。吸附和脱附之间平衡程度可用适应系数 α_T 来表征，其表达式为

$$\alpha_T = \frac{T_I - T_R}{T_I - T_S} = \frac{E_I - E_R}{E_I - E_S} \tag{3-41}$$

式中，T_I，T_R 和 T_S 分别为入射粒子、重新蒸发（或发射）粒子和基体的等效均方根温度；E_I，E_R 和 E_S 为温度相应的等效动能。α_T 为零时，说明粒子反射后没有能量损失，属于弹性反射；而 α_T 为 1 时，意味着入射粒子已失去它的全部能量，这时它的能态完全取决于基体温度。

入射粒子与基体达成热平衡所必需的弛豫时间 τ_e 估计小于 $2/v$，这里的 v 称为粒子在基体表面振动频率或跳跃频率。根据 McCarrol 和 Ehrlich 理论，在入射粒子数和基体粒子数都比较多的情况下，入射粒子会在晶格振动碰撞中失去它的绝大部分能量 E_I，只余下百分之几能量，这时它就沿基体表面作扩散运动。在它脱附之前

可能会在表面停留一段时间，那么它的平均值被定义为入射粒子在基体表面的滞留时间

$$\tau_{\mathrm{s}}=\frac{1}{\nu}\exp\left(\frac{Q_{\mathrm{des}}}{kT}\right) \tag{3-42}$$

$$\tau_{\mathrm{e}}=2\tau_{\mathrm{s}}\exp\left(\frac{-Q_{\mathrm{des}}}{kT}\right) \tag{3-43}$$

式中，Q_{des} 为粒子与基底的结合能。从式（3–43）得知当结合能较大时，即 $Q_{\mathrm{des}} \gg kT$ 时，τ_{s} 很大，而 τ_e 很小，这表示可很快达到热平衡。入射粒子此时就会被局域化，只能沿基片表面做跳跃式的扩散迁移运动。为了数学处理方便起见，在薄膜生长的成核理论中总是假设被吸附粒子都已达到热平衡状态。

根据扩散理论，吸附粒子在滞留时间内沿基体表面作扩散运动的平均距离可由布朗运动中的爱因斯坦关系式给出

$$\bar{x}=\left(2D_{\mathrm{s}}\tau_{\mathrm{s}}\right)^{1/2}=\left(2\nu\tau_{\mathrm{s}}\right)^{1/2}a\exp\left(\frac{-Q_{\mathrm{d}}}{2kT}\right)=\sqrt{2}a\exp\left(\frac{Q_{\mathrm{des}}-Q_{\mathrm{d}}}{2kT}\right) \tag{3-44}$$

式中，a 为表面上吸附位置间的跳跃距离；表面打散系数 $D_{\mathrm{s}}=a^{2}\nu\exp\left(\frac{-Q_{\mathrm{d}}}{kT}\right)$；$Q_{\mathrm{d}}$ 为表面扩散跳跃的激活能。由此可见，在凝聚过程中，Q_{des} 和 Q_{d} 是两个非常重要的参数。

吸附原子在所存在的时间里，在表面上移动形成原子对，而原子对则成为其他原子的凝聚中心。如果入射原子数临界密度为

$$R_{\mathrm{C}}=\frac{\nu}{4A}\exp\left(-\frac{\mu}{kT}\right) \tag{3-45}$$

式中，A 为捕获原子的截面；μ 为单个原子吸附到表面的吸附能与一对原子的分解能之和。若入射表面和从表面脱附的原子相对比率保持恒定，则在温度为 T 时，表面会形成原子对。但是，实际上产生凝聚存在一个成核势垒，且它对表面的温度、化学本质、结构和清洁性非常敏感。在首次成核后，R_{C} 会迅速下降。

（二）成核理论

薄膜的形成过程从形态学角度来看，可分为以下三种模型（图 3–20）：

（1）岛状生长模式（volmer–weber 型）。

（2）单层生长模式（frank–van der merwe 型）。

（3）层岛复合生长模式（stranski–krastanov 型）。

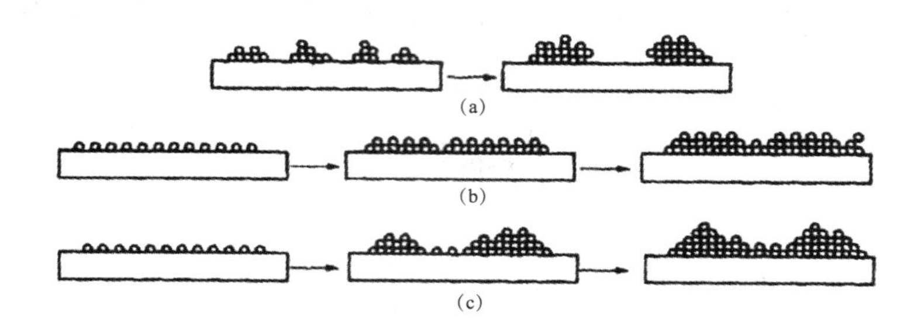

图 3-20　薄膜生长的三种基本模式

（a）岛状生长模式；（b）单层生长模式；（c）层岛复合生长模式

最常见的是第一种模型——岛状生长模式，它已被电子显微镜观察到，其详细过程是气态原子（离子）被统计吸附于基片表面的能量谷底，形成所谓核心，然后核凝聚长大成小岛，小岛又兼并成骨架和小通道，最后成膜。

单层生长型是在基片和薄膜原子之间，以及薄膜原子之间相互作用很强时，而且前者要大于后者时出现的形式。它先形成二维的层，然后再一层一层地逐渐形成一定厚度的薄膜。

层岛复合生长模式是上述两种模式的复合。先形成单层膜，然后再在单层上形成三维的核。下面来讨论均匀形核理论。

均匀形核理论中，原子团势由吸附原子在基片表面的碰撞而形成。起初自由能随着原子团尺寸的增加而增加，直到原子团达到临界尺寸 r^* 后，其尺寸继续增加时，自由能开始下降。形核的计算与液相凝固时相似，临界半径（r^*）和临界晶核形成功（ΔG^*）表达式为

$$\begin{cases} r^* = -\dfrac{2\sigma_{cv}}{\Delta G_v} = \dfrac{2\sigma_{cv}V}{kT\ln\left(p/p_e\right)} \\ \Delta G^* = \dfrac{16\pi\sigma_{cv}^3}{3\Delta G_v} = -\dfrac{16\pi\sigma_{cv}^3 V}{3kT\ln\left(p/p_e\right)} \end{cases} \tag{3-46}$$

式中，σ_{cv} 为凝聚相和气相间的表面自由能；$\Delta G_v = (-kT/V)\ln(p/p_e)$ 为凝聚相从过饱和蒸气压 p 到平衡气压 p_e 的单位体积自由能，$S=p/p_e$ 为过饱和度。当原子团半径小于 r^* 时，原子团不稳定；而当原子团尺寸大于 r^* 时，原子团集团变得稳定。

但是固体表面存在平台、台阶和扭折，还有吸附原子、平台空位、位错露头等缺陷。基底对形核有影响，它们的存在均使 ΔG^* 降低，从而使非均匀形核的凝聚过程变得容易。根据热力学理论，如果临界核是球冠状，那么可以推算出非均匀形核的临界形核功为

$$\Delta G^* = \frac{16\pi\sigma_{\text{cv}}^3}{3\Delta G_{\text{v}}}\phi(\theta) \tag{3-47}$$

式中，$\phi(\theta) = \frac{1}{4}\left(2 - 3\cos\theta + \cos^3\theta\right)$，$\theta$为接触角。同样可求得非均匀形核速率为

$$I = Z\left(2\pi r^* \cdot \sin\theta\right) R a_0 N_0 \exp\left(\frac{Q_{\text{des}} - Q_{\text{d}} - \Delta G^*}{kT}\right) \tag{3-48}$$

式中，Z 为 Zeldovich 修正因子，也称 Zeldovich 非平衡系数，对冠状和盘状成核，这一因子大约为 10^{-2}；$2\pi r^* \cdot \sin\theta$为临界核的周长；$R$ 为单位时间碰撞基底的有效原子数，即撞击流量，也称入射率；a_0 为吸附位置间距离；N_0 为吸附位置密度。

上述是建立在自由能概念上的成核理论，而另一种成核理论——统计或原子理论，对于小原子团更适用。根据这一理论，吸附原子的结合能是非连续变化，因而原子团尺寸变化也是不连续的。在低温下或较高的过饱和状态下，临界核可以是单个原子。这一原子通过无序过程与另一个原子形成原子对，从而变成稳定的原子团并自发生长。应用该理论，由于过饱和度很小，可以不考虑 Z，n^* 个原子形成临界核速率表达式为

$$I = R a_0 N_0 \left(\frac{R}{\nu N_0}\right)^{n^*} \exp\left(\frac{\left(n^* + 1\right)Q_{\text{des}} - Q_{\text{d}} + E_{n^*}}{kT}\right) \tag{3-49}$$

式中，E_{n^*} 为将 n^* 个吸附原子团分解成 n^* 个吸附在表面的单原子所需能量。

此外，还有概率过程模型。薄膜形成的概率过程模型摆脱了形核过程中核的表面能和内能等一些经典理论中使用的宏观量，同时在微观上也不采用晶核的势能概念，有其可取性。

二、生长过程

薄膜的形成过程除了可以通过电子显微镜分析技术进行实验观察外，近年来，许多材料工作者还采用计算机模拟技术来进行研究，而且已取得令人满意的效果。常用的薄膜形成过程模拟方法有 Monte Carlo 方法和分子动力学方法。Monte Carlo

方法是一种典型的随机方法，适合研究物理系统的平衡态，也可用于一些动力学基本过程具有随机特征的动态系统；而分子动力学方法则是一种确定方法，较好地解释了原子随机运动系统的动力学性质。笔者等也曾采用一种新的模型，不具体考虑增原子与衬底原子和已沉积原子的相互作用，避开繁杂作用过程，强调最终模拟结果，取得了模拟薄膜生长过程较好的效果。

以气相沉积膜形成过程为例，实验和计算机模拟结果显示一般气态原子首先形成无序分布的三维核，随后通过凝聚过程这些核逐渐长大形成一个个的小岛，岛的形状由界面能和沉积条件决定；接着，通过物质的迁移扩散，岛的尺寸逐渐增大，岛彼此靠近，小岛合并成大岛；当岛分布达到临界状态时，孤立的岛屿迅速合并连成网络结构，岛将变得扁平以增加表面覆盖度。这个合并过程开始时很迅速，一旦形成便很快缓慢下来；随着沉积过程的进行，生长的最后阶段是网络之间慢慢被填平并连成膜，其间二次成核同时发生。

各种薄膜材料的形成过程大同小异，但每阶段的情况却变化较大，这主要取决于薄膜的沉积工艺参数和膜基体系，如真空度、气压、温度、沉积速度、基片的材质、表面状况和膜基界面相互作用等。决定薄膜生长的表面形貌主要有沉积、脱附和表面扩散三个因素，可采用扫描探针显微镜（SPM）来进行研究。

思考题

1. 制备某种光学薄膜时需要的本底真空度为 10^{-6} Pa，如何设计其真空系统的配制方案？

2. 简述电阻真空计的工作原理。

3. 简述热偶真空计的工作原理。

4. 简述表面台阶结构。

5. 为什么会出现表面弛豫和表面重构现象？

6. 简述表面吸附的种类和机理。

7. 分析讨论影响表面扩散的因素。

8. 低温等离子体的特征是什么？

9. 等离子体中的鞘层是如何形成的？

10. 简述薄膜形核模型。

11. 简述薄膜生长过程。

第四章　纳米薄膜的制备技术

纳米薄膜的制备方法有物理方法、化学方法和分子组装法（又称物理化学法）三类。其中，物理方法有真空蒸发、溅射镀膜、离子镀和分子束外延法，化学方法有化学气相沉积、溶胶－凝胶法，LB 膜技术和 SA 膜技术属于分子组装方法。

第一节　纳米薄膜制备的物理方法

一、真空蒸发

（一）真空蒸发沉积的物理原理

真空蒸发沉积薄膜具有简单便利、操作容易、成膜速度快、效率高等特点，是纳米薄膜制备中使用最为广泛的技术。这一技术的缺点是形成的薄膜与基片结合较差、工艺重复性不好。在真空蒸发技术中，只需要设置一个真空环境，在真空环境下，给待蒸发物提供足够的热量以获得蒸发所必需的蒸气压。在适当的温度下，蒸发粒子在基片上凝结，实现真空蒸发薄膜沉积。大量材料都可在真空中蒸发，最终在基片上凝结形成薄膜。真空蒸发沉积过程由三个步骤组成，即蒸发源材料由凝聚相转变成气相，在蒸发源与基片之间蒸发粒子的输运，蒸发粒子到达基片后凝结、成核、长大、成膜。基片可以选用各种材料，根据所需的薄膜性质，基片可以保持在某一温度下。当蒸发在真空中开始时，蒸发温度会降低很多，正常蒸发所使用的压强一般为 1.33×10^{-3} Pa，这一压强能确保大多数发射出的蒸发粒子具有直线运动轨迹。基片与蒸发源的距离一般保持为 10 ～ 50 cm。

大多数蒸发材料的蒸发是液相蒸发，也有一些属于直接固相蒸发。根据 Knudsen

理论，在 $\mathrm{d}t$ 时间内，从表面 A 蒸发的最大粒子数为 $\mathrm{d}N$

$$\frac{\mathrm{d}N}{A\mathrm{d}t}=(2\pi mkT)^{-1/2}P \tag{4-1}$$

式中，P 为平衡压强，Pa；m 为粒子质量，kg；k 为玻耳兹曼常数，J/K；T 为绝对温度，K。

在真空中，单位面积清洁表面上粒子的自由蒸发率由 Langmuir 表达式给出

$$m_e=5.83\times10^{-2}P(M/T) \tag{4-2}$$

式中，M 为气体的分子量；P 为平衡蒸气压，约为 1.33 Pa。

蒸发粒子在基片上的沉积率取决于蒸发源的几何尺寸、蒸发源相对于基片的距离以及凝聚系数等因素。在理想情况下，蒸发源是一个清洁、均匀发射的点源，基片为一个平面，由 Knudsen 余弦定律所确定的沉积率随 $\cos\theta/r^2$ 变化而变化，其中 r 为蒸发源到接收基片的距离，θ 为径向矢量与垂直于基片方向的夹角，如图 4-1 所示。

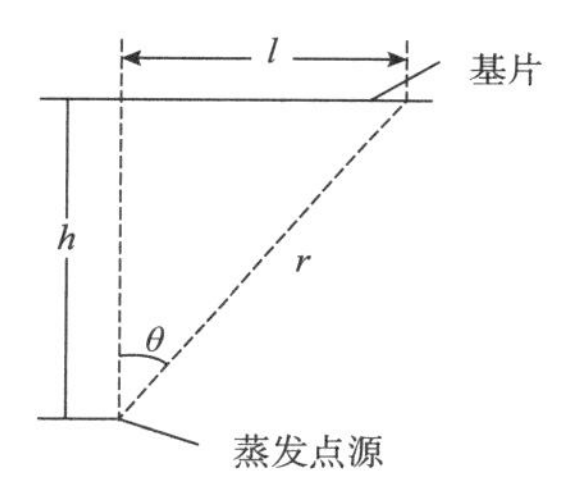

图 4-1　蒸发点源的发射

$$\frac{d}{d_0}=\frac{1}{\left[1+(l/h)^2\right]^{3/2}} \tag{4-3}$$

式中，d_0 为在距点源正上方中心 h 处的沉积厚度；d 为偏离中心 l 处的厚度。

如果蒸发源为一平行于基片的小平面蒸发源，则

$$\frac{d}{d_0}=\frac{1}{\left[1+(l/h)^2\right]^{2}} \tag{4-4}$$

在真空蒸发过程中，基片不仅受到蒸发粒子的轰击，而且受到真空中残余气体的轰击。在真空蒸发过程中，残余气体对薄膜生长和薄膜性质皆有重要影响。

首先，蒸发粒子在蒸发源到基片的输运过程中可能与气体分子发生碰撞，碰撞次数取决于分子的平均自由程，没有发生碰撞的分子数

$$N=N_0\exp(-l/\lambda) \tag{4-5}$$

式中，N_0 为分子总数；l 为通过距离；λ 为残余气体的平均自由程。

通常薄膜沉积在压强为 1.33×10^{-3} Pa 或更高的真空下进行，蒸发粒子与残余气体分子的碰撞数可以忽略不计，因而，蒸气粒子会沿直线行进。

其次，薄膜会被真空系统中残余的气体严重污染，这一污染源于沉积过程中残余气体分子对基片表面的撞击。残余气体分子的撞击率 N_g 由气体的运动学给出

$$N_g = 3.513 \times 10^{22} \frac{P_g}{\left(M_g T_g\right)^{1/2}} \tag{4-6}$$

式中，P_g 为温度为 T_g 时的平衡气体压强。

（二）真空蒸发技术

真空蒸发系统一般由三部分组成，即真空室、蒸发源或蒸发加热装置、放置基片及给基片加热的装置。

在真空条件下，为了蒸发待沉积的材料，需要用容器来支撑或盛装蒸发物。同时，需要提供蒸发热，使蒸发物达到足够高的温度，以产生所需的蒸气压。在一定温度下，蒸发气体与凝聚相平衡过程中所呈现的压强称为该物质的饱和蒸气压。物质的饱和蒸气压随温度的上升而增大，一定的饱和蒸气压则对应着一定的物质温度。将物质在饱和蒸气压为 1.33 Pa 时的温度定义为该物质的蒸发温度。为避免污染薄膜材料，蒸发源中所用的支撑材料在工作温度下必须具有可忽略的蒸气压。通常所用的支撑材料为难熔金属和氧化物。当选择某一特殊支撑材料时，一定要考虑蒸发物与支撑材料之间可能发生的合金化和化学反应等问题。支撑材料的形状主要取决于蒸发物。

重要的蒸发方法有电阻加热蒸发法、闪烁蒸发法、电子束蒸发法、激光蒸发法等。

1. 电阻加热蒸发法

常用的电阻加热蒸发法是将待蒸发材料放置在电阻加热装置中，通过电路中的电阻加热给待沉积材料提供蒸发热，使其汽化。在这一方法中，经常使用的支撑加热材料是难熔金属钨、铊、钼，这些金属皆具有高熔点、低蒸气压的特点。支撑加热材料一般采用丝状或箔片形状，如图 4-2 所示。电阻丝和箔片在电路中的连接方式是直接将其薄端连接到较重的铜或不锈钢电极上。图 4-2（a）和图 4-2（b）所示的加热装置由薄的钨 / 钼丝制成（直径 0.50 ～ 1.27 mm）。蒸发物直接置于丝状

加热装置上，加热时，蒸发物润湿电阻丝，通过表面张力得到支撑。一般的电阻丝采用多股丝，可以比单股丝提供更大的表面积。这类加热装置有四个主要缺点：①只能用于金属或某些合金的蒸发；②在一定时间内，只有有限量的蒸发材料被蒸发；③在加热时，蒸发材料必须润湿电阻丝；④一旦加热，这些电阻丝会变脆，如果处理不当甚至会折断。凹箔［图 4–2（c）］由钨、铊或钼薄片制成，厚度一般为 0.127 ~ 0.381 mm。有少量的蒸发材料时最适合使用这种蒸发源装置。在真空中加热后，钨、铊或钼会变脆，特别是当它们与蒸发材料发生合金化时更是如此。具有氧化物涂层的凹箱［图 4–2（d）］也常用作加热源，厚度约为 0.252 mm 的钼或铊箔由一层较厚的氧化物所覆盖，这样的凹箔加热源的工作温度可达到 1 900 ℃。因为加热源与蒸发材料之间的热接触已大大减少，所以，这种加热源所需功率远大于未加涂层的凹箱。丝筐［图 4–2（e）］加热源用于蒸发小块电介质或金属，蒸发材料熔化时不润湿源材料。螺旋丝缠绕的坩埚［图 4–2（f）］用于非直接的电阻加热装置中。多种 Knudsen 加热装置均可获得沉积均匀的薄膜，关于各种蒸发装置，有关书中已有详尽描述。目前，尽管有许多新型、复杂的技术用于制备薄膜材料，但电阻加热蒸发法仍是实验室和工业生产制备单质、氧化物、介电质、半导体化合物薄膜最常用的方法。

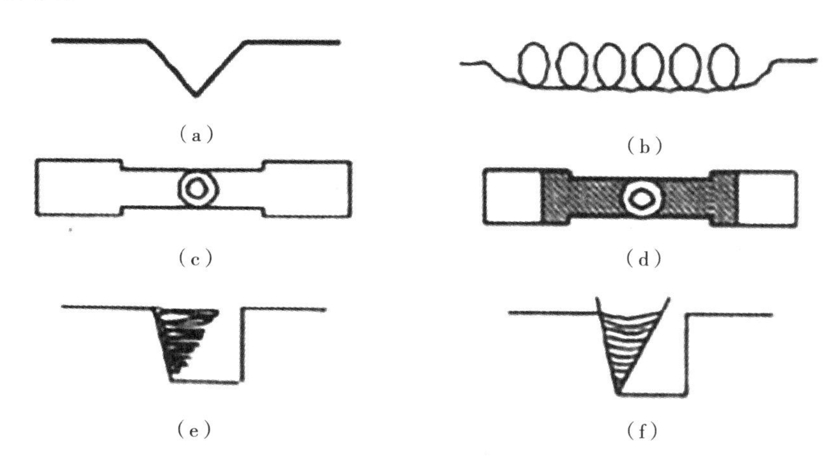

图 4–2　电阻丝和箔片蒸发装置

（a）发卡式；（b）螺旋式；（c）凹箔；（d）具有氧化物涂层的凹箱；（e）丝筐；（f）螺旋丝缠绕的坩埚

在应用电阻加热法制备高温超导氧化物薄膜时，组成氧化物的元素或化合物通过电阻加热的同时被蒸发，然后在氧气气氛下退火，使所沉积的薄膜材料具有超导相。

电阻加热蒸发法的主要缺点是：①支撑坩埚及材料与蒸发物反应；②难以获得足够高的温度使介电材料如 Al_2O_3、Ta_2O_5、TiO_2 等蒸发；③蒸发率低；④加热时合金或化合物可能分解。

2. 闪烁蒸发法

在制备容易部分分馏的多组元合金或化合物薄膜时，一个经常遇到的困难是所得到的薄膜化学组分偏离蒸发物原有的组分。应用闪烁蒸发（或称瞬间蒸发）法可以克服这一困难。在闪烁蒸发法中，将少量待蒸发材料以粉末的形式输送到足够热的蒸发盘上，可保证蒸发在瞬间发生。蒸发盘的温度应该足够高，使不容易挥发的材料快速蒸发。当蒸发物蒸发时，具有高蒸气压的组元先蒸发，随后是低蒸气压组元蒸发。实际上，在不同的分馏阶段，蒸发盘上总是存在一些粒子，因为送料是连续的。但是，在蒸发时，不会有蒸发物聚集在蒸发盘上，瞬间蒸发的净效果使蒸气具有与蒸发物相同的组分。如果基片温度不太高，允许再蒸发现象发生，则可以得到理想配比化合物或合金薄膜。可以使用不同的装置（机械、电磁、振动、旋转等）将粉料输送到加热装置中。

3. 电子束蒸发法

电阻加热蒸发存在许多致命的缺点，如蒸发物与坩埚发生反应，蒸发速率较低。为了克服这些缺点，可以通过电子轰击实现材料的蒸发。在电子束蒸发技术中，一束电子通过 5 ～ 10 kV 的电场后被加速，最后聚焦到待蒸发材料的表面。当电子束打到待蒸发材料表面时，电子会迅速将能量传递给待蒸发材料，使其熔化并蒸发。即待蒸发材料的表面直接由撞击的电子束加热，这与传统的加热方式形成鲜明的对照。由于与盛装待蒸发材料的坩埚相接触的蒸发材料在整个蒸发沉积过程保持固体状态不变，使待蒸发材料与坩埚发生反应的可能性减到最低。直接采用电子束加热使水冷坩埚中的材料蒸发是电子束蒸发中常用的方法。对于活性材料，特别是活性难熔材料的蒸发，坩埚的水冷是必要的。通过水冷，可以避免蒸发材料与坩埚壁的反应，由此可以制备出高纯度的薄膜。通过电子束加热，任何材料都可以被蒸发，蒸发速率一般在每秒几十分之一纳米到每秒数微米之间。电子束源形式多样，性能可靠，但电子束蒸发设备较为昂贵，且结构复杂。如果应用电阻加热技术能获得所需要的薄膜材料，则一般不使用电子束蒸发。在需要制备高纯度的薄膜材料，同时又缺乏适合的盛装材料时，电子束蒸发方法具有重要现实意义。

在电子束蒸发系统中，电子束枪是核心部件，电子束枪可以分为热阴极和等离子体电子两种类型。在热阴极类型电子束枪中，电子由加热的难熔金属丝、棒或盘以热阴极电子的形式发射出来。在等离子体电子束枪中，电子束从局域某一小空间区域的等离子体中提取出来。

在热阴极电子束系统中，靠近蒸发物有一个环状热阴极，电子束沿径向聚焦到待蒸发材料上。最简单的装置是下垂液滴装置，如图 4–3 所示。待蒸发金属材料制成丝或棒的形状放在阴极环的中心处，棒的尖端会熔化，从熔化的尖端会出现蒸发，蒸发物最终沉积在蒸发源下部的基片上。由于在尖端处的熔化金属是靠表面张力被托住的，因此这一方法只限于沉积具有高表面张力和在熔点处蒸气压大于 0.133 Pa 的金属。另外，需要控制温度以避免其远大于金属的熔点。

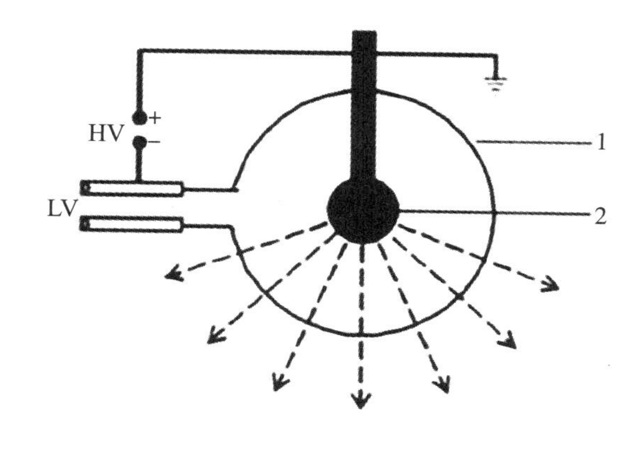

1—热阴极；2—下垂液滴

图 4–3　电子束枪的结构——下垂液滴装置

对于电子束蒸发，不同蒸发物需要采用不同类型的坩埚，以获得所要达到的蒸发率。在电子束蒸发技术中广泛使用的是水冷坩埚，如蒸发难熔金属（如钨）和高活性材料（如钛）。如果要避免大功率损耗或在某一功率下提高蒸发速率，可以使用作为阻热器的坩埚嵌入件。坩埚嵌入件可使熔池产生更均匀的温度分布。坩埚嵌入件材料的选择取决于本身的热导率、与蒸发物的化学反应性和对热冲击的阻抗能力等因素。以 Al_2O_3、石墨、TiN、BN 为基的陶瓷可用于制作坩埚嵌入件。

具有磁聚焦和磁弯曲的各种电子束蒸发装置已经商品化，在市场上很容易买到，这些装置可以制备、生产用于光学、电子和光电子领域的纳米薄膜材料。

4. 激光蒸发法

在激光蒸发方法中，激光作为热源使待蒸镀材料蒸发。激光蒸发法属于一种在高真空下制备薄膜的技术。激光源放置在真空室外部，激光光束通过真空室窗口打到待蒸镀材料上使之蒸发，最后沉积在基片上。激光蒸发技术具有以下一些优点。

（1）激光是清洁的，使来自热源的污染降到最低。

（2）由于激光光束只对蒸镀材料的表面施加热量，可以减少来自待蒸镀材料支撑物的污染。

（3）通过使激光光束聚焦可获得高功率密度激光束，使高熔点材料以较高的沉积速率被蒸发。

（4）由于光束发散性较小，因此激光及其相关设备可以相距较远，在放射性区域，这一特点十分有利。

（5）通过采用外部反射镜导引激光光束，可以很容易实现同时或顺序多源蒸发。

二、溅射

在某一温度下，如果固体或液体受到适当的高能粒子（通常为离子）的轰击，则固体或液体中的原子通过碰撞可能获得足够的能量从表面逃逸，这种将原子从表面发射出去的方式称为溅射。

（一）溅射的基本原理

溅射是指具有足够高能量的粒子轰击固体（称为靶）表面，使其中的原子发射出来。早期，人们认为这一现象源于靶材的局部加热。但是不久后，人们发现溅射与蒸发有本质区别，并逐渐认识到溅射是轰击粒子与靶粒子之间动量传递的结果。以下实验现象充分证明了这一点。

（1）溅射出来的粒子角分布取决于入射粒子的方向［图 4-4（a）］；

（2）从单晶靶溅射出来的粒子显示择优取向［图 4-4（b）］；

（3）溅射率（平均每个入射粒子能从靶材中打出的原子数）不仅取决于入射粒子的能量，而且取决于入射粒子的质量［图 4-4（c）］；

（4）溅射出来的粒子平均速率比热蒸发的粒子平均速率高得多［图 4-4（d）］。

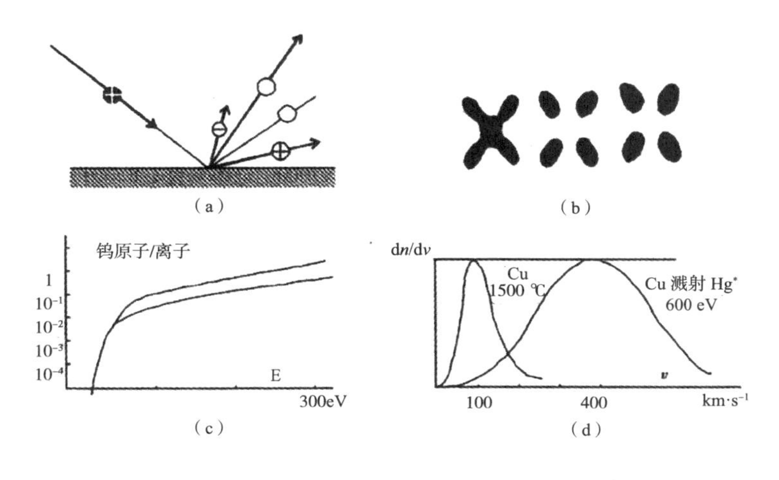

图 4-4 溅射的特征

(a)溅射粒子的角分布；(b)500 eV 的 Ar*，Kr*，Xe* 溅射单晶 Cu(100)面的状态；(c)溅射率和粒子能量的关系曲线；(d)Cu 膜溅射蒸发过程中速度 v 对粒子数 n 的分布曲线

显然，如果溅射过程为动量传递过程，上述现象①②③就可以得到合理解释。对于单晶靶的择优溅射取向可以通过级联碰撞（入射粒子轰击引起的靶原子之间的一系列二级碰撞）得到解释：入射的荷能离子通常穿入至数倍于靶原子半径距离时会逐渐失去其动量。在特殊方向上，原子的连续碰撞将导致一些特殊的溅射方向（通常沿密排方向），从而出现择优溅射取向。

溅射过程实际上是入射粒子（通常为离子）通过与靶材碰撞，进行一系列能量交换的过程，而入射粒子能量的 95% 用于激励靶中的晶格热振动，只有 5% 左右的能量传递给溅射原子。

溅射如何产生入射离子呢？以最简单的直流辉光放电等离子体构成的离子源为例，其产生的过程如下：考虑一个简单的二极系统（图 4-5），系统的伏安特性曲线如图 4-6 所示。在两极加上电压，系统中的气体因宇宙射线辐射会产生一些游离离子和电子，但其数量是很有限的，因此所形成的电流非常微弱，这一区域（AB）称为无光放电区。随着两极间电压的升高，带电离子和电子获得足够高的能量，与系统中的中性气体分子发生碰撞并产生电离，使电流持续增加，此时由于电路中的电源有高输出阻抗限制，致使电压为恒定值，这一区域（BC）称为汤森放电区。在此区域，电流可在电压不变情况下增大。当电流增大到一定值时（C 点），会发生“雪崩”现象。离子开始轰击阴极，产生二次电子，二次电子与中性气体分子发生碰撞，产生更多的离子，离子再次轰击阴极，阴极又产生出更多的二次电子，大量的离子和电子产生后，放电便达到了自持。气体开始起辉，两极间的电流剧增，电压迅速下降，放电呈负阻特性，这一区域（*CD*）叫作过渡区。在 *D* 点以后，电流平稳增加，电压维持不变，这一区域（*DE*）称为正常辉光放电区。在这一区域，随着电流的增加，轰击阴极的区域逐渐扩大，到达 *E* 点后，离子轰击已覆盖至整个阴极表面。此时继续增加电源功率，则两极间的电流随着电压的增大而增大，这一区域（*EF*）称作"异常辉光放电区"。在这一区域，电流可以通过电压来控制，从而使这一区域成为溅射所选择的工作区域。在 *F* 点以后，继续增加电源功率，两极间的电压迅速下降，电流则几乎由外电阻所控制，电流越大，电压越小，这一区域（*FG*）称为"弧光放电区"。

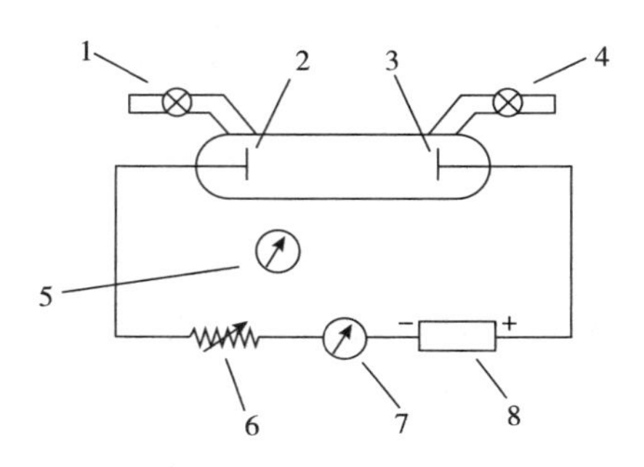

1—进气；2—阴极；3—阳极；4—真空泵；
5—电压表；6—电阻；7—电流表；8—电源

图 4-5　二极辉光放电系统

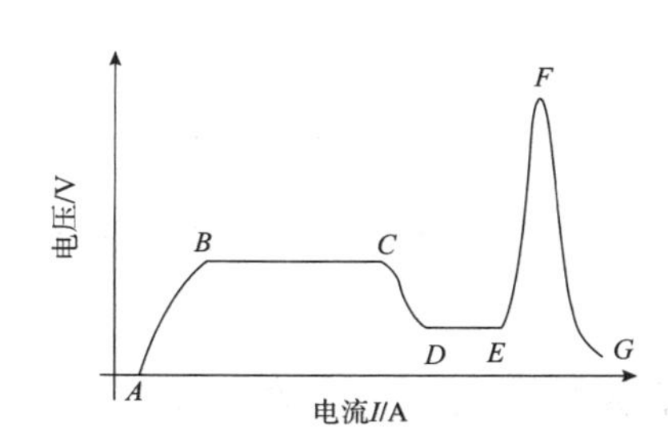

图 4-6　直流辉光放电伏安特性曲线

测量电流和电压以确定是否出现辉光放电往往是不必要的，因为辉光放电过程完全可以由是否产生辉光来判定。众多的电子、原子碰撞导致原子中的轨道电子受激跃迁到高能态，而后又衰变到基态并发射光子，大量的光子便形成辉光。辉光放电时明暗光区的分布情况如图 4-7 所示。

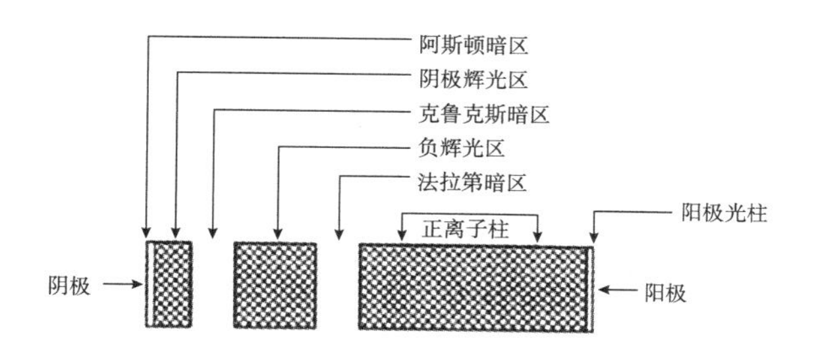

图 4-7　辉光放电时明暗光区的分布情况

从阴极发射出来的电子能量较低，很难与气体发生电离碰撞，这样就在阴极附近形成阿斯顿暗区。电子一旦通过阿斯顿暗区，在电场的作用下会获得足够高的能量与气体发生碰撞并使之电离，离化后的离子与电子复合湮灭产生光子形成阴极辉光区。从阴极辉光区出来的电子，不具有足够的能量与气体分子碰撞使之电离，从而出现另一个暗区——克鲁克斯暗区。克鲁克斯暗区的宽度与电子的平均自由程有关。通过克鲁克斯暗区以后，电子又会获得足够高的能量与气体分子碰撞并使之电离，离化后的离子与电子复合后又产生大量的光子，从而形成了负辉光区。在此区域，正离子因其质量较大，向阴极的运动速度较慢，形成高浓度的正离子，使该区域的电位升高，与阴极形成很大电位差，此电位差称为阴极辉光放电的阴极压降。经过负辉光区后，多数电子已丧失从电场中获得的能量，只有少数电子穿过负辉光区。在负辉光区与阳极之间是法拉第暗区和阳极光柱，其作用是连接负辉光区和阳极。在实际溅射镀膜过程中，基片通常置于负辉光区且作为阳极使用。阴极和基片之间的距离至少应是克鲁克斯暗区宽度的 3 ～ 4 倍。

（二）溅射镀膜的特点

相对于真空蒸发镀膜，溅射镀膜具有如下特点。

（1）任何待镀材料，只要能做成靶材，就可实现溅射。

（2）溅射所获得的薄膜与基片结合较好。

（3）溅射所获得的薄膜纯度高，致密性好。

（4）溅射工艺可重复性好，膜厚可控制，可以在大面积基片上获得厚度均匀的薄膜。

溅射的缺点：相对于真空蒸发，它的沉积速率低，基片会受到等离子体的辐照等作用而产生温升。

（三）溅射参数

表征溅射特性的主要参数有溅射阈值、溅射率、溅射粒子速度等。

溅射阈值是指将靶材原子溅射出来所需的入射离子最小能量值。当入射离子能量低于溅射阈值时，不会发生溅射现象。溅射阈值与入射离子的质量无明显的依赖关系，但与靶材有很大关系。溅射阈值随靶材原子序数增大而减小。对于大多数金属来说，溅射阈值为 20 ～ 40 eV。

溅射率又称溅射产额或溅射系数，是描述溅射特性的一个重要参数，它表示入射正离子轰击靶阴极时，平均每个正离子能从靶阴极中打出的原子数。

（1）溅射率与入射离子的种类、能量、角度以及靶材的种类、结构等有关。溅射率依赖于入射离子的质量，质量越大，溅射率越高。

（2）在入射离子能量超过溅射阈值后，随着入射离子能量的增加，在 150 eV 以下，溅射率与入射离子能量的平方成正比；在 150 ～ 10 000 eV 范围内，溅射率变化不明显；若入射能量继续增加，溅射率将呈下降趋势。

（3）溅射率随着入射离子与靶材法线方向所呈的角（入射角）的增加而逐渐增加。在 0° ～ 60° 范围内，溅射率与入射角 θ 服从 1/cos 规律；当入射角为 60° ～ 80° 时，溅射率最大，入射角再增加时，溅射率将急剧下降；当入射角为 90° 时，溅射率为零。溅射率一般随靶材的原子序数增大而增大，元素相同、结构不同的靶材具有不同的溅射率。

溅射原子所具有的能量和速度也是溅射的重要参数。在溅射过程中，溅射原子所获得的能量比热蒸发原子能量大 1 ～ 2 个数量级，能量值为 1 ～ 10 eV。溅射原子所获得的能量与靶材、入射离子的种类、能量等因素有关。溅射原子的能量分布一般呈麦克斯韦分布，溅射原子的能量和速度具有以下特点。

（1）原子序数大的溅射原子溅射逸出时能量较高，而原子序数小的溅射原子溅射逸出的速度较高。

（2）轰击能量相同时，溅射原子逸出能量随入射离子的质量线性增加。

（3）溅射原子平均逸出能量随入射离子能量的增大而增大，但当入射离子能量达到某一较高值时，平均逸出能量趋于恒定。

另外，溅射率还与靶材温度、溅射压强等因素有关。

三、离子镀

离子镀是在真空条件下利用气体放电使气体或被蒸发物部分离化，产生离子轰击效应，最终将蒸发物或反应物沉积在基片上。离子镀集气体辉光放电、等离子体技术、真空蒸发技术于一身，大大改善了薄膜的性能。离子镀不仅兼有真空蒸发镀膜和溅射的优点，而且还具有其他独特优点，如所镀薄膜与基片结合好；到达基片的沉积粒子绕射性好；可用于镀膜的材料广泛等。此外，离子镀沉积率高，镀膜前对镀件的清洗简单且对环境无污染，因此，离子镀技术已得到迅速发展。

（一）离子镀的原理

离子镀技术最早是由 Mattox 研制开发出来的，其原理如图 4-8 所示。真空室的背景压强一般为 1.33×10^{-5} Pa，工作气体压强为 1. 33 ～ 13.3 Pa，坩埚或灯丝为阳极，基片为阴极。当基片加上负高压时，在坩埚和基片之间便产生辉光放电。离化的惰性气体离子被电场加速并轰击基片表面，从而实现基片的表面清洗，基片表面清洗完成后开始离子镀膜。首先，使待镀材料在坩埚中加热并蒸发；其次，蒸发原子进入等离子体区与离化的惰性气体以及电子发生碰撞产生离化，离化的蒸气离子受到电场的加速，打到基片上最终形成膜。

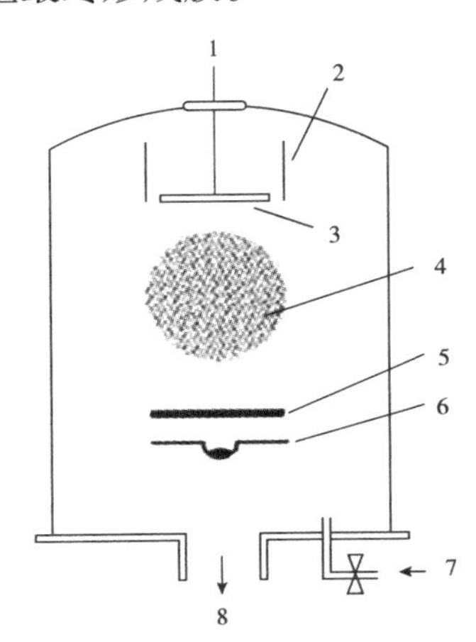

1—高压负极；2—接地屏蔽；3—基片；4—等离子体；
5—挡板；6—蒸发源；7—气体入口；8—接真空泵

图 4-8　离子镀原理

在离子镀技术中，蒸气可以通过蒸发过程得到，也可以通过溅射方法获得。有时，在辉光放电环境下，蒸气被用于薄膜生长前或生长过程中的基片清洗。

有各种各样的蒸发源可以用来提供所要沉积的蒸气粒子，每一种蒸发源都有自己的优点和缺点。通常所使用的电阻式加热盘或丝是难熔金属 W 或 Mo，待镀的材料一般局限于低熔点的金属元素。闪烁瞬间蒸发也被成功地应用于合金和化合物的离子镀。使用电子束加热技术，可以以较高的蒸发率沉积难熔金属（高熔点）。溅射靶材也可用于离子镀的待镀材料，即从固态靶中溅射出来的原子和离子可以形成膜。

离子镀技术已被应用于沉积金属、合金和化合物，所用的基片材料有各种尺寸和形状的金属、绝缘体和有机物，包括小螺钉和轴承。许多实际应用显示出离子镀技术较其他传统沉积技术具有明显的优势，特别对改善与基片的结合、抗腐蚀、电接触等方面优势更加明显。

离子轰击在离子镀膜过程中具有非常重要的作用。首先，离子对基片表面的轰击将对基片产生重要影响：①离子轰击对基片表面起到溅射清洗作用。在离子轰击基片表面时，不仅能消除基片表面的氧化物污染层，而且也可能与基片表面粒子发生化学反应，形成易挥发或更易被溅射产物，从而发生化学溅射。②离子轰击会使基片表面产生缺陷。如果入射离子传递给靶原子的能量足以使其离开原来位置并迁移到间隙位置，就会形成基片的空位和间隙原子等缺陷。③离子轰击有可能导致基片结晶结构被破坏。如果离子轰击产生的缺陷达到一定程度并相对稳定，基片表面的晶体结构将会遭到破坏而变成非晶态结构。④离子轰击会使基片表面形貌发生变化。无论基片是晶体还是非晶体，离子的轰击都将使表面形貌发生很大变化，变化的结果可能使表面变得更加粗糙，也可能使表面变得光洁。⑤离子轰击可能造成气体在基片表面的渗入，同时离子轰击的加热作用也会引起渗入气体的释放。⑥离子轰击会导致基片表面温度升高，形成表面热。⑦离子轰击有可能导致基片表面化学成分变化。对于多组分基片材料来说，某些元素组分的择优溅射会造成基片表面成分与基片整体材料成分的不同。

其次，离子轰击也对基片 - 膜层所形成的界面产生重要的影响：①离子轰击会在膜层 - 基片所形成的界面形成“伪扩散层”，这一“伪扩散层”是由基片元素和膜材元素物理混合所导致的；②离子轰击会使表面偏析作用加强，从而增强沉积原子与基片原子的相互扩散；③离子轰击会使沉积原子和表面发生较强的反应，使其在表面的活动受到限制，而且成核密度增加，促进连续膜的形成；④离子轰击会优先清洗掉松散结合的界面原子，使界面变得更加致密，结合更加牢固；⑤离子轰击可以大幅改善基片表面覆盖度，以增加绕射性。

离子轰击对薄膜生长过程也有较大的影响：①离子轰击能消除柱状晶结构的形成；②离子轰击往往会增加膜层内应力。离子镀膜过程中，离子轰击通过强迫原子处于非平衡位置从而增加应力，但也可以通过增强扩散和再结晶等应力释放过程降低应力。

（二）离子镀的方法

1. 空心阴极离子镀膜（HCD）

HCD 法是利用空心热阴极放电产生等离子体。空心钽管作为阴极，辅助阳极距阴极较近，两者作为引燃弧光放电的两极。阳极是靶材。弧光放电时，电子轰击靶材，使其熔化而实现蒸镀。蒸镀时基片加上负偏压即可从等离子体中吸引 Ar 离子向基片轰击，实现离子镀膜。

Ar 气经过钽管流进真空室，钽管收成小口以维持管内和真空室之间的压差。弧光放电主要在管口部位产生。该部位在离子轰击下温度在 2 500 K 左右，于是放射电子使弧光放电得以维持。弧光放电靠辉光放电（数百伏）点燃，待钽管温度升高后，用数十伏电源维持弧光放电。空心离子镀膜的特点是适应多品种、小批量的生产。

2. 多弧离子镀膜

多弧离子镀膜是采用电弧放电的方法，在固体的阴极靶材上直接蒸发金属。这种装置不需要熔池，阴极靶可根据工件形状任意方向布置，使夹具大为简化。由于入射粒子能量高，所以膜的致密度高、强度好。多弧离子镀膜的突出优点是蒸镀速率快，TiN 膜可达 10 ～ 1 000 nm/s。目前存在的问题是，弧斑喷射的液滴飞溅到膜层上会使膜层粗糙，导致膜层结构疏松，孔酸很多，对耐蚀性极为不利。

3. 离子束辅助沉积

这种镀膜方法是在蒸镀的同时，用离子束轰击基片，离子束由宽束离子源产生。与一般的离子镀膜相比，采用单独的离子源产生离子束，可以精确控制离子的束流密度、能量和入射方向，而且离子束辅助沉积中，沉积室的真空度很高，可获得高质量的膜层。

离子束轰击的另一个重要作用是在室温或近室温下能合成具有良好性能的合金、化合物或特种膜层，以满足对材料表面改性的需要。

轰击离子既可以是惰性气体原子，如 Xe，Ar，Ne 和 He 等，也可以是反应气体原子，如 N，O，H 以及各种有机化合物气体。用惰性气体原子轰击，其作用主要是提供能量，或促进不同类型的原子之间混合，或促进合金相、化合物相形成，而对所合成的合金相、化合物相的组织结构和性能并不起作用。当用反应气体离子轰击时，除了提供能量外，其本身还可能是所合成物质的一个部分，因而直接影响着合成物质的相结构以及物理、化学和力学性能。

四、外延膜沉积技术

外延是指沉积膜与基片之间存在结晶学关系时，在基片上取向或单晶生长同一物质的方法。当外延膜在同一种材料上生长时，称为同质外延。如果外延是在不同材料上生长则称为异质外延。外延用于生长元素、半导体化合物和合金薄结晶层。这一方法可以较好地控制膜的纯度、膜的完整性以及掺杂级别。下面主要介绍分子束外延（MBE）、液相外延生长（LPE）、热壁外延生长（HWE）。

（一）分子束外延（MBE）

分子束外延是在超高真空条件下精确控制原材料的中性分子束强度，并使其在加热的基片上进行外延生长的一种技术。 从本质上讲，分子束外延也属于真空蒸发方法，但与传统真空蒸发不同的是，分子束外延系统具有超高真空，并配有原位监测和分析系统，能够获得高质量的单晶薄膜。

1. 分子束外延生长的特点

由于分子束外延生长系统具有许多与传统真空蒸发系统不同的地方，因此，分子束外延生长有以下独特之处。

（1）外延生长一般可在低温下进行。

（2）可严格控制薄膜成分以及掺杂浓度。

（3）对薄膜进行原位检测分析可以严格控制薄膜的生长及性质。

当然，分子束外延生长方法也存在着一些问题，如设备昂贵、维护费用高、生长时间过长、不易大规模生产等。

2. 分子束外延装置

分子束外延装置如图 4–9 所示。分子束外延的基本装置由超高真空室（背景气压为 1.33×10^{-9} Pa）、基片加热块、分子束盒、反应气体进入管、交换样品的过渡室组成。此外，生长室包含许多分析设备用于原位监视和检测基片表面和膜，以便使连续制备高质量外延生长膜的条件最优化。除了具有使用高纯元素源产生高纯外延层、原位监测以控制组分和结构的特点外，分子束外延还具有在超高条件下进行膜生长的特点，因此，在背景气体中，O_2、H_2O 和 CO 的浓度很低，而且对沉积率和组分的高度精确控制可以快速改变成分、掺杂浓度等。

分子束外延的主要部分是用于蒸发膜材料的分子束源，用于分子束外延的理想分子束盒是 Knudsen 盒，实际条件与 Knudsen 设计不一致，在设计和制作分子束盒时，许多因素，如快速热反应、盒材料的低排气率、在分子束盒中待用的蒸发材料（即盒材料与蒸发材料几乎不发生反应）、均匀加热等都需要加以仔细考虑。高纯石墨和热解 BN（PBN）可用作盒材料，低成本和易机械加工是石墨的优点，相对热解 BN，石墨具有更强的化学活性。尽管成本高，热解 BN 仍为普遍使用的盒材料。

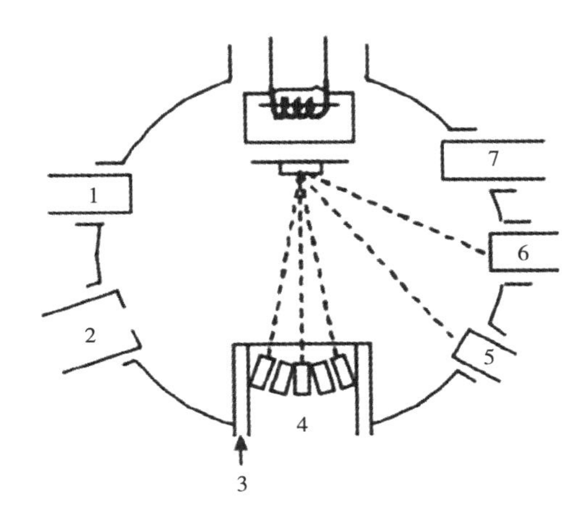

1—反射电子衍射；2—俄歇谱仪；3—液态 N_2；4—蒸发源；
5—离子枪；6—电子枪；7—四极质谱仪

图 4-9　分子束外延装置

（二）液相外延生长（LPE）

液相外延生长为制备高纯半导体化合物和合金提供了快速而又简单的方法。由液相外延生长所获得的膜的质量优于由气相外延或分子束外延所得到的最好的膜的质量。但是，液相外延生长膜的表面远非所希望的那样理想。在许多情况下，系统的热力学性质决定了这一方法的应用较为困难。

液相外延生长原则上讲是从液相中生长膜，溶有待镀材料的溶剂是液相外延生长中必需的。当冷却时，待镀材料从溶液中析出并在相关的基片上生长。对于液相外延生长制备薄膜，溶液和基片在系统中保持分离。在适当的生长温度下，溶液因含有待镀材料而达到饱和状态；然后将溶液与基片的表面接触，并以适当的速度冷却，一段时间后即可获得所要的薄膜；而且，在膜中也很容易引入掺杂物。

在液相外延生长过程中有以下三个基本生长技术。

1. 使用倾动式炉

通过倾斜含有溶液的盘使含有待镀材料的饱和或近饱和溶液（在一特定温度下）与某一温度下的基片相接触。冷却时，生长材料从溶液中析出并在基片表面形成膜，然后将倾斜盘回复到原来位置，溶液离开基片，粘到基片表面的残余物采用适当的溶解液除去或溶解。

2. 使用浸透技术

在这一垂直生长系统中，基片被浸入某一温度下的溶液中，在适当的温度下，从溶液中提拉基片，即基片的垂直运动控制基片与溶液的接触。

3. 使用滑动系统

尽管在操作原理和冷却原理上与浸透系统相似，但在滑动系统中，控制熔体与基片接触的方法有所不同。在简单的滑动系统中，熔体被包围在由石墨盘构成的可滑动的热源里。基片放置在热源外部靠后的区域。一旦确立生长条件，滑板即可移动，将基片放置在熔体下面。在多个熔体源技术中，由石墨盘提供的熔体源有多个，石墨滑板可以移动并顺序地将基片与不同的熔体源接触，而整个系统放置在石英炉管中，通过选择适当的溶液、掺杂物和温度程序，可以将电学、光学以及厚度可控的不同类型膜顺序地沉积在基片表面上。在上述各项技术中，滑板技术最为常用。

液相外延生长已发展成为一种制备各种材料膜的非常有用的技术，经常用于制备Ⅲ –V 族化合物和合金膜。尽管也可以利用其他生长技术，但要获得高质量材料，液相外延生长仍是主导技术。在设计液相外延系统时，实现严格控制合金组分、载流浓度、单一外延层厚度是最重要的。

（三）热壁外延生长（HWE）

热壁外延是一种真空沉积技术，在这一技术中，外延膜几乎在接近热平衡条件下生长，这一生长过程是通过加热源材料与基片材料间的容器壁来实现的，简单热壁系统如图 4–10 所示。三个电阻加热器（一个为源材料加热，一个为管壁加热，一个为基片加热）相互独立。基片作为封盖使石英管封闭，整个系统保持在真空中，热壁作为蒸发源直接将分子蒸发到基片上，这一系统有如下优点：

（1）蒸发材料的损失保持在最小。

（2）生长管中可以得到洁净的环境。

（3）管内可以保持相对较高的气压。

（4）源和基片间的温差可以大幅度降低。

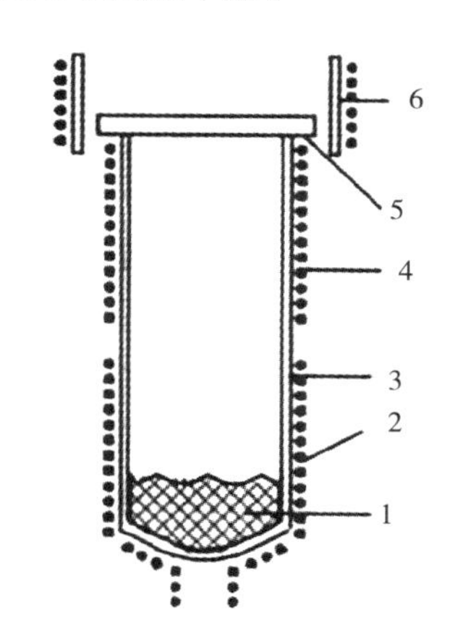

1—源材料；2—加热炉；3—石英管；
4—壁炉；5—基片；6—基片炉

图 4-10　简单热壁系统

第二节　纳米薄膜制备的化学方法

一、化学气相沉积

化学气相沉积方法（chemical vapor deposition，CVD）作为常规的薄膜制备方法之一，目前较多地被应用于纳米微粒薄膜材料的制备，包括常压、低压、等离子体辅助气相沉积等。利用气相反应，在高温、等离子或激光辅助等条件下控制反应气压、气流速率、基片材料温度等因素，从而控制纳米微粒薄膜的成核生长过程；或者通过薄膜后处理，控制非晶薄膜的晶化过程，从而获得纳米结构的薄膜材料。CVD 工艺在制备半导体、氧化物、氮化物、碳化物纳米薄膜材料中得到广泛应用。

通常 CVD 的反应温度范围为 900 ～ 2 000 ℃，它取决于沉积物的特性。中温 CVD（MTCVD）的典型反应温度为 500 ～ 800 ℃，它通常是通过金属有机化合物在较低温度的分解来实现的，所以又称金属有机化合物 CVD（MOCVD）。等离子体增强 CVD（PECVD）以及激光 CVD（LCVD）中气相化学反应由于等离子体的产生或激光的辐照得以激活，也可以把反应温度降低。

（一）CVD 的化学反应和特点

1. 化学反应

CVD 是通过一个或多个化学反应得以实现的。下面是一些反应的例子。

（1）热分解或高温分解反应。

$$SiH_4(g) \rightarrow Si(s) + 2H_2(g)$$

$$Ni(CO)_4(g) \rightarrow Ni(s) + 4CO(g)$$

$$CH_3SiCl_3(g) \rightarrow SiC(s) + 3HCl(g)$$

（2）还原反应。

$$SiCl_4(S) + 2H_2(g) \rightarrow Si(s) + 4HCl(g)$$

$$WF_6(g) + 3H_2(g) \rightarrow W(s) + 6HF(g)$$

（3）氧化反应。

$$SiH_4(g) + O_2(g) \rightarrow SiO_2(s) + 2H_2(g)$$

（4）水解反应。

$$2AlCl_3(g) + 3CO_2(g) + 3H_2(g) \rightarrow Al_2O_3(s) + 6HCl(g) + 3CO(g)$$

（5）复合反应。复合反应包含了上述一种或几种基本反应。例如，在沉积难熔的碳化物或氮化物时，就包括热分解和还原反应，如

$$TiCl_4(g) + CH_4(g) \rightarrow TiC(s) + 4HCl(g)$$

$$AlCl_3(g) + NH_3(g) \rightarrow AlN(s) + 3HCl(g)$$

2.CVD 的特点

（1）在中温或高温下，通过气态的初始化合物之间的气相化学反应而沉积固体。

（2）可以在大气压（常压）或者低于大气压下（低压）进行沉积。一般来说低压效果要好些。

（3）采用等离子和激光辅助技术可以显著地促进化学反应，使沉积可在较低的温度下进行。

（4）沉积层的化学成分可以改变，从而获得梯度沉积物或者得到混合沉积层。

（5）可以控制沉积层的密度和纯度。

（6）绕镀性好，可在复杂形状的基体上及颗粒材料上沉积。

（7）气流条件通常是层流的，在基体表面形成厚的边界层。

（8）沉积层通常具有柱状晶结构，不耐弯曲。但通过各种技术对化学反应进行气相扰动，可以得到细晶粒的等轴沉积层。

（9）可以形成多种金属、合金、陶瓷和化合物沉积层。

（二）CVD 的方法

1.CVD 的原理

用 CVD 法制备薄膜材料是通过赋予原料气体以不同的能量使其产生各种化学反应，在基片上析出非挥发性的反应产物。但是，CVD 的机理是复杂的，那是由于反应气体中不同化学物质之间的化学反应和向基片的析出是同时发生的缘故。图 4-11 为从 $TiCl_4+CH_4+H_2$ 的混合气体析出 TiC 过程的模式。如图所示，在 CVD 中的析出过程可以理解如下：

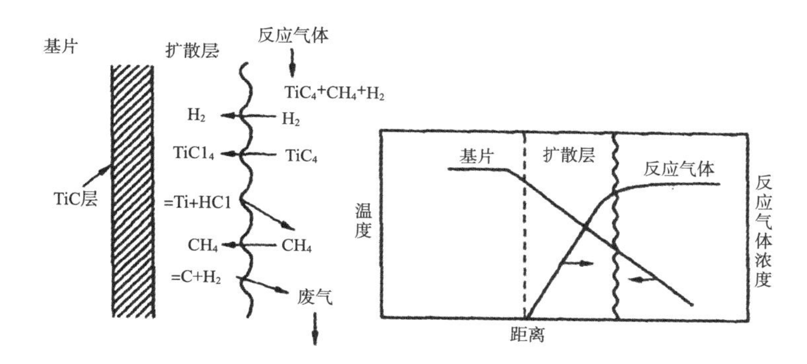

图 4-11　从 $TiCl_4+CH_4+H_2$ 的混合气体析出 TiC 过程的模式

（1）原料气体向基片表面扩散；

（2）原料气体吸附到基片；

（3）吸附在基片上的化学物质的表面反应；

（4）析出颗粒在表面的扩散；

（5）产物从气相分离；

（6）从产物析出区向块状固体的扩散。

CVD 的化学反应必须发生在基体材料和气相间的扩散层中。这是因为在气相中发生气相－气相反应，然后生成粉末，该粉末出现在反应系统之外。另外，从气相析出固相的驱动力是基于基体材料和气相间的扩散层内存在的温差以及不同化学物质的浓度差所决定的，化学平衡决定过饱和度。在下面的反应中，从 A 元素和 B 元素析出 AB 化合物，即

$$A(g)+B(g) \rightarrow AB(s)$$

过饱和度（β）定义为

$$\beta=(p_A)_g/(p_A)_s$$

式中，$(p_A)_g$ 为气体热力学平衡求出 A 的分压；$(p_A)_s$ 为在 AB 固体化合物的析出温度时的 A 的平衡蒸气压。

因此，用 CVD 法析出的化合物的形状极大地依赖于反应温度、有助于反应的不同化学物质的过饱和度和在反应温度时的成核速率等。图 4-12 反映了由不同析出温度和过饱和度引起的析出物质的形态。为了得到优质的薄膜，必须防止在气相中由气相－气相反应生成均相核，即应首先设定在基片表面促进成核的条件。

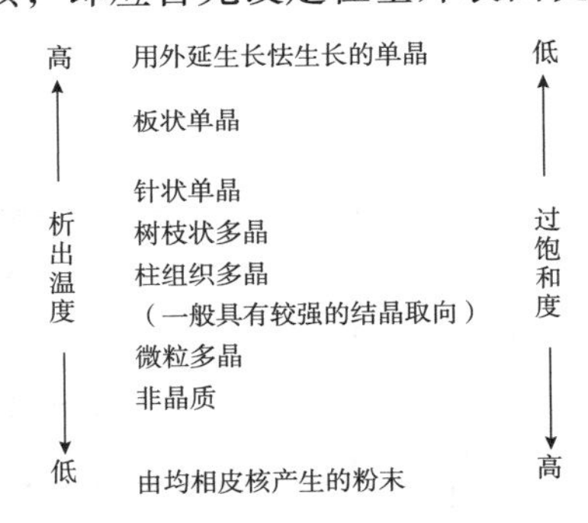

图 4-12　用 CVD 法所得产物的形态与析出温度和过饱和度的关系

2.CVD 的种类

按照发生化学反应的参数和方法，可以将 CVD 法分类为常压 CVD 法、低压 CVD 法、热 CVD 法、等离子 CVD 法、间隙 CVD 法、激光 CVD 法和超声 CVD 法等。

3.CVD 的流程与装置

为了制作 CVD 装置，首先必须考虑系统的整个程序。CVD 的种类有所不同，但 CVD 的程序，无论是实验室规模的还是工业生产规模的都基本相同。图 4-13 是 CVD 的基本工艺流程。高压气体当然是以高纯度的为好，一般大多数使用载气，因为需要通过气体精制装置进行纯化，特别是必须十分注意除去对薄膜性质影响极大

的水和氢。当在室温下使用非气态原料，即使用固态或液态原料时，需使其在所规定的温度下蒸发或升华，并通过载气送入反应炉内，还必须使废气通过放有吸收剂的水浴瓶、收集器或特殊的处理装置后进行排放，同时在装置和房间里一定安装防爆装置和有毒气体的检测器。因此 CVD 的整个流程可以分为原料气体和载气的供给源气体的混合系统、反应炉、废气系统及气体和反应炉的控制系统。

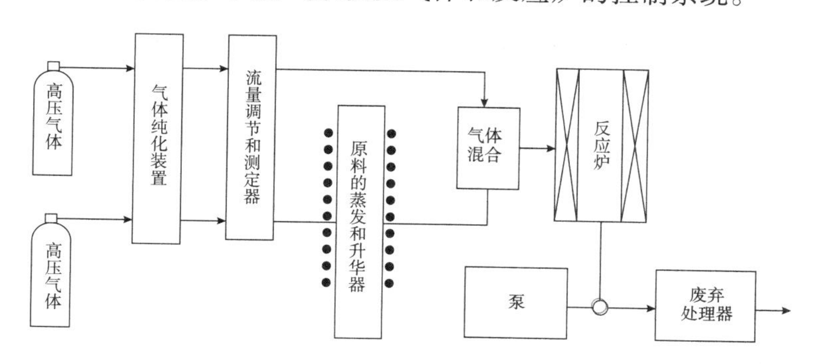

图 4-13　CVD 的基本工艺流程

（三）CVD 的新技术

1. 金属有机化合物气相沉积（MOCVD）

MOCVD 是常规 CVD 技术的发展。它使用容易分解的金属有机化合物作初始反应物，因此沉积温度较低。MOCVD 的优点是可以在热敏感的基体上进行沉积，其缺点是沉积速率低、晶体缺陷密度高和膜中杂质多。

在这种技术中，把欲沉积膜层的一种或几种组分以金属烷基化合物的形式输送到反应区，而其他的组分可以以氢化物的形式输送。其他的初始反应物，如氯置换的金属烷基化合物或配位化合物也可采用。

MOCVD 技术的开发是由于半导体外延沉积的需要，也曾用 MOCVD 沉积金属镀层。这是因为某些金属卤化物在高温下是稳定的，而用常规 CVD 难以实现其沉积，此外，也有用金属有机化合物沉积氧化物、氮化物、碳化物和硅化物膜层。许多金属有机化合物在中温分解，可以沉积在各种基体上，所以这项技术也被称为中温 CVD（MTCVD）。

2. 等离子体化学气相沉积（PCVD）

PCVD 是一种借助等离子体使含有薄膜组成原子的气态物质发生化学反应，而在基板上沉积薄膜的方法，特别适合于半导体薄膜和化合物薄膜的合成，被视为第二代薄膜技术。

PCVD 技术是通过反应气体放电来制备薄膜的。这就从根本上改变了反应气体体系的能量供给方式，能够有效地利用非平衡等离子体的反应特征。当反应气体压力为 10^{-1} ～ 10^{2} Pa 时，电子温度比气体温度高 1 ～ 2 个数量级，这种热力学非平衡状态为低温制备纳米薄膜提供了条件。由于等离子体中的电子温度高达 10^{4} K，有足够的能量通过碰撞过程使气体分子激发、分解和电离，从而大大提高了反应活性，能在较低的温度下获得纳米级的晶粒，且晶粒尺寸也易于控制，所以被广泛用于纳米镶嵌复合膜和多层复合膜的制备，尤其是硅系纳米复合薄膜的制备。

纳米 Si 膜这类薄膜通常采用 PCVD 法。其工艺过程是将纯硅烷在短时间强辉光放电下使硅烷分解在衬底上形成非晶 Si:H 膜，然后在 773 ～ 873 K 流动纯氢气下退火，当膜的 H 含量原子分数小于或等于 2% 时，非晶 Si:H 膜发生晶化，导致纳米 Si 膜的形成。在这个基础上，在 1 273 K 以上的纯氧气中加热，一部分纳米 Si 氧化，变成纳米 Si 与 SiO_2 复合膜。

3. 等离子体辅助化学气相沉积（PECVD）

用等离子体技术使反应气体进行化学反应，在基底上生成固体薄膜的方法称 PECVD。它是在原来已成熟的薄膜技术中应用了等离子体技术而发展起来的。自 20 世纪 70 年代，PECVD 技术发展非常快。在半导体工业中，这种技术已成为大规模集成电路干式工艺中的重要环节。

PECVD 薄膜反应室主要有平板电容型和无极射频感应线圈式两种。平板型又可分为直流、射频和微波电源三种。

PECVD 薄膜的性质不仅与沉积方式有关，而且还取决于沉积工艺参数。这些参数包括电源功率、反应室几何形状与尺寸、负偏压、离子能量、基材温度、真空泵抽气速率、反应室气体压力以及工作气体的比例等。仔细控制各工艺参数，才能得到性能良好的薄膜。

与基于热化学的 CVD 法相比较，PECVD 法可以大大降低沉积温度，从而不使基板发生相变或变形，且成膜质量高。用 CVD 法在硅片上沉积 Si_3N_4 薄膜，需要 900 ℃以上的高温，而 PECVD 法仅需约 350 ℃，如采用微波等离子体，可降至 100 ℃。利用辉光放电等离子体化学气相沉积法，在柔软的有机树脂上沉积一层非晶硅薄膜，宛如人的皮肤，能自由变形，可用于高灵敏度的压力传感器探测元件。

4. 激光化学气相沉积（LCVD）

LCVD 是将激光应用于常规 CVD 的一种新技术，通过激光活化而使常规 CVD 技术得到强化，工作温度大大降低，在这个意义上 LCVD 类似于 PECVD。

LCVD 技术是用激光束照射封闭于气室内的反应气体，诱发化学反应，生成物沉积在置于气室内的基板上。

CVD 法需要对基板进行长时间的高温加热，因此不能避免杂质的迁移和来自基板的自掺杂。LCVD 的最大优点在于沉积过程中不直接加热整块基板，可按需要进行沉积，空间选择性好，甚至可使薄膜生成限制在基板的任意微区内，沉积速度比 CVD 快。

5. 超声波化学气相沉积（UWCVD）

UWCVD 是利用超声波作为 CVD 过程中能源的一种新工艺。按照超声波的传递方式，UWCVD 可分为两类：超声波辐射式和 CVD 基体直接振动式。由于后者涉及基体振动，实验工艺复杂些，因此相对而言超声波辐射法对于工业应用将有更多优点。超声波辐射式 UWCVD 原理如图 4-14 所示。利用电感线圈将基体加热到一定温度，适当调节超声波的频率和功率，即可在基体上得到晶粒细小、致密、强韧性好、与基体结合牢固的沉积膜。

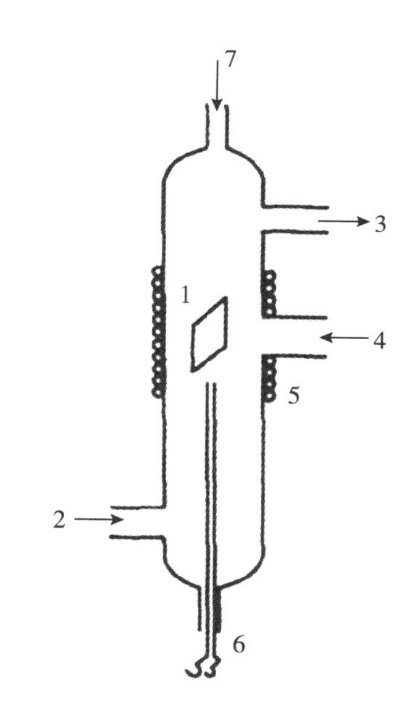

1—基体；2—反应器；3—废气；4—超声波源；5—加热器；6—热电偶；7—Ar(N_2)

图 4-14　超声波辐射式 UWCVD 原理

6. 微波等离子体化学气体沉积（MWPECVD）

MWPECVD 是将微波作为 CVD 过程能量供给形式的一种 CVD 新工艺。它利用微波能电离气体而形成等离子体，属于低温等离子体范围。一般说来，凡直流或射频等离子体能应用的领域，微波等离子体均能应用。此外，微波等离子体还有其自身的一些特点，例如：①在一定的条件下，它能使气体高度电离和离解，即产生的活性粒子很多，人们称之为活性等离子体；②它可以在很宽的气压范围内获得。低压时 $T_e \gg T_g$，这对有机反应、表面处理等尤为有利，称为冷等离子体；高压时 $T_e \approx T_g$，它的性质类似于直流弧，称为热等离子体；③微波等离子体发生器本身没有内部电极，从而消除了气体污染和电极腐蚀，有利于高纯化学反应和延长使用寿命；④微波等离子体的产生不带高压，微波辐射容易防护，使用安全；⑤微波等离子体的参数变化范围较大，这为广泛应用提供了可能性。

利用微波等离子体的上述特点，MWPECVD已在集成电路、光导纤维、保护膜及特殊功能材料的制备等领域得到日益广泛的应用。

7. 纳米薄膜的低能团簇束沉积（LEBCD）

LEBCD是新近出现的一种纳米薄膜制备技术。该技术首先将所沉积材料激发成原子状态，以Ar，He作为载气使之形成团簇，同时采用电子束使团簇离化，利用飞行时间质谱仪进行分离，从而控制一定质量、一定能量的团簇束沉积而形成薄膜。目前的研究工作表明这一技术可以有效地控制沉积在衬底上的原子数目。与薄膜生长的经典理论相比较，在这种条件下所沉积的团簇在撞击表面时并不破碎，而是近乎随机分布于表面。当团簇的平均尺寸足够大，则其扩散能力受到限制。所沉积薄膜的纳米结构对团簇尺寸具有很好的记忆特性，在沉积类金刚石薄膜时发现，可以通过控制团簇中碳的原子数来控制C的杂化轨道。对于C_{20}至C_{32}的团簇为SP^3杂化，薄膜为fcc-金刚石结构；对于C_{60}的团簇，为SP^3、SP^2混合的轨道特性；对于C_{900}的团簇，为SP^2杂化，薄膜呈现非晶态。

（四）CVD法在纳米薄膜材料制备中的应用

CVD法是纳米薄膜材料制备中使用最多的一种工艺，用它可以制备几乎所有的金属、氧化物、氮化物、碳化合物、硼化物和复合氧化物等薄膜材料，广泛应用于各种结构材料和功能材料的制备。一些典型的例子如表4-1所示，详细资料可参考有关文献。

表4-1　CVD薄膜材料制备

应用领域	薄膜材料	CVD 工艺	备注
气体传感器	SnO_2、ZnO、Fe_2O_3、TiO_2等	CVD、PECVD、MOCVD	灵敏度提高、响应加快、工作温度降低、有利集成化
超导材料	YBaCuO、BiSrCaCuO、TiBaCaCuO	PECVD、MOCVD	超导性能优于晶体材料，有各向同性，用于弱电领域

续表

应用领域	薄膜材料	CVD 工艺	备注
导电材料	Al、W、Si、M_mSi_n、In_2O_3- SnO_2、$SnO_2Sb_2O_3$、Cr、Mo	MOCVD、CVD、PECVD、LCVD	主要用于电子器件与集成电路
电阻材料	C 膜，金属氧化物膜	PECVD、CVD	制造方便、稳定性及电物理性能好
半导体材料	Si、Ge，Ⅲ～Ⅴ族，Ⅱ～Ⅵ族化合物	MOCVD、PECVD	—
介电材料	SiO_2、Al_2O_3、Ta_2O_3、AlN、$BaTiO_3$、$PbTiO_3$、PZT、Si_3N_4、SiC	CVD、PECVD、LCVD	—
压电材料	ZnO、AlN	MOCVD	表面光滑致密，易于制造、价低、可常稳定。便于调变性能、易平面化和集成化
热电材料	$PbTiO_3$	CVD	具显著热释电效应与非线性极化特性
表面装饰	Au、Al、Ag、TiC、TiN	CVD、PECVD	—
光学材料	SiO_2、TiO_2、ZnS、CdS	CVD、PECVD	—
表面硬化	碳化物、氮化物、硼化物	CVD、PECVD	—
太阳能利用	SiO_2/Si、GaAs/GaAlAs、CdS/InP、Cu_2S/CdS、CdTe/CdS、CdTe/CdSe、$CulnSe_2$/CdS、GaAs/AlAs	CVD、MOCVD	—

二、溶胶 – 凝胶法

（一）概述

溶胶 – 凝胶法是 20 世纪 60 年代发展起来的一种制备玻璃、陶瓷等无机材料的新方法，近年来被广泛用于制备纳米薄膜。其基本步骤：先用金属无机盐或有机金属化合物在低温下液相合成为溶胶；然后采用提拉法或旋涂法，使溶液吸附在衬底上，经胶化过程成为凝胶，凝胶经一定温度处理后即可得到纳米晶薄膜。

溶胶－凝胶法是从金属的有机或无机化合物的溶液出发，在溶液中通过化合物的加水分解、聚合，把溶液制成溶有金属氧化物微粒子的溶胶液，进一步反应发生凝胶化，再把凝胶加热，可制成非晶体玻璃、多晶体陶瓷。凝胶体大部分情况下是非晶体，通过处理才能使其转变成多晶体。

溶胶－凝胶法原本是作为新的无机材料的合成而开发的新方法，如用该法可以进行氧化物陶瓷的低温合成，合成微粒子大小一致的高性能陶瓷烧结体。表面涂膜的利用是溶胶－凝胶法应用的一个新领域，实际上溶－凝胶法最初的应用就是涂膜，如目前广泛应用的玻璃表面的反射膜、防止反射膜以及着色膜就是用该法制得的。溶胶－凝胶涂膜可以赋予基体各种性能，其中包括机械的、化学保护的、光学的、电磁的和催化的性能。

溶胶－凝胶法可用的最好的化合物是金属酸盐，如 $Si(OC_2H_5)_4$ 和 $Al(OC_3H_7)_3$；也可以采用金属的乙酰丙酮盐，如 $In(COCH_2COCH_3)_2$ 和 $Zn(COCH_2COCH_3)_2$；或其他金属有机酸盐，如 $Pb(CH_3COO)_2$、$Y(C_{17}H_{35}COO)_3$ 和 $Ba(HCOO)_2$。在没有合适的金属化合物时，也可采用可溶性的无机化合物，诸如硝酸盐、含氧氯化物及氯化物，如 $Y(NO_3)_3 \cdot 6H_2O$、$ZrOCl_2$、AIOCl 和 $TiCl_4$，甚至直接用氧化物微粒子进行溶胶凝胶处理。目前已采用溶胶凝胶法得到的纳米镶嵌复合薄膜主要有 Co（Fe，Ni，Mn）/SiO_2 和 CdS（ZnS，PbS）/SiO_2。由于溶胶的先驱体可以提纯且溶胶－凝胶过程在常温下可液相成膜，设备简单，操作方便，因此溶胶－凝胶法是常见的纳米薄膜的制备方法之一 。

下面介绍几个用此法制备纳米薄膜的例子。

1. 纳米 MgO 薄膜的制备

将 $Mg(NO_3)_2 \cdot 6H_2O$ 溶于无水乙醇中，再加入少量胶棉液搅拌。MgO 薄膜制备选用 Si（100）为衬底，用甩胶法制膜，匀胶速率为 3 200 r/min，随之在 480℃快速热处理 5 min，薄膜在空气中 600 ～ 900℃间处理 1 h。

2. 纳米 Cu 薄膜的制备

将一定比例的 $Cu(NO_3)_2 \cdot 6H_2O$ 和四乙氧基硅放入乙醇中经搅拌形成溶胶，用 SiO_2 衬底进行提拉，再在 373 K 下干燥即可成膜，经 723 ～ 923 K 氢气还原处理 10 min 至 1 h，获得纳米 Cu 薄膜。

3. 纳米 Fe_3O_4 薄膜的制备

将乙酰丙酮铁 14.3g 放入 68. 7 mL CH_3COOH 和 7.49 mL 浓硝酸（质量分数为 61%）的混合溶液中，经 4 h 搅拌后，乙酰丙酮铁完全溶化形成了溶胶。然后将一块经丙酮清洗干净的氧化硅玻璃衬板浸入溶胶后进行提拉。提拉速度约为 0. 6 mm/s，再在空气中经 1 213 K 加热 10 min。上述提拉 – 加热处理过程重复 10 次后，膜厚可达 0.2 μm。经鉴定，用此法制的纳米薄膜平均粒径约为 50 nm，相结构为 α –Fe_2O_3。随后将 α –Fe_2O_3 薄膜埋入炭粉中在 N_2 保护下，760 ～ 960 K 温度内加热 5 h 即可获得 Fe_3O_4 纳米薄膜。

图 4–15 给出了溶胶 – 凝胶制取薄膜的主要流程，可见其工艺简单，成膜均匀，成本很低。大部分熔点在 500 ℃以上的金属、合金以及玻璃等基体都可采用该流程制取薄膜。

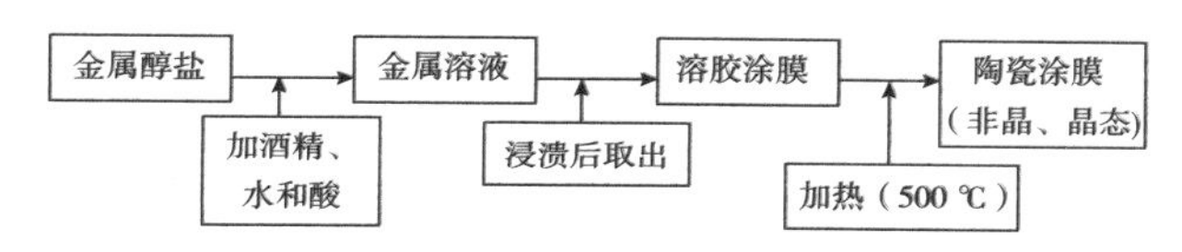

图 4–15　溶胶 – 凝胶制取薄膜的主要流程

采用溶胶 – 凝胶法制备薄膜，首先必须制得稳定的溶胶，按照溶胶的形成方法或存在状态，可以将溶胶 – 凝胶工艺分为有机途径和无机途径，两者各有优缺点。有机途径是通过有机金属醇盐的水解与缩聚而形成溶胶。在该工艺过程中，因涉及水和有机物，所以通过这种途径制备的薄膜在干燥过程中容易龟裂（由大量溶剂蒸发而产生的残余应力所引起），客观上限制了制备薄膜的厚度。无机途径则是将通过某种方法制得的氧化物微粒稳定地悬浮在某种有机或无机溶剂中而形成溶胶。通过无机途径制膜，有时只需在室温进行干燥即可，因此容易制得 10 层以上而无龟裂的多层氧化物薄膜，但是用无机法制得的薄膜与基板的附着力较差，而且很难找到合适的能同时溶解多种氧化物的溶剂。因此，目前采用溶胶 – 凝胶法制备氧化物薄膜，仍以有机途径为主。

与其他制备薄膜的方法相比，溶胶 – 凝胶制造薄膜具有以下优点：

（1）工艺设备简单，不需要任何真空条件或其他昂贵的设备，便于应用推广；

（2）在工艺过程中温度低，这对于制备那些含有易挥发组分或在高温下易发生相分离的多元体系来说非常有利；

（3）很容易大面积地在各种不同形状（平板状、圆棒状、圆管内壁、球状及纤维状等）、不同材料（如金属、玻璃、陶瓷、高分子材料等）的基底上制备薄膜，甚至可以在粉体材料表面制备一层包覆膜，这是其他的传统工艺难以做到的；

（4）容易制出均匀的多元氧化物薄膜，易于实现定量掺杂，可以有效地控制薄膜的成分及结构；

（5）用料省，成本较低。

（二）溶胶－凝胶工艺

在制备氧化物薄膜的溶胶－凝胶方法中，有浸渍提拉法、旋覆法、喷涂法及简单的刷涂法等，其中旋覆法和浸渍提拉法最常用。浸渍提拉法主要包括三个步骤，即浸渍、提拉和热处理。即首先将基片浸入预先制备好的溶胶中；然后以一定的速度将基片向上提拉出液面，这时在基片的表面上会形成一层均匀的液膜，紧接着溶剂迅速蒸发，附着在基片表面的溶胶迅速凝胶化并同时干燥，从而形成一层凝胶薄膜；当该膜在室温下完全干燥后，将其置于一定温度下进行适当的热处理，最后便制得了氧化物薄膜。每次浸渍所得到的膜厚为 5 ～ 30 nm，为增大薄膜厚度，可进行多次浸渍循环，但每次循环之后都必须充分干燥和进行适当的热处理。旋覆法包括两个步骤，即旋覆与热处理。基片在匀胶台上以一定的角速度旋转，当溶胶液滴从上方落于基片表面时，它就被迅速地涂覆到基片的整个表面。同浸渍法一样，溶剂的蒸发使得旋覆在基片表面的溶胶迅速凝胶化，紧接着进行一定的热处理便得到了所需的氧化物薄膜。

与旋覆法相比，浸渍提拉法更简单些，但它易受环境因素的影响，膜厚较难控制，例如液面的波动、周围空气的流动以及基片在提拉过程中的摆动与振动等因素，都会造成膜厚的变化。特别是当基片完全拉出液面后，由于液体表面张力的作用，会在基片下部形成液滴，并进而在液滴周围产生一定的厚度梯度。同样，在基片的顶部也会有大量的溶胶黏附在夹头周围，从而产生一定的厚度梯度。所有这些都会导致厚度的不均匀性，影响到薄膜的质量。渍提拉法不适用于小面积薄膜（尤其当基底为圆片状时）的制备；旋覆法却相反，它特别适合于在小圆片基片上制备薄膜。

对于溶胶－凝胶工艺来说，在干燥过程中大量有机溶剂的蒸发将引起薄膜的严重收缩，这通常会导致龟裂，这是该工艺的一大缺点。但人们发现当薄膜厚度小于一定值时，薄膜在干燥过程中就不会龟裂，这可解释为当薄膜小于一定厚度时，由于基底黏附作用，在干燥过程中薄膜的横向（平行于基片）收缩完全被限制，而只能发生沿基片平面法线方向的纵向收缩。

在溶胶－凝胶薄膜工艺中，影响薄膜厚度的因素很多，其中包括溶胶液的黏度、浓度、相对密度、提拉速度（或旋转速度）及提拉角度，还有溶剂的黏度、相对密度、蒸发速事，以及环境的温度、干燥条件等。

实验结果表明，在浸渍提拉法中，膜厚 d 与溶液黏度 η 和提拉速度 v 的依赖关系可表示为

$$d \propto (\eta v / g\rho)^{\alpha} \tag{4-7}$$

式中，ρ 为溶胶的相对密度；g 为重力加速度；α 为指数，接近于 1/2，通常介于 1/2 与 2/3 之间。

采用溶胶－凝胶法制备 $PbTiO_3$ 薄膜的典型制备过程如图 4-16 所示，所采用的主要原料为结晶乙酸铅、乙二醇乙醚和钛酸丁酯等。

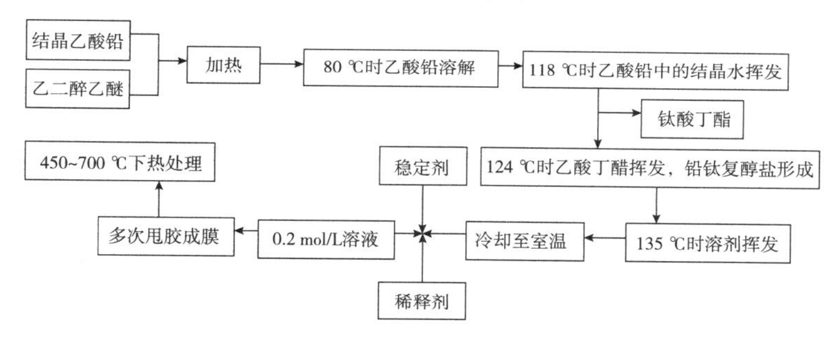

图 4-16　$PbTiO_3$ 薄膜的典型制备过程

采用溶胶－凝胶方法制备 $PbTiO_3$ 等氧化物薄膜，其工艺与一般的溶胶凝胶工艺过程不同。制备氧化物粉体或块材料的一般过程是：原物质（有机金属盐或无机盐）→水解→溶胶→缩聚（凝胶化）→凝胶→干燥→干凝胶→烧结→无机材料。而制备薄膜的工艺却不完全如此。首先制备薄膜的工艺是由溶胶状态开始，把特定组分的溶胶均匀地覆在基片表面，由于溶剂的快速蒸发而迅速凝胶化，并非通过溶胶的缓慢缩合反应而实现凝胶化，因此其溶胶凝胶转变过程要比一般的工艺快得多；其次，在制备粉体时，凝胶化过程与干燥过程是分步进行的，而在薄膜工艺中，由于其过程的特殊性，使得凝胶化过程与干燥过程相互交叠，同时发生。

三、电化学方法

电化学沉积方法作为一种十分经济而又简单的传统工艺手段，可用于合成具有

纳米结构的纯金属、合金、金属－陶瓷复合涂层以及块状材料，包括直流电镀、脉冲电镀、无极电镀和共沉积等技术。其纳米结构的获得，关键在于制备过程中晶体成核与生长的控制。电化学方法制备的纳米材料在抗腐蚀、抗磨损、磁性、催化和磁记录等方面均具有良好的应用前景。

电化学沉积法主要用于Ⅱ～Ⅵ族半导体薄膜的制备，如 ZnS、CdS 和 CdSe 等。CdS 薄膜的制备过程是：用 Cd 盐和 S 制成非水电解液，通电后在电极上沉积 CdS 透明的纳米微粒膜，粒径为 5 nm 左右。

电化学沉积法制备纳米薄膜的理论与工艺基础可参考相关书籍与文献资料。

第三节　分子组装法

一、LB 膜技术

脂质双层（LB）膜技术是一种独特的技术，利用浸没撤离或垂直上拉法制备有序的分子薄膜。这种技术的关键在于脂质分子在水－空气界面形成单分子层，通过控制表面压强，可以精细调控膜的厚度和有序性。然后通过提升基底或降低水面将单分子层转移到固体基底上，实现单层或多层膜的构筑。

LB 膜技术在制备纳米薄膜材料方面有着广泛的应用。首先，LB 膜技术可以实现纳米级别的膜厚控制，可以用于制备具有特定厚度和有序性的薄膜；其次，利用 LB 膜技术，可以在薄膜中嵌入或吸附各种功能性分子或纳米颗粒，如光敏分子、磁性纳米颗粒等，使得制备的薄膜具有新颖的功能。此外，LB 膜技术还可以用于制备复杂的多层膜，通过调控每层膜的成分和厚度，实现对复合膜性质的精细调控。例如，该技术被广泛用于制备光电子器件、生物传感器、高分子光电子器件等。

（一）LB 膜的分类

LB 膜随着转移方式的不同，可得到三种不同结构，即 X 型、Y 型和 Z 型，如图 4-17 所示。

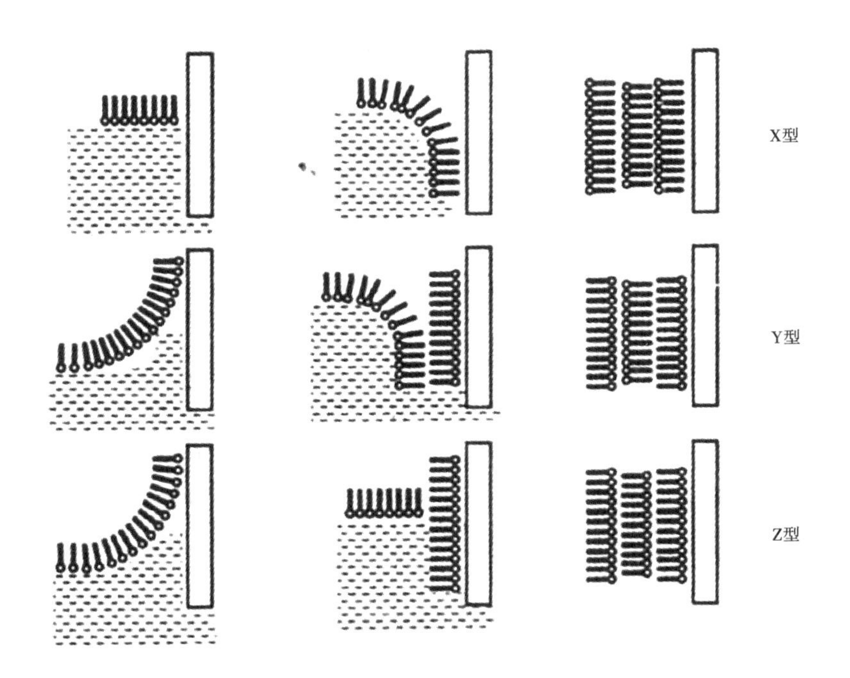

图 4-17 不出现重排时单分子层沉积所得不同类型 LB 膜

（注：图中对每个脂肪分子用圆圈代表羟基，用棒代表长烃链）

（二）LB 膜的制备

LB 膜的制备是将悬浮在气 / 液界面的单分子膜转移到基片表面。常用的方法有水平附着法、亚相降低法、单分子层扫动法和扩散吸附法。

1. 水平附着法

1983 年，日本的 Fukuda 等打破传统的垂直挂膜方式，首次采用水平附着法制备了 LB 膜，其具体步骤如下：

（1）在保持单分子膜表面压恒定的情况下，将表面平滑保持水平的疏水基片靠近挡板从上向下缓慢下降，并使其与单分子膜面接触 [图 4-18（a）]。

（2）将另一个玻璃挡板贴近挂膜载片的左边，然后用玻璃挡板刮去残留在基片周围的单分子膜，使基片上升时无第二层膜一起沉积 [图 4-18（b）]。

（3）将挂膜基片缓缓从水面上提起 [图 4-18（c）]。

（4）重复多次，则可在基片上沉积多层 X 型 LB 膜 [图 4-18（d）]。

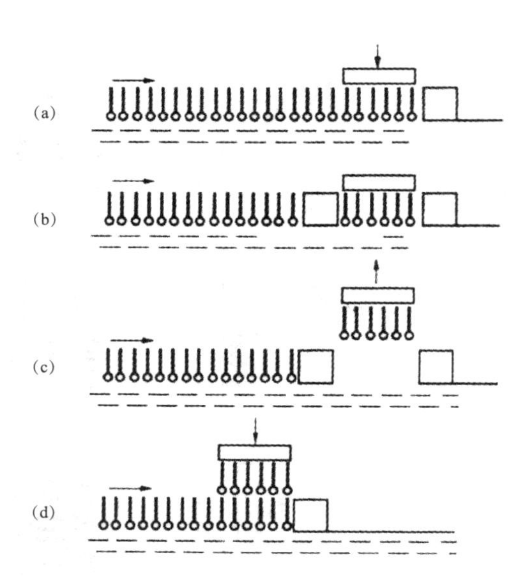

图 4-18　水平附着法制备 LB 膜

（a）单分子膜表面压恒定，疏水基片下降接触单分子膜；（b）玻璃挡板刮去残留单分子膜，防止第二层膜沉积；（c）挂膜基片缓缓提起；（d）重复，沉积多层 X 型 LB 膜

2. 亚相降低法

亚相降低法的基本操作（图 4-19）如下。

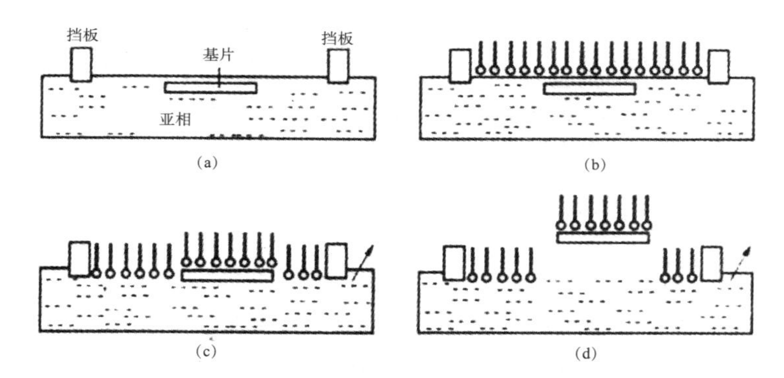

图 4-19　亚相降低法制备 LB 膜示意图

（a）亲水性基片放置于亚相表面之下；（b）亚相表面铺展开并压缩单分子膜；（c）抽走部分亚相，使单分子膜沉积到基片上；（d）提起基片，沉积 Z 型 LB 膜

（1）将亲水性基片浸入并刚好放置在亚相表面之下［图 4-19（a）］。

（2）在亚相表面铺展、压缩单分子膜［图 4-19（b）］。

（3）在水面单分子层形成后，从没有膜的地方小心地将亚相抽走一部分，这时，水面上的单分子膜随水面而慢慢下降，从而沉积到基片上［图 4–19（c）］。

（4）将基片提起，可在基片上沉积一层 Z 型 LB 膜［图 4–19（d）］。

3. 单分子层扫动法

当酶及抗体等生物体高分子在水面上展开时，其构成的原子或原子团在空间排列的结构会发生变化，称为“表面重构”，这有损于酶及抗体的反应特性。采用单分子层扫动法能有效防止这种现象的发生。单分子层扫动法需在多槽 LB 仪上进行，以便能从一个槽扫向另一个槽（图 4–20）。其操作需要很高的技巧，取样单分子层的展开和压缩，从水相中取出，形成复合层，复合层积累等过程都要在最佳条件下进行。

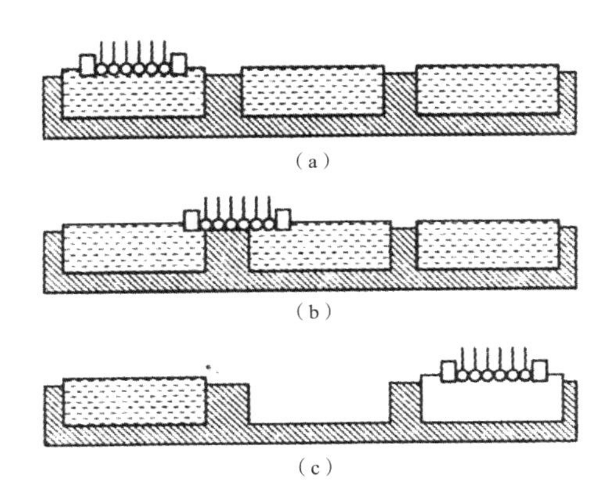

图 4–20　单分子层扫动法简图

（a）取样单分子层的展开和压缩；（b）单分子层扫动；（c）形成复合层

4. 扩散吸附法

扩散吸附法是先将可溶性物质（如染料）溶于亚相中，然后在亚相表面上铺展，形成两亲分子的单分子膜，靠两亲分子亲水基团与亚相溶液中染料带电部位的库仑作用，将溶液中染料分子吸附到亚相的表面，然后两者一起挂膜，例如，可以用该方法制备水活性磺化酞菁铜的 LB 膜，其中所用的辅助成膜的两亲分子为十八烷酸甲酯和十八烷基胺（摩尔比为 4 ∶ 1），亚相为溶有磺化酞菁铜的弱酸性水溶液。当两亲分子在该亚相表面铺展成膜时，膜内亲水端中的胺基可以转化成 —NH_4^+ 基，通过该基团上的正电荷与（磺化酞菁分子的）磺酸基上所带负电荷的相互作用，将磺化酞菁分子从溶液中吸附到界面，随后将混合胺（此时为铵）-酯的单分子层连同磺化酞菁层一起转移到干净的玻璃载片上。气/液面上形成的两亲分子——磺化酞菁双层结构，如图4-21所示。

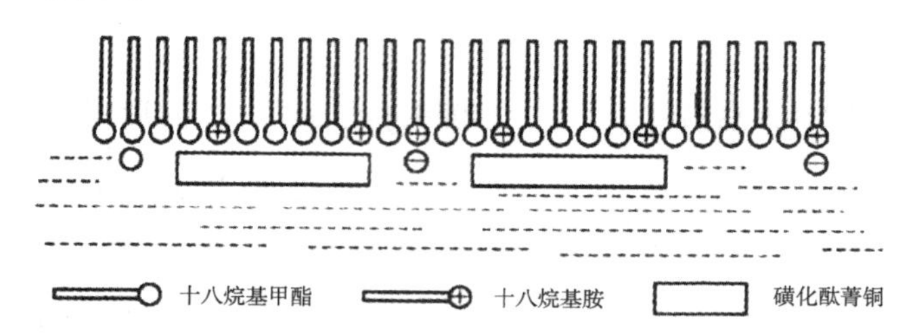

图4-21　亚相表面上吸附法形成的双层膜

5. 其他方法

（1）液面直接排布法。该方法是将包裹有表面活性剂等功能基团的纳米材料（图4-22）溶于可挥发性溶剂（如乙烷、氯仿等）中，直接在亚相（水面）上铺展，过一段时间等溶剂挥发完以后，通过滑障的推挤使纳米材料紧密排列，最后转移到固体基底（硅片、玻璃片等）上获得纳米薄膜（图4-23）。该方法的优点是制备方法简单，易于控制。

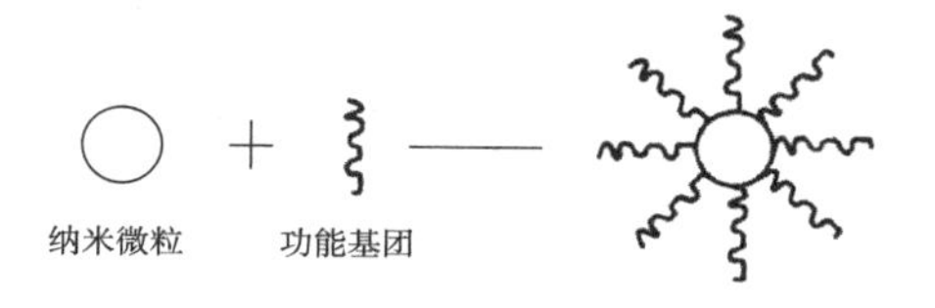

图4-22　有机功能基团包裹Au、Ag等纳米微粒

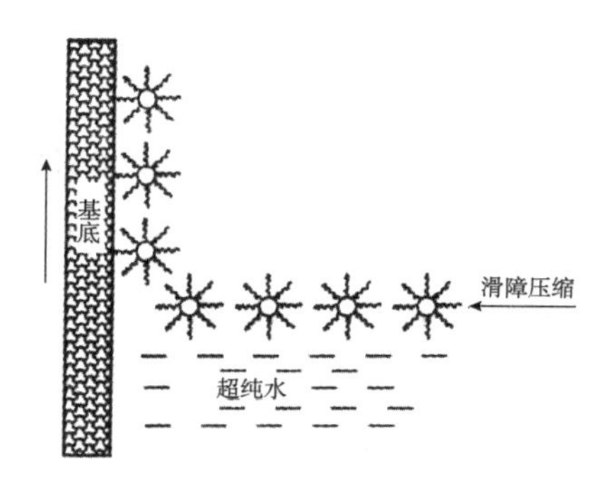

图4-23　液面排布法

（2）间接合成法。间接合成法是在亚相中加入金属阳离子，先形成复合金属离

子的 LB 单层膜或多层膜，然后通过化学反应或物理方法使金属离子转变为纳米微粒，形成纳米薄膜。该方法的优点是反应温和，速度易于控制，可形成结构规整的纳米晶（图 4–24）。

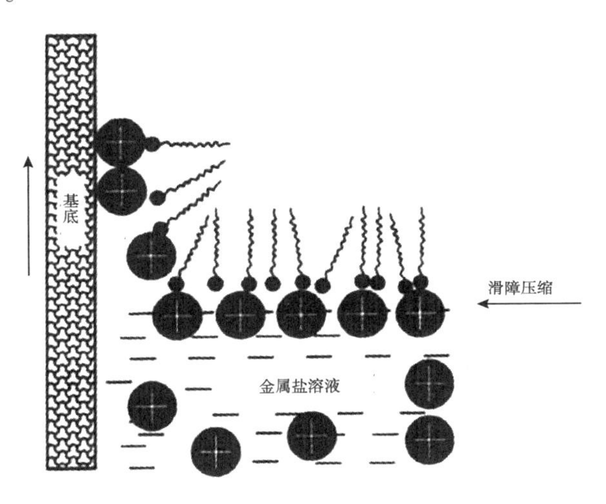

图 4–24　间接合成法

（3）静电吸附法。静电吸附法首先用溶胶法制备包裹有机层的纳米材料，然后在粒子表面上修饰—COO—或 —NH^{3+} 等带电离子基团，并以此纳米微粒的水溶胶为亚相，上面铺展能够与其发生作用的长链有机分子，通过静电吸附作用，利用 LB 技术将纳米微粒组装到 LB 膜的亲水层之间，从而形成夹心式的有机与无机交替的 LB 纳米多层膜。

二、SA 膜技术

自组装（self-assembled，SM）膜技术是一种在平衡条件下，通过化学键或非化学键相互作用，自发地缔合形成性能稳定的、结构完整的分子自组装薄膜的方法。SA 成膜技术主要有基于化学吸附的（分子）自组装膜技术、基于物理吸附的离子自组装膜技术和基于分子识别的超分子合成技术。

自组装单分子膜是通过将适合的基体浸入到含有表面活性剂的有机溶剂溶液中，分子自发聚集而形成的。典型的自组装表面活性剂分子可分为三部分，如图 4–25 所示。第一部分是首基，提供了大部分放热过程，即基体表面上的化学吸附。非常强的分子基体间相互作用，使首基在基体表面特定位置上通过化学键与之形成明显的连接，如 Si—O 和 S—Au 共价键，以及离子键；第二部分是烷基链，放出的热能与链之间的范德瓦耳斯相互作用相关，而与首基－基体间的化学吸附相比要小一个数量级；第三部分是链端官能度，这些在 SA 单层膜中的表面官能团在室温下是热无序的。

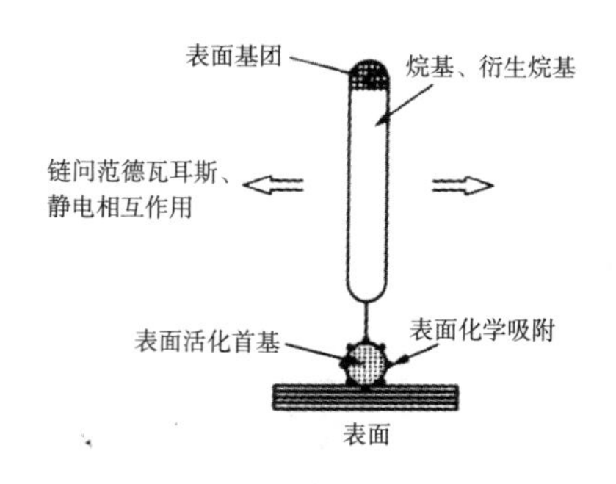

图 4-25　典型的自组装表面活性剂分子结构

这种成膜技术对于基片表面物质呈现一定的选择性，例如，有机硅烷对应羟基化的 SiO_2，Al_2O_3 表面，硫醇和二硫化物对应 Au，Ag，Cu 表面，醇和胺对应 Pt 表面，醇和羧酸对应 Al，Al_2O_3 表面等，只有实现这种匹配条件，才能进行或更好地进行自组装。有机硅烷在羟基化表面 SA 成膜，和硫化物在 Au 表面的 SA 成膜研究得最多，成为 SA 技术的两个主要方面。

第四节　纳米薄膜的制备举例

一、超晶格薄膜

超晶格的概念始于半导体超晶格，当两种不同带隙的半导体被轮流沉积在衬底上，其厚度在 1 ～ 10 nm，对应其原子层数为 10 ～ 100 之间，这样得到的就是半导体超晶格，最著名的例子为 GaAs/AlAs，带隙的不同导致价带和导带的不连续以及一系列的方形势阱的形成，如果假设阱内电子的平均自由程大于阱宽，而栅宽是不固定的，这样得到的是一个固定深度的方形阱中的粒子局限问题。超晶格量子阱具有特殊的光学和电学性质，如平面电导率降低，这是由于量子效应引起的束缚态的位移使电导活化能升高，而且量子阱的阱宽越小，这种活化能越大。

（一）激光 MBE 法制备铁电和铁磁超晶格

所用激光器为 ArF 准分子激光器，装备有高分辨电子能量损失谱（RHFED），制备是在氧气存在下进行（其中包含 8% 的 O_3），真空度为 133.00 ～ 3.99 kPa，衬底温度为 500 ～ 700℃，衬底为掺 Nb 的 $SrTiO_3$（100）单晶，所用的靶材分别为 Bi_2O_3，$SrTaO_3$，$BaTiO_3$，$SrTiO_3$ 以及 $BiWO_3$。为了形成 $SrBi_2Ta_3Q_9$ 薄膜，激光轮流蒸发 Bi_2O_3 和 $SrTaO_3$ 靶，为了保持电中性，在形成 Bi_2O_2（2−）和 $SrTa_2O_7$（2+）层后，必须加一层 $BaTiO_3$ 或 $SrTiO_3$ 的中性层，这样形成了 *c* 取向的超晶格，其垂直于衬底面的晶格常数为 3.285 nm（32.85Å）。铁磁超晶格所用靶材为 $BaTiO_3$，$SrTiO_3$，$LaCrO_3$，$LaFeO_3$，（$La_{0.82}Sr_{0.18}$）MnO_3，沉积是在 NO_2 气氛中进行的，体系的压力为 1.33×10^{-4} ～ 1.33×10^{-3}Pa。

（二）反应溅射沉积多晶氮化物和氧化物超晶格

在 MgO 衬底上沉积 TiN/VN 和 TiN/NbN 超晶格，超晶格薄膜的硬度大于 50 GPa，是每个单独成分硬度的两倍，使得它们进入超硬薄膜的范围（>40 GPa），同时硬度的增加值还同超晶格的周期（两层薄膜的厚度，λ）有关，最大的硬度值是在当 λ 在 4 ～ 8 nm 的范围内出现，当 λ 大于或小于这个范围时，硬度值降得很快。

为了进一步研究多晶氮化物超晶格薄膜的效应，人们用磁控溅射的方法在 M1 高速钢衬底上进行类似体系的多晶超晶格薄膜的沉积，衬底旋转，薄膜的厚度通过控制每个靶的功率以及反应气体的分压来实现，一般在衬底上还加上一个负的偏压，对于 TiN/NbN 体系，最高硬度可达到 52 GPa，与单晶体系几乎相同，而最高值出现于周期厚度为 8 nm，也与单晶体系相同，在多晶体系中，薄膜层的光滑度比单晶薄膜体系要差，但并不影响其硬度的提高，而这种光滑度是衬底偏压的函数，当偏压达到 −150 V 时，薄膜层变得相当光滑，起伏度为 1.0 ～ 1.5 nm，与单晶薄膜相似。这里注意到超晶格的概念应用到了纳米尺度的多晶薄膜上，一般对于超晶格的定义是指在无序固溶体中形成的有序固溶体，这种有序固溶体在 X 射线衍射中产生额外的布拉格散射，实际上这种情况在纳米尺度的多晶氮化物中也出现了，形成了卫星峰，表示形成了超晶格。多晶 TiN/NbN 超晶格的硬度取决于下列五个因素：超晶格周期、不同层之间的明显的化学调制、每一层的计量成分、衬底离子密度好和衬底偏压。

利用脉冲直流电源可以溅射绝缘氧化物而不需要依靠射频溅射，利用该体系溅

射可制备 Al_2O_3/ZrO_2 多层膜体系，X 射线衍射显示它们为非晶结构，沉积温度为300℃，如果单独沉积 ZrO_2 薄膜，得到晶体结构的薄膜，但与 Al_2O_3 共同沉积多层膜时，得到的为非晶薄膜，与 TiN/CN_x 体系相似，这种纳米尺度的多层氧化物薄膜不久的将来会在光学、热阻及高温方面取得应用。

Si/SiO_2 非晶超晶格，4 个周期的 Si/SiO_2 非晶超晶格采用磁控溅射方法制备，衬底采用 P 型（100）单晶硅衬底，靶为纯 SiO_2 和 N 型 Si 靶，其电阻率为 $10^{-2}\ \Omega$ cm，沉积一层 Al 膜在硅衬底的背面，并且在 530℃氮气气氛下退火得到良好的欧姆接触，沉积的超晶格薄膜中 SiO_2 层的厚度保持为 1.5 nm，而 Si 层则分别沉积厚度为1.0 nm，1.4 nm，1.8 nm，2.2 nm，2.6 nm，3.0 nm，衬底温度保持在 200℃，薄膜在300℃，N_2 气中处理 30 min，然后沉积一层透明的金膜作为掩模电极在薄膜的表面，为了比较还沉积了一 Si–SiO_2 复合膜，透射电镜观察显示 Si 和 SiO_2 薄膜均为非晶态，1–V 为整流特性，硅层越厚，则电流越大。

二、巨磁阻薄膜

巨磁阻现象于 20 世纪 80 年代被发现，即将磁性和非磁性金属交替制成多层薄膜后，磁电阻效应很大，如 Fe/Cr 多层膜的（$\Delta\rho / \Delta\rho_H$）可达 60%。大部分情况下，多层膜的电导率随外加磁场的增加而增加，称为正向巨磁电阻效应，特殊情况下，电导率随外加磁场的增加而减小，这时称为反向巨磁阻效应。一般巨磁阻薄膜多用溅射法制备，用溅射法制备 Co/Cu、CoNi/Cu 及 Co/Al 耦合型多层膜，可以得到较高的磁电阻值，如 Co/Cu 多层膜的第一峰 MR 值为 27%，第二峰为 22%，第三峰为 14%，在液氮温度下其 MR 值分别为 51%、41% 和 23%，峰值随 Cu 层的变化而变化。

采用 $Co_{80}Pt_{20}$、SiO_2、Al_2O_3 作为靶，衬底上加偏压，功率为 400 W 下进行磁控溅射，先溅射 $Co_{80}Pt_{20}$–SiO_2 体系，然后制备 $Co_{80}Pt_{20}$–Al_2O_3 体系，衬底采用热氧化的 Si 或（110）MgO，TEM 形貌显示两层 CoPt 纳米颗粒分散于 SiO_2 基底中，颗粒的结构为 HCP（六方密堆积），颗粒大小为 7 nm，颗粒是独立的，但在平面方向上颗粒间的距离很近，这可能是在层内能产生磁相互作用的原因，测量的巨磁阻效应为 4.5%，测量到了磁各向异性，同时对 CoPt 及 Al_2O_3 薄膜层的厚度特别敏感，当 AlO、CoPt、AlO 层分别为 2.8 nm、2.6 nm、1.5 nm 时，巨磁阻效应达到 20%。

典型的红外半导体薄膜 $Hg_{1-x}Te_xCd$ 也具有巨磁电阻效应。一般认为是因为它具有非常高的载流子迁移率，掺杂In后，在300 K，H=500 G时，$\Delta R/R$约为10%。有可能作为读出磁头材料应用。由于它本身不是磁性材料，没有硬磁场的存在，因此特别适用于高密度存贮的应用。

三、LB薄膜

LB薄膜在制备光学器件、敏感器件、分子器件方面具有很大优势，扩散吸收法是一种制备LB薄膜的方法，晶紫（CV）和花青（Cy）染料分别作为两新分子和水溶性分子，制备吸收了Cy的CV LB薄膜，它们均显示出n型导电性，CV的新水分子在LB膜中带正电荷，Cy在亚相中带负电，为了稳定沉积后面的单层膜，先在石英衬底上沉积一层花生酸镉（Cd arachidate）LB单层膜，它是由花生酸、醋酸镉，以及碳酸氢钾添加剂制成的源物质涂覆形成的，然后在这个单层膜上用浸渍法CVCyLB膜，表面压是30 mN/m，浸渍速率是8 mm/min。

利用不同的分子可以构建不同的LB膜，其应用领域主要为光电器件和传感器方面，如电光转换LB膜，电场加到LB膜上产生发光，可以用于平板彩色显示。LB膜反过来也可以用于光电转换，利用LB薄膜可以制备成分子电池，其中含有一个电子给体，一个电子受体和处子两者之间的一个光敏染料体，LB膜中这三层依次排列，阻止电荷直接复合。另外还有光致变色LB膜，热致变色LB膜以及电致变色LB膜，在信息存贮等方面均具有重要的应用。LB膜还可以很容易地实现高非线性光学的要求，应用于频率转换，参量放大，以及开关和调制器等。LB膜由于其超薄性，还特别适合于敏感器件的应用，如用于红外敏感的LB膜以及气敏LB膜，器件的响应用速度一般同膜厚成反比，因此，超薄LB膜具有很大的优势。

四、氧化物薄膜

（一）$BaTiO_3$薄膜

$BaTiO_3$薄膜用溶胶－凝胶法制备，醋酸钡和二羟基反乳酸氨合钛经选择为最好的钛源，加入醋酸搅拌，形成$BaTiO_3$溶胶，回流8 h使pH值保持在10.6，旋涂法制备薄膜，采用多次旋涂的方法控制薄膜的厚度，每次在300℃烘干，最后升到800 ℃烧结1 h，5次旋涂制备的薄膜厚度大约为0.5 μm，为立方钙钛矿结构，薄膜颗粒的大小为30～60 nm，煅烧至1 200 ℃ 7 h仍然保持为立方相而不是转化为四方相，这可能是晶粒小引起的，介电常数为318，随温度的上升略有升高，但在居里温度（130 ℃）一般会出现的四方结构向立方结构相变的峰值。

（二）Al_2O_3 薄膜

源物质采用 $AlCl_3 \cdot 6H_2O$、乙酰丙酮作为螯合剂，溶剂为乙醇，混合后搅拌数小时，逐渐水解后成为淡黄色透明溶胶，薄膜制备采用浸渍法，室温下晾干后在 100℃加热 30 min 形成凝胶，重复该步骤增加薄膜的厚度，最后在高温下烧结形成 Al_2O_3 薄膜。研究发现，得到的薄膜的形貌中几乎看不见晶粒，表明晶粒非常细小，同时在加入乙酰丙酮螯合剂的条件下薄膜中没有裂纹及空洞出现，而在没有添加乙酰丙酮的体系中，则出现了大量的裂纹和空洞。对前驱液溶胶的红外光谱研究表明，Al 与乙酰丙酮形成了稳定的螯合物，这种螯合物的形成对薄膜的形貌有重要影响。不同的烧结温度下得到的物相是不同的，400 ℃以下烧结得到的是非晶相；600 ℃开始有 γ-Al_2O_3 形成；而当烧结温度达到 1 200 ℃时转变为 α-Al_2O_3 相，与 Al_2O_3 的相图相比，相的形成及转变温度明显变低，可能是由于晶粒的细小导致的。

（三）铁电薄膜 PLZT

源物质采用醋酸铅、钛酸丁酯、硝酸镧和硝酸氧锆，分别溶解于乙二醇独甲醚溶剂中，在钛酸丁酯溶液中还添加乙酰丙酮，体系中添加 5% 的甲酰胺作为干燥控制剂，用旋涂法在单晶硅衬底上涂覆一层薄膜后，在 400℃下干燥 3 min，厚度由涂覆次数来控制，薄膜分别在 500 ℃、600 ℃、700 ℃、800 ℃下烧结。得到的薄膜为没有裂纹的平整薄膜，晶粒度为几十纳米，薄膜烧结到 700 ℃后形成钙钛矿相，为（110）择优取向，晶格常数随烧结温度而发生一定的变化，高温有利于立方铁电相的形成。

（四）纳米沸石薄膜

四乙氧基硅（TEOS）、仲丁氧基铝、（20%）四丙基氢氧化铵（TPAOH）水溶液分别作为 Si、Al 的源及模板，TEOS 和 TPAOH 先在搅拌下均匀混合，仲丁氧基铝先用异丙醇稀释再在搅拌下滴加到混合液中，去除醇，加入去离子水至反应混合物中，然后在油浴加热回流，产生沸石结晶体，这些晶体通过离心从母液中分离出来，再分散到去离子水中，然后用清洗干净的玻璃片在溶液中浸渍得到沸石薄膜，溶液的浓度非常关键，浓度不能低于 0.01% 或高于 1.0%，浓度低时在玻璃片上得不到薄膜，浓度高时杯子的底部能够观察到沸石颗粒，在浓度为 0.2% 时可以形成非常干净的沸石薄膜，经测量薄膜中的分大小随结晶时间的加长而长大，结晶时间为 72 h，粒度为 80 nm，结晶时间达 554 h，可以得到 200 nm 的单分散颗粒。

（五）CeO_2 薄膜

非真空环境中的激光蒸发法制备薄膜。制备所用的激光器为 TEA-CO_2 脉冲激光器，衬底为抛光的 Ni 衬底，源物质为平均粒径为 900 nm 的 CeO_2 粉末，由一动力流动床来提供粉末至激光与材料反应区，氩、氦及氢气作为载气，氢气是为了提供一个还原性环境以阻止镍衬底的氧化。沉积的薄膜粒度大小为 12 nm，薄膜的形貌平整光滑，成分符合化学计量。

五、金刚石、类金刚石、氮化碳薄膜

（一）纳米金刚石薄膜

为了满足金刚石在光学领域的应用，减小金刚石薄膜的粗糙度，制备纳米金刚石薄膜成为一种有效的方法。所用设备为石英钟罩式微波等离子体设备。沉积所用的衬底为光学玻璃，衬底用 0.5 μm 的金刚石粉研磨，工作压强 4.0 kPa，甲烷浓度 3%，衬底温度为 550 ℃，沉积时间约为 3 h，沉积的金刚石薄膜的晶粒大小小于 100 nm，表面粗糙度小于 2 nm，薄膜的力学性能接近或超过天然金刚石的力学性能，红外光透过率为 80%，达到作为光学涂层的要求。

（二）类金刚石纳米薄膜

采用有机溶剂作为源物质，直流高压电源或脉冲高压电源提供外界能量，反应设备类似于电解反应槽，衬底采用硅单晶片、导电玻璃、金属片等，放置于阴极上，阳极则为石墨电极，沉积过程中控制外加电压在 800 ～ 1 200 V 之间，且在沉积过程中保持不变。沉积类金刚石时，分别采用乙醇、乙腈、四氰呋喃（DMF）等，薄膜沉积的时间为 4 ～ 5 h，薄膜的厚度为 300 nm 左右，平均沉积速率为 10 nm/min，薄膜相当平整，在硅衬底上沉积的薄膜的颗粒大小约为 20 nm，而在导电玻璃上薄膜的颗粒大小小于 10 nm。两种薄膜的硬度及电导率均有差别，硅衬底上的薄膜的维氏硬度较导电玻璃上小，大约为 1 500，电阻率在 10^7 ～ 10^8 之间；导电玻璃上的电阻率达到 10^{10}，其维氏硬度大于 2 000。这可能是同颗粒大小有一定的关系。

（三）氮化碳薄膜

沉积装置与前面描述的沉积类金刚石薄膜的装置相似，不同的地方是沉积液的

不同，该体系中的沉积液必须含有氮元素，在乙腈、二腈二氨等溶液中可以沉积出 CN_x 薄膜，一开始该化合物只能在阳极生成，这为衬底的选择以及薄膜与衬底的结合力等均带来了一定的困难，但是薄膜中的氮含量经努力后提高到48%，与其他方法得到的最高氮含量相当，现在经过进一步研究，氮化碳薄膜可以在阴极上沉积，结果发现在导电玻璃和硅衬底上的薄膜的组成基本相同，但硬度和弹性模量相差很大，硬度在导电玻璃和硅上分别为13.5 GPa和450 MPa，弹性模量则分别为87.7 GPa和22.9 GPa，这可能同薄膜的颗粒大小有关，但更有可能是由于硅衬底上薄膜不平整而引起的测量值降低。从薄膜的形貌上看，导电玻璃上的颗粒非常细小，几乎分辨不出颗粒，估计为几个纳米，而硅衬底上则不属于纳米级的薄膜。

六、金属薄膜

阳极氧化法沉积二维Cu纳米线，具体方法如下：用直流溅射法先在Si衬底上沉积一层铝膜，Si衬底上存在着一层很薄膜的 SiO_2 层，用此薄膜作阳极对铝膜进行阳极氧化，第一步使铝膜的厚度小于100 nm，这里 SiO_2 层起着很重要的作用，如果没有 SiO_2 层，则氧化进行到Al–Si交界时无法停止；这时再对铝膜进行氧化使其完全变成氧化铝，与此同时形成排列规则的纳米空洞，再在此空洞中用无选择性的无电镀板沉积一层铜，在电镀前用 $PdCl_2$ 对氧化铝表面进行处理激活，当空洞的直径和高度比为5 ∶ 2时，Cu充满了空洞，而当这个比例大于5时，孔洞无法被全部充满，这样得到二维列阵的Cu纳米线，直径为48 nm，从形貌上看与光刻得到的十分相似。

Bi是一种半金属，也具有巨磁阻性质，还有可能在热电材料中应用。Bi纳米线阵列有很多种制备方法，如电化学沉积在聚碳酸盐膜中，或颗粒跟踪刻蚀膜中，注射液相熔体或气相沉积到多孔 Al_2O_3 模板中，而用阳极纳米氧化铝进行电沉积，则由于Bi盐易水解，pH值低时，模板易被溶解等原因而比较困难，这时可以采用氯化铋溶液在交流电下进行沉积，电解液含有 $BiCl_3$ 0.15 mol/L、酒石酸0.3 mol/L、甘油100 g/L，加入37 mol/L的盐酸溶液进行澄清，用氨水调溶液的pH值至3.0，沉积在15℃，200 Hz下进行，纳米线长于1.5 μm，然后刻蚀去除Al衬底，得到连续的Bi纳米线阵列。

MOCVD法制备Ir纳米薄膜，卧式热壁MOCVD反应器，源物质为 $Ir(AA)_3$，源物质保持在353 K的温度，氩气作为反应气，间隔通入氮气以消除沉积物中的碳，衬底为Y稳定的氧化锆（YSZ），衬底温度为773 ～ 973 K之间，气压保持在

0.27 kPa。得到的薄膜为 Ir–C 复合薄膜，金属铱的粒度大约为几个纳米，Ir 的直径为 1 ～ 3 nm 分散在非晶碳中。

七、其他纳米薄膜

（一）CdS 薄膜的沉积

用阳极氧化铝模板，孔径 20 nm 和 100 nm，制备是将铝板在 H_2SO_4 和草酸混合液中阳极化，多余的铝用 HCl- $CuCl_2$ 混合液刻蚀除去，然后在多孔模板的表面镀上一层银作为电极，将该模板放在阴极进行电沉积，沉积液组成为 0.055 mol/L $CdCl_2$，0.19 mol/L 在 DMSO 中，沉积温度 110 ℃，时间为 2 ～ 10 min，取出后用 DMSO，丙酮，去离子水清洗，AAO 可以在 1 mol/L NaOH 溶液中溶解。100 nm 的模板中形成的 CdS 纳米线直径为 100 nm，长度为 30 μm、20 nm 的模板中形成直径为 20 nm，长度为几十微米的纳米线。

用相同的方法也可制备 CdSe 阵列、Ni、Co、ZnO 等。

（二）磁控溅射法制备 AlON 及 CNB 薄膜

AlON 薄膜用反应直流磁控溅射法制备得到，所用的靶为 5N 的铝靶，气氛为氩气、氮气、氧气，沉积在（111）Si 衬底上进行，薄膜的组成通过控制反应功率及调整气相组成来控制，测量了折射率、硬度、杨氏模量等随成分的变化。CNB 薄膜，采用射频溅射沉积，靶材料为 B_4C_5，反应气为氩气和氮混合气，衬底为（001）硅衬底，衬底上加直流负偏压，得到三种相组成，含碳的立方氮化硼（c–BN : C），涡层（turbostratic）含碳氮化硼（t–BN : C），以及两相混合物，当 B/C 比保持接近 1 时，相结构取决于撞向衬底的氩离子和氮离子的能量和流量，而在恒定的流量下，相结构与偏压有关，偏压为 500 V 时得到立方相，而当偏压低于 300 V 时，则得到的是 t–BN，偏压在 300 ～ 500 V 之间时得到混合相，相结构的演变是先在衬底上形成一非晶的 BN : C，接着形成高度取向的 t–BN，其 *c* 轴平行于薄膜表面，再形成立方 BN 取向为（110），混合相则为无结构的纳米晶。沉积的薄膜一般含有 5% ～ 15% 的 C，主要以 C—C 键和 C—B 键存在，颗粒大小大约在 50 nm。

（三）自组装法制备 CdTe 薄膜

含有纳米 CdTe 的高聚物薄膜通过自组装一层一层地沉积，水溶性的 CdTe 被一层巯基乙酸包裹稳定，CdTe 的颗粒大小为 3 ～ 5 nm，表面带一层负电荷，一表面已经沉积了一层 PEI 薄膜的石英片在其中浸渍 20 min，然后再在聚合物溶液中浸渍 20 min，聚合物溶液有三种，分别为聚氮丙啶（PEI）、聚氯羟基烯丙氨（PAH）、聚氯化二烯丙基二甲基氨（PDDA），这样循环多次沉积，得到的薄膜的荧光发射谱对于 PDDA 聚合物比 PEI 及 PHA 要强得多。

（四）等离子体聚合法制备高分子纳米薄膜

等离子体聚合装置为一内电极电容耦合型反应器，利用 13.56 MHz 射频的射频发生器产生等离子体，氩气作为载气及反应气，反应的单体为甲基丙烯酸甲酯（MMA），苯乙烯，同时加入四甲基锡增加薄膜对于射线的敏感性，衬底用 SiO_2，反应条件为功率 20 ～ 70 W，反应压力为 13.33 ～ 93.33 Pa，Ar 气流速为 10 mL/min，最后得到 PPMST 薄膜，薄膜表面没有针孔，是紧密交联的均匀结构，对该薄膜进行等离子体刻蚀可得到分辨率为 20 nm 的构型。

（五）热丝辅助的溅射法制备含有 C 纳米丝的纳米 C 薄膜

使用直流磁控溅射设备，石墨靶作为源物质，在靶下面加上一螺旋形 W 丝，加热至 2 000 ℃，13.33 Pa 压力的氩气作为反应气体，衬底温度为 600 ℃，衬底为玻璃，沉积时间为 20 min，速率为 7 nm/min，所得的薄膜为晶态的 C 膜。但是含有各种结晶型的 C 如石墨、金刚石等，为纳米晶。

思考题

1. 纳米薄膜材料制备的物理方法有哪些？
2. 简述利用溶胶－凝胶法制备纳米薄膜材料。
3. 简述 LB 膜技术。
4. 简述真空蒸发制膜的基本原理。

第五章 纳米薄膜的表征方法

本章着重介绍评估纳米薄膜性质的各种技术。从薄膜厚度的测量与监控、表面成分和组织结构的分析，再到光电性能和力学性能的考察，各节都深入阐释了相关的科学原理和实施技术。

第一节 薄膜厚度的测量与监控

纳米薄膜的性质与膜厚有很大的关系，因此薄膜的厚度直接影响着薄膜的各种性能。不仅需要在薄膜形成过程中对薄膜厚度进行实时监控，还需要对所制得的薄膜厚度进行精确测量。

薄膜厚度的测量主要是通过测量变化时所引起薄膜的某些物理性质的变化而进行的。常用的膜厚测量方法有力学方法、电学方法和光学方法三大类。

一、力学方法

（一）石英晶体法

石英晶体法是一种最常用的力学方法薄膜厚度测量技术，也是一种动态实时测量方法，已广泛地用于真空蒸镀的膜厚测量与检测。其基本原理示如图 5-1 和图 5-2 所示。

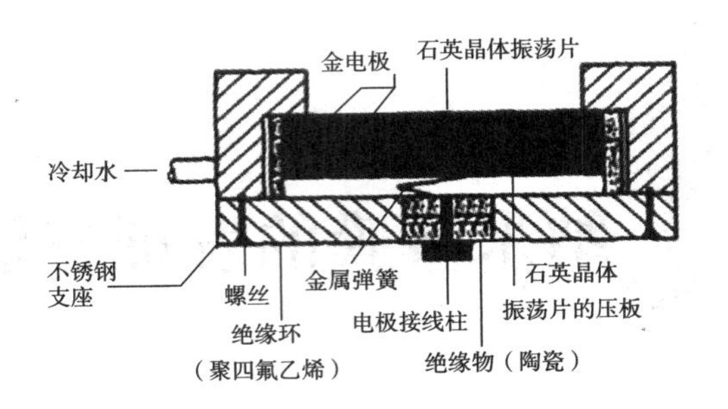

图 5-1 石英晶体振荡法的测量元件（冷却水在支座环中流动）

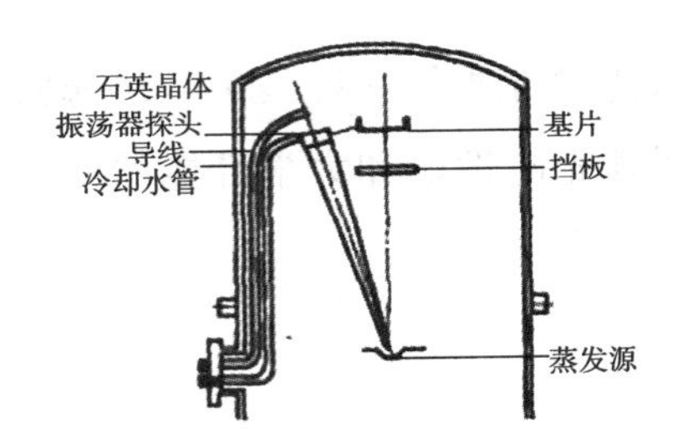

图 5-2 石英晶体振荡器探头在真空室中安装的位置

石英晶体具有压电效应，其固有频率 f 与晶体厚度 t 之间存在如下关系

$$f=\frac{v}{\lambda}=\frac{v}{2t} \tag{5-1}$$

式中，v 为波长为 λ 的弹性横波在厚度 t 方向上的传播速度。

由晶体的厚度变化而引起的频率变化 $\mathrm{d}f$ 为

$$\mathrm{d}f=-\frac{v}{2t^2}\mathrm{d}t \tag{5-2}$$

如果在石英晶体上沉积一层薄膜，其质量为 $\mathrm{d}m$，密度为 ρ_f，S 为薄膜在晶体上所覆盖的面积，且膜厚是均匀的，则薄膜的质量膜厚 d_M 与以上参数存在如下关系

$$\mathrm{d}m=S\cdot\rho_\mathrm{f}\cdot d_\mathrm{M} \tag{5-3}$$

当薄膜足够薄时，薄膜本身的弹性尚未发生作用，薄膜和基体的总体性质仍接近于石英晶体本身的弹性，因而可以认为石英晶体增加了厚度 $\mathrm{d}t$，故有

$$\mathrm{d}t=\frac{\mathrm{d}m}{\rho_\mathrm{q}\cdot S} \tag{5-4}$$

式中，ρ_q 为石英晶体的密度。将式（5-3）和式（5-4）代入式（5-2），可得

$$d_M = -\frac{v\rho_q}{2\rho_1} \cdot \frac{df}{f^2} \qquad (5-5)$$

如果令石英晶体的质量灵敏度 C_f 等于其固有频率改变 1 Hz 时，在单位面积上其质量变化的绝对值，即

$$C_f = \left|\frac{dm}{S} \cdot \frac{1}{df}\right| \qquad (5-6)$$

则有

$$d_M = -\frac{C_f}{\rho_f} \cdot df \qquad (5-7)$$

可见，石英晶片越薄，其固有频率 f 越高，对应于相同质量变化 dm 的频率变化 df 越大，即 C_f 越小。也就是说，石英晶体的质量灵敏度越高，其能测定的薄膜的质量膜厚就越小。利用石英振子的这一特点，如果将其作为薄膜生长过程中的膜厚的动态检测探头，便可以获得膜厚增长的实时信息。当薄膜沉积在石英振子的金属电极膜上时，便改变了石英振子的厚度，因而就改变了它的固有频率。利用测量电路获得石英振子改变后的振动频率，便可求得薄膜的厚度。

石英晶体振荡法的测量灵敏度高，一般可达 10^{-9}g · cm^{-2} · Hz^{-1}（相当于铁单分子层的 1%）。对于一般材料，膜厚控制精度可达 10^{-2} nm。目前，在镀膜工业中，石英晶体振荡法的应用非常广泛，这主要是由于其测量电路简单，既能在薄膜沉积过程中连续测量膜厚和沉积速率，还可以通过适当的反馈电路与沉积设备相连，实现薄膜沉积速率的自动控制以及通过电控挡板的配合实现薄膜厚度的终点控制。

（二）微量天平法

微量天平法是在真空镀膜时直接测量沉积于基体上的薄膜的质量，是一种可用来实时监测薄膜沉积速率的测量手段。

测量时，将微量天平置于真空镀膜室内，把待镀膜的基体悬挂在天平横梁的一端。在镀膜过程中，测量由于薄膜堆积量的增加而产生的横梁倾斜程度，进而求出薄膜的堆积量 M_i，然后根据薄膜的密度 ρ_i 和基体面积 A 即可换算出薄膜的质量厚度 d_M：

$$d_M = \frac{M_i}{\rho_i A} \qquad (5-8)$$

测定天平衡梁倾斜程度的方法包括利用移动显微镜直读法和利用安装在横梁上的反射镜的光杠杆法等。微量天平法的优点是灵敏度高，能测量薄膜堆积质量的绝对值，基体材料的选择范围较广，而且能在薄膜沉积过程中跟踪薄膜质量的变化，实现薄膜厚度的实时动态测量。由于薄膜的实际密度通常要比对应的基体材料的小，因而根据式（5–8）计算所得的质量膜厚 d_M 一般会稍小于实际膜厚。

二、电学方法

（一）电阻测量法

电阻测量法是测定金属（包括半导体）薄膜厚度较简单的一种方法，它利用电阻值与形状有一定关系的这个原理来测量膜厚。根据测得的薄膜的面电阻 R_i、和成膜物质的电阻率 ρ，便可求出薄膜厚度为

$$d = \rho / R \qquad (5\text{–}9)$$

用于成膜的块材的电阻率具有确定的数值，它与材料的形状无关。但是，薄膜的电阻率并不是确定值，它与物体的形状有关，其值随膜厚的变化有很大的变化。这是由于薄膜的结构与块材不同，它存在着较多的各种晶格缺陷，以及薄膜界面的散射效应、附着与吸收的残余气体等因素对电阻的影响等，因此，用块材的电阻率来计算薄膜厚度会引起很大的误差。

用电阻法测量薄膜厚度时，为了得到更符合实际的膜厚，可事先在基片上蒸镀较厚的一层（约 200 nm）与所镀膜相同的物质，然后在它表面上再蒸镀所要测量的薄膜。由于金属导电膜的电阻随膜厚的增加而下降，因此，根据电阻减少的量就可以决定出薄膜的厚度。设最初薄膜的面电阻值为 R_s，再镀上一层薄膜后，其面电阻变化 ΔR_s，与此对应的膜厚变化为 Δd，将式（5–9）微分后得到

$$\Delta d = \Delta R_s \left(-\rho / R_i^2\right) \qquad (5\text{–}10)$$

这是用电阻测量膜厚的基本公式。

电阻测量法也可用来监控薄膜结晶过程中的膜厚。用电阻测量法监控薄膜厚度的装置如图 5–3 所示。将一监控片作为惠斯顿电桥的一个组成部分并装入真空镀膜室中，此监控片的两端各备有厚度为 200 nm 左右的导电带供电接触器用。当蒸发沉积薄膜时，由电桥的不平衡便可求出电流计上流过的电流。

$$I = \alpha \frac{R_s - r}{R_i + \rho} \tag{5-11}$$

式中，$\alpha = V \dfrac{R_3}{R_1 R_2 + R_2 R_3 + R_3 R_1 + \gamma(R_3 + R_1)}$；$\gamma = \dfrac{R_1 R_2}{R_3}$；

$\rho = R_2 \dfrac{R_3 R_1 + \gamma(R_3 + R_1)}{R_1 R_2 + R_2 R_3 + R_3 R_1 + \gamma(R_3 + R_1)}$。

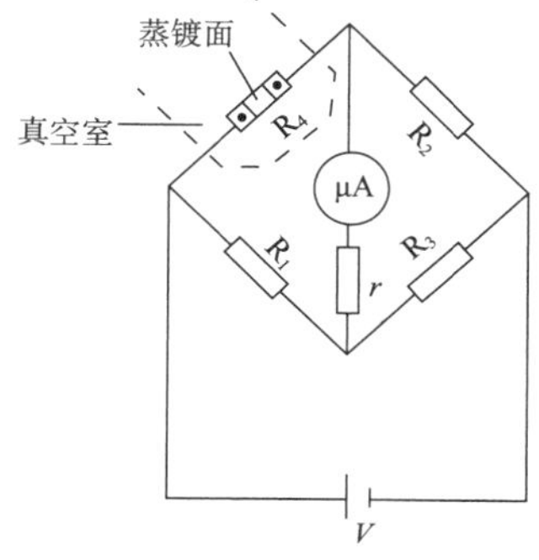

图 5-3　用电阻测量法监控薄膜厚度的装置

电流计中电流的变化也就是相应的薄膜面电阻的变化，因此，当电阻变化到所需要的数值时即可停止蒸发，便可得到所需厚度的薄膜。

电阻测量法适用于测量相当宽范围的膜厚，尤其适用于具有较高沉积率和低残余气压的蒸发镀膜。

（二）电容测量法

电介质薄膜的厚度可以通过测量它的电容量来确定，用电容测量法监控薄膜厚度的装置如图 5-4 所示。薄膜蒸发到电极上使被测电容发生了变化。

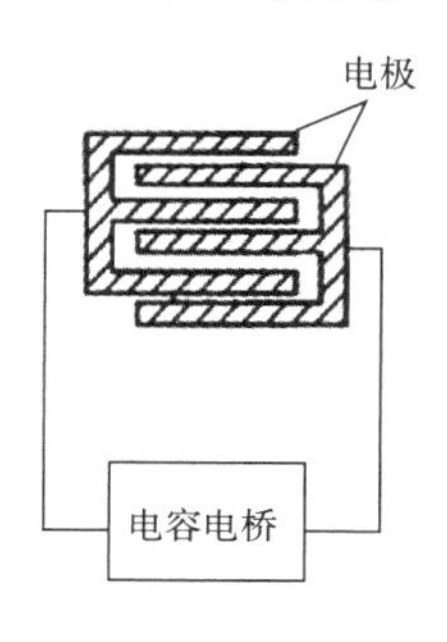

图 5-4　用电容测量法监控薄膜厚度的装置

若已知薄膜的相对介电常数 ε_r 和电极面积 S，则膜厚为

$$d=\frac{\varepsilon_r S}{3.6\pi C}(\mathrm{cm}) \tag{5-12}$$

式中，电容 C 的单位为 pF；S 的单位为 cm^2。

在淀积介质膜时，也可用电容法来进行监控，通过测量特制的监控用的平板电容器的电容量变化来监控薄膜厚度。

（三）品质因素（Q 值）变化测量法

如图 5-5 所示，在距厚度为 d 的金属膜不远的 h 处置放一个半径为 r，通有交流电的线圈，那么在金属膜中感应的涡流电流就会损耗掉线圈中的一部分电能。因此线圈的 Q 值与谐振频率都要发生变化。根据变化前后的 Q 值，以及所使用的电容器 C 值和频率值，就可以算出薄膜的电阻值，再用式（5-9）便可求出薄膜的厚度。Q 值变化测量法的优点在于是非破坏性的测量，因而受到人们的重视，它同样可以用来监控蒸发过程。

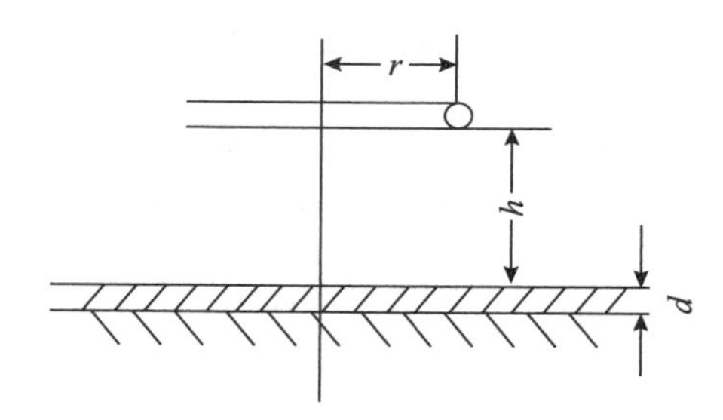

图 5-5　用 Q 值变化来监控膜厚时，薄膜上方线圈的位置

（四）电离法

电离法以测量蒸镀材料蒸气电离产生的离子电流为基础，并假设达到基片的所有粒子都在其表面上凝聚。用电离法测量出其蒸气流，便能计算出薄膜的厚度。最常用的测量系统是一个放在蒸镀材料的蒸气流中的电离规，如图 5-6 所示。从阴极发射的电子被正栅极加速，与蒸气分子流发生碰撞而使它们电离。离子是由一个电位相对阴极为负的收集器所收集，由此便可测量出离子电流。但是，当蒸气流通过电离室时，残余气体同时也会被电离，所以必须将蒸镀材料的离子与残余气体的离子区分开来才行。可使用一振动挡板和旋转挡板来调制蒸气流，使得离子流有两个分量：一个是残余气体产生的直流分量，另一个为由待测蒸气所产生的调制分量。

后者经选频放大器被记录下来，这种离子流是沉积速率的线性函数。

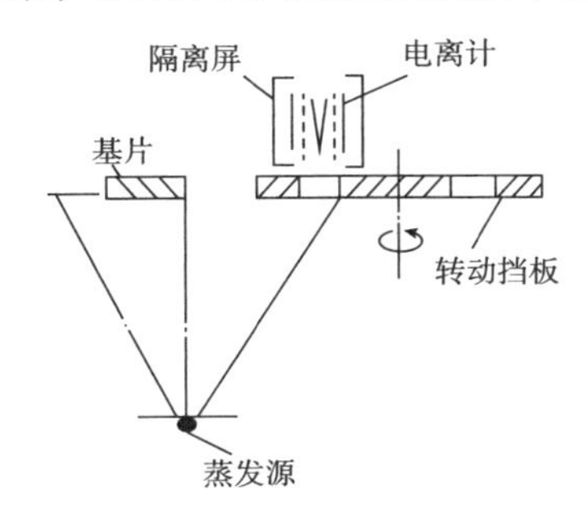

图 5-6 带有电离规的薄膜厚度监控仪

蒸气产生的离子流 I_+ 和蒸气分子密度（即蒸气压 p）的关系为

$$I_+ = SpI \tag{5-13}$$

式中，S 为电离计的灵敏度；I 为电子电流，A。根据式（5-13）和有关蒸发速率公式等就可求出薄膜的厚度。

三、光学方法

（一）光吸收方法

平面波经过一种材料后其强度衰减可用朗伯定律来描述，即

$$I = I_0 e^{-\alpha d} \tag{5-14}$$

式中，I_0 为初始光强；I 为通过厚度为 d 的物质后的光强；α 为吸收系数。设强度为 I_0 的光从空气中垂直入射到厚度为 d 的薄膜样品，通过该样品后的透射光强度为 I_t，则透射系数 T_t 可定义为 I_t 与 I_0 之比，即

$$T_t = I_t / I_0 \tag{5-15}$$

如果样品的吸收系数为 α，反射系数为 R，则在第一个界面上反射的光强变为 RI_0，而通过第一个界面进入样品的光为（$1-R$）I_0。由于样品的吸收，到达膜厚为 d 的第二个界面时光强为（$1-R$）I_0 exp（$-\alpha d$），通过第二个界面进入空气的光强为（$1-R$）$2I_0$exp（$-\alpha d$）。

在第二个界面上向样品内反射回去的光强度为 R（$1-R$）$^2I_0$exp（$-\alpha d$），这一反射光又在样品内部向第一个界面射去，在样品中又被吸收一部分，而在第一个界面上又将发生透射及反射过程。如此多次发生样品内的反射和向样品外的透射。当反

射次数很多时，可得到

$$I_t = \frac{(1-R)^2 \exp(-\alpha d)}{1-R^2 \exp(-2\alpha d)} \tag{5-16}$$

当 αd 值足够大或 R^2 较小以致满足 $R^2\exp(-2\alpha d) \ll 1$ 时，可以略去上式分母的第二项，因此

$$I_t \approx (1-R)^2 \exp(-\alpha d) \tag{5-17}$$

由此得到

$$I_t \approx I_0(1-R)^2 \exp(-\alpha d) \tag{5-18}$$

因此，对于给定的光照射，若 α 和 R 已知，测得 I_t 与 I_0 便可算出薄膜厚度 d。此法也适合于控制蒸镀过程和监控沉积速率。但是吸收系数大小与所采用的光波有关，光波波长不同，吸收系数差别可高达几个数量极。

（二）光干涉方法

如用光照射薄膜，由于空气和薄膜的折射率不同，直接从膜表面反射回来的光线与经过膜层从基片表面反射回来的光线就存在着光程差，因此两束光便产生了光的干涉，而透射进入基片的光波也同样会产生干涉。

利用薄膜的光干涉来测量薄膜厚度，已有一套完整的方法，如干涉测量膜厚法和等厚干涉条纹法，即多光束干涉法（MBI）法。它适用于测量厚度从 1/8 到 4 或 5 个波长的膜厚。

1. 干涉测量膜厚法

在光垂直入射薄膜的情况下，当薄膜的光学厚度 nd（即薄膜的折射率 n 和膜厚 d 之积）为 $\lambda/4$（λ 为波长）的奇数倍时，反射光强出现极值。假定空气和基片的折射率分别为 n_0 和 n_e，若 $n_0<n<n_e$，反射光强出现极小值；如果 $n_0<n>n_e$，反射光强则出现极大值。当薄膜的光学厚度为 $\lambda/2$ 的奇数倍时，则反射光的强弱与薄膜的折射率无关，即与基片未镀膜时一样，透射光的情况则与此相反，若反射光强时则透射光就弱，而反射光弱时则透射光就强。所以反射光和透射光两者都随薄膜的光学厚度发生周期性变化，呈现出一系列的极大和极小。光的强度可以用光学方法进行测量。图 5-7 给出了沉积在折射率 n_e=1.5 的玻璃基片上的各种折射率薄膜的反射率随其光学厚度的周期性变化的情况。

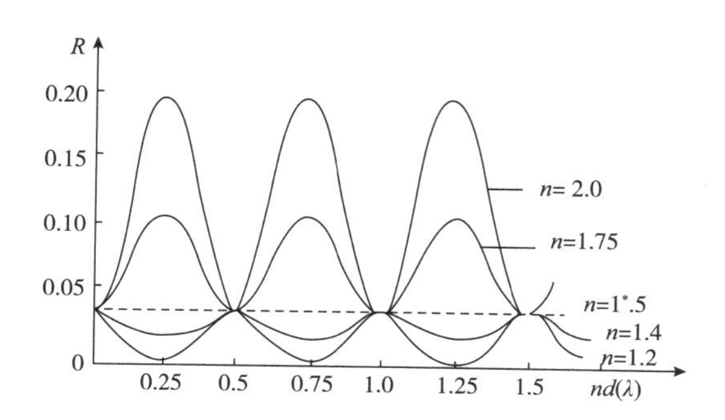

图 5-7　沉积在折射率 n_e=1.5 的玻璃基片上的各种折射率薄膜的反射率随其光学厚度的周期性变化

薄膜表面的反射光与薄膜—基片界面的反射光两者之间形成的光程差

$$\delta = 2d\left(n^2 - n_0 \sin^2\varphi\right)^{1/2} \tag{5-19}$$

式中，d 和 n 分别为薄膜的厚度和折射率；n_0 为薄膜上方空气的折射率，其值为 1；φ 为光进入薄膜表面时的入射角。根据光干涉产生极大条件，式（5-19）可表示为

$$\delta = 2d\left(n^2 - \sin^2\varphi\right)^{1/2} - k\lambda \tag{5-20}$$

式中，k 为描述干涉阶数的一个整数；λ 为波长。

在光垂直入射时（φ=0），如果第 k 级极大值出现在波长 λ_1 处，第（k +1）级极大值出现在波长 λ_2 处，则有

$$2nd = k\lambda_1 \tag{5-21}$$

$$2nd = (k+1)\lambda_2 \tag{5-22}$$

用 λ_2 和 λ_1 分别乘以以上两式，然后两式相减可得

$$2nd = \frac{\lambda_1\lambda_2}{\lambda_1 + \lambda_2} \tag{5-23}$$

如果已知薄膜折射率，根据光谱仪测各的 λ_1、λ_2 值，便能得到薄膜的厚度 d。

2. 等厚干涉条纹法

等厚干涉条纹法测量膜厚，是根据壁尖干涉原理，将平行单色光垂直照射到薄膜上，经多次反射干涉而产生鲜明的干涉条纹，然后再根据条纹的偏移，就可求出薄膜的厚度。这也是膜厚测量中普遍采用的方法之一。

用等厚干涉条纹法测量膜厚必须把薄膜做成台阶状，为此需要事先在被测表面上，用高反射率物质制成具有台阶状的薄膜，作为膜厚测量用的比较片，将比较片

放置在待成膜的基片附近，以使两者在完全相同的制膜条件下形成浅薄膜，并用具有锐利边缘的板遮盖比较片的一部分。如果单色光照射在成膜后的比较片上，由于发生干涉，产生了明暗相间的平行条纹，如图 5-8 所示。这时光在比较片上的干涉就可看作光在劈尖形状上薄膜的干涉了。根据条纹间距 L 和薄膜台阶处条纹发生的位移 ΔL，以及单色光的波长 λ，可得膜厚 d：

$$d = \frac{\Delta I \lambda}{2L} \tag{5-24}$$

即条纹的偏移量对条纹间隔的比值乘以半波长就是台阶的高度，即薄膜的厚度。

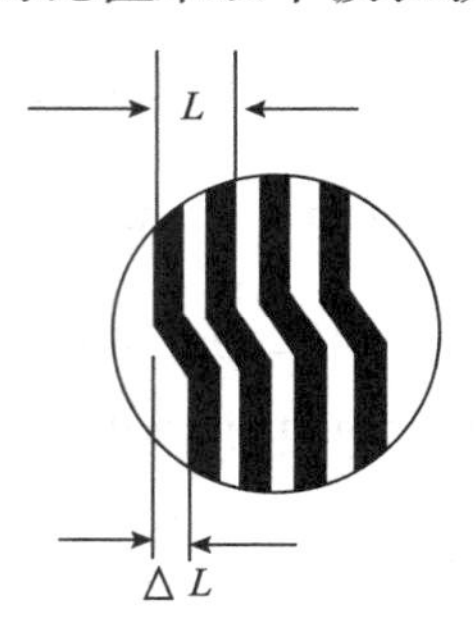

图 5-8　等厚干涉条纹法中薄膜台阶处条件的位移

用干涉法测量膜厚具有简单、快速，不损伤膜层的优点。但它要求薄膜必须具有高反射和平坦的表面才行，否则会影响所测精度。用干涉法可测量的最小膜厚可达 2.5 nm ± 0.5 nm，而用等厚干涉条纹法可测的最小膜厚为 20 nm。用干涉法可测的最大厚度为 2 000 nm。

（三）椭圆偏振法

利用光的干涉现象可以在一定范围内测量出膜厚，但精度不高。目前人们所说的光学法测量膜厚是指利用偏振效应测量膜厚的方法，也称为椭圆偏振法。

椭圆偏振法测量薄膜厚度基本原理如图 5-9 所示。在入射角比较大时，测量沿平行入射平面偏振的反射光振幅和垂直入射平面偏振的反射光振幅之比与两者间的相移之差。测量时将单一波长激光束经过起偏器和 1/4 波长，转变为椭圆偏振光，并以一定角度入射到试样表面，经反射后，偏振状态发生改变，然后测其相对振幅衰减（$\tan\varphi$）和位相转动之差 Δ，利用 φ、Δ 与膜的折射率 n、厚度 d 之间的关系，依据光源波长和入射角便可确定薄膜的折射率和薄膜的厚度。

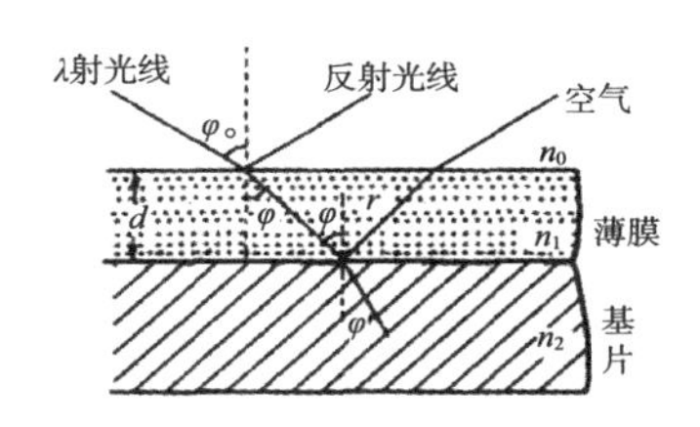

图 5-9　椭圆偏振法测量薄膜厚度基本原理

椭圆偏光解析法又简称为偏光解析法。这种方法是把由薄膜反射的椭圆偏光进行解析，由此测定薄膜的折射率的厚度。椭圆偏光解析法是振动面分割型的干涉测光法，具有以下优点：光路容易调整；振动强度稳定，能高精度测定；不需要相干光源。

四、其他膜厚监控方法

（一）光电法

光学膜的厚度监控采用光电法最为适宜，也比较直观。监控的主要方法是单色法、波长扫描法和双色法。

如果薄膜对入射光不吸收，则在入射光强 I 为定值时，薄膜的反射光强 I_r，与透射光强 I_t 之和就等于入射光强，即 $I_r+I_t=I$。它们的光强与光学薄膜厚度的关系服从正弦变化规律。以透射光强 I_t 为例，有

$$I_1=\frac{\left(1-R^2\right)^2 I}{1+R^4-2R^2\cos 4\pi\dfrac{d}{\lambda}} \qquad (5\text{-}25)$$

式中，R 为薄膜的反射系数；λ 为光波长；d 为厚度。

由上式可知，透光强度 I_t，在薄膜厚度 d 为 1/4 波长的奇数倍时极弱，而在 1/4 波长的偶数倍时极强，于是就可以作为监控点。

（二）触针法

触针法是把表面粗糙度的测量方法直接用于膜厚测量，触针法测量薄膜厚度的装置如图 5-10 所示。将表面粗糙度计的触针垂直地在被测的薄膜表面上进行扫描，由于针在表面上下移动，使感应线圈感应的电信号发生变化，并经放大而测得膜厚。触针是一直径为 0.7 ～ 2.0 μm 的钻石细针，使用时施以 50 MPa 的压力压在薄膜表

面上，这一方法能够迅速地测定出表面上的厚度分布和表面结构，并具有相当的精度，而且对薄膜表面的损伤也很小，它记录的最小厚度差约为 2.5 nm。与干涉法相比，触针法得到的结果与干涉法的测量结果十分吻合，但触针法不必在试样表面镀上附加膜层。不过触针法不能记录薄膜表面上窄的裂纹和裂缝。

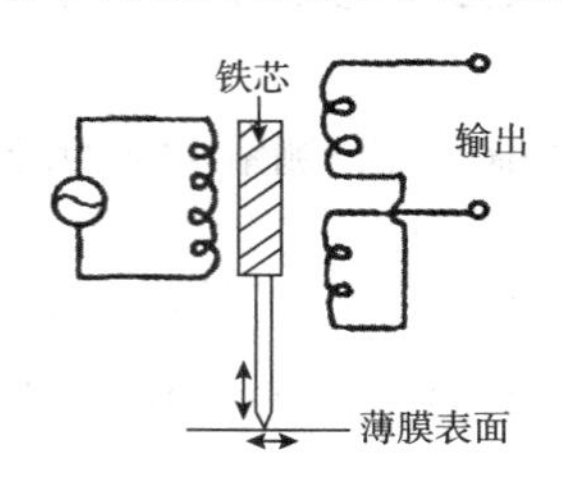

图 5-10　触针法测量薄膜厚度的装置

此外，还有其他的膜厚监控方法，如辐射—吸收法、辐射—发射法、功函数变化法等，在此不做详细介绍。

第二节　表面成分和组织结构分析

纳米薄膜材料的性能除了与其极小的膜厚密切相关外，主要还取决于其成分和组织结构。化学成分不同的纳米薄膜一般总是具有不同的性能。即便是化学成分相同，如果使用不同的制备方法，甚至是同一种方法的不同工艺参数所制备的纳米薄膜材料，由于得到的组织结构不同，也会表现出不同的性能。

对于纳米薄膜材料的成分和组织结构分析而言，除了借用一些传统的基体材料的分析方法之外，也有不少针对纳米薄膜材料的分析测试方法可供使用。近年来，随着表面工程技术的发展，针对纳米薄膜的成分和组织结构的新型分析测试方法可以说是层出不穷。试举例如下：

（1）以 X 射线光电子能谱（XPS）、俄歇电子能谱（AES）、低能离子散射谱（SIMS）为代表的表面成分分析方法；

（2）结合了光学显微镜的普适性、易操作性和电子显微镜的高分辨率的特点，能够从原子尺度的表面结构进行三维成像和测量的扫描探针显微术（SPM）；

（3）以掠射方式使入射粒子的弹性散射发生在近表层的低能电子衍射（LEED）和掠入射 X 射线衍射（GIXS）等表面结构分析技术。

下面就这些新型分析测试方法的原理和用途逐一进行介绍。

一、表面成分分析

表面成分分析的内容包括测定表面的元素组成、元素的化学状态以及元素沿表面的横向分布和沿纵向的深度分布等。

表面成分分析一般需要使用某种手段，如电子、离子、光子、电磁场和声波等来激发待测表面，并接收从表面发射出来的带有表面信息的粒子，如电子、光子、离子和中子等，然后对它们进行记录、处理和分析。选择表面成分分析方法时，应考虑该方法所能测定元素的范围能否判断元素的化学状态，能否进行元素的横向分布与深度剥层分析，以及检测的灵敏度、谱峰的分辨率和对表面有无破坏性等问题。

目前用于表面成分分析的方法主要有俄歇电子能谱分析（AES）、X 射线光电子能谱分析（XPS）、二次离子质谱分析（SIMS）和电子探针 X 射线显微分析（EPMA）等。

（一）俄歇电子能谱分析（AES）

俄歇电子能谱分析（AES）是利用原子中的俄歇电子的能谱来分析样品的。原子内的电子排布遵循能量最低原理，总是先占据能量最低的内层，再由内向外进入能量较高的各级壳层。用一束汇聚电子照射固体表面时，表面原子的内层电子就会受到激发。当原子内层的低能级电子因激发而留下一个空位时，原子体系的能量就会升高而处于不稳定状态。随后，便会有高能级上的电子向低能级上的空位进行跃迁，使原子体系的能量重新降低而趋于稳定。在电子由高能级向低能级跃迁时，其多余能量将会以下列两种形式释放出来：或者以具有特征能量的 X 射线光子形式辐射出来；或者引起另一个高能级电子的激发，而发射出一个具有特征能量的电子。这种由非辐射跃迁发射的电子就称为俄歇电子。俄歇电子的特征能量可表示如下：

$$E_{\mathrm{ABC}}(Z)=E_{\mathrm{A}}(Z)-E_{\mathrm{B}}(Z)-E_{\mathrm{C}}(Z+\varDelta)-E_{\mathrm{W}} \qquad (5\text{-}26)$$

式中，Z 为原子序数；A，B，C 分别为待测物质原子中由低到高的三个能级；$\varDelta$ 为修正量，为 1/2 ～ 3/4，近似可取 1，就是说式中的 E_{C} 项可近似认为是比 Z 高 1 个序号的那个元素原子中 C 壳层电子的结合能；E_{W} 为待测材料的逸出功。

由式（5-26）可知，俄歇电子的能量与入射粒子的种类和能量无关，只依赖于待测物质原子的电子结构和俄歇电子发射前所处的能级位置。原则上，其能量由俄歇电子跃迁前、后原子系统总能量的差值决定。

由于俄歇电子的穿透能力很差，能保持其特征能量而又能逸出物质表面的俄歇电子，其发射深度仅限于表面以下约 2 nm 以内，相当于表面几个原子层的深度。因此，检测固体表面所发射的俄歇电子的能量和强度，就可以获得固体表面化学成分的定性和定量信息，这就是俄歇电子能谱分析的基本原理。

图 5–11 所示为俄歇电子跃迁过程。在跃迁过程中原子终态有两个空位，如果其中的一个与原空位处于同一能级，就会出现科斯特—可罗尼格非辐射跃迁，其跃迁率比正常的俄歇跃迁高得多，从而会影响俄歇谱线的相对强度。当两能级非常接近时，由于电子与电子的相互作用非常强，最强的俄歇跃迁为典型的 KLL 或 LMM。

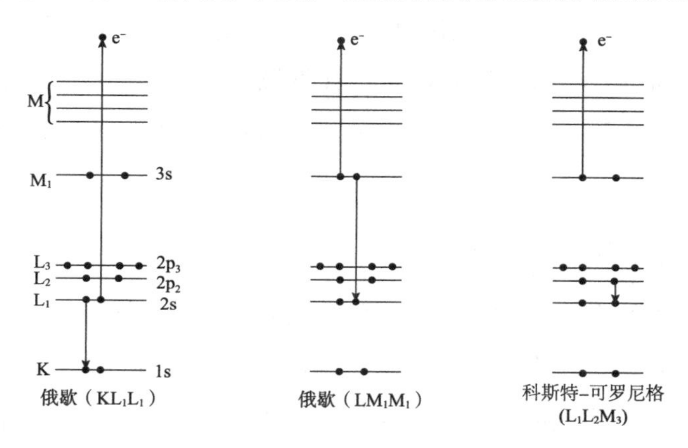

图 5–11　俄歇电子跃迁过程

由图 5–11 可知，俄歇跃迁过程至少涉及两个能级和三个电子参与，所以 H 和 He 原子均不可能发生俄歇跃迁。孤立的 Li 原子外层仅有一个电子，不可能发生俄歇跃迁，但由于其固体中的价电子是共有的，因此也可以发生俄歇跃迁。所以 Li 的 KLL 跃迁，实际上是 KVV 跃迁（V 代表价带能级）。

常用的俄歇电子能谱有两种：一种是俄歇电子强度（即能量为 E 的电子数目）$N(E)$ 对其能量 E 的分布谱 [$N(E)$ 对 E 作图]，称为直接谱，直接谱可直接反映俄歇电子峰的面积；另一种是将俄歇电子能量分布谱转变为能量微分谱 [$dN(E)/dE$ 对 E 作图]，称为微分谱。在固体物质发射的电子中，不仅有俄歇电子，还有其他各种次级电子（包括初级电子的弹性散射电子、非弹性散射电子和慢次级电子等），它们形成了强大的本底，几乎把俄歇电子峰淹没，给测量带来了一定的困难。微分谱改变了谱峰的形状，直接谱上的一个峰在微分谱上则变为一正一负两个峰，这就大大提高了信噪比，便于识谱。用微分谱进行成分分析时，一般以负峰的能量值作为俄歇电子能量，用于元素的定性分析；而以正负峰的高度差（峰 - 峰值）作为俄歇峰强度，用于元素的定量分析。

图 5-12 为俄歇电子能谱仪的结构，它包括可旋转样品台、溅射离子枪、电子分析器、电子倍增器、锁定放大器、X-Y 记录仪等。

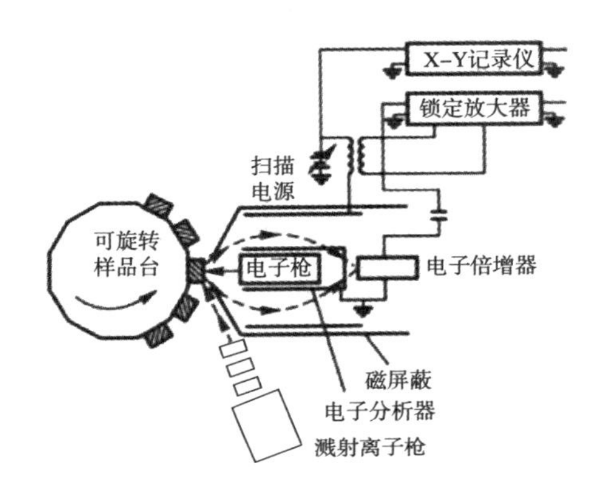

图 5-12　俄歇电子能谱仪的结构

AES 作为一种广泛使用的表面成分分析方法，主要用于研究固体表面及界面的各种化学变化，研究与表面、界面吸附和偏聚有关的物理现象。它的优点是在靠近表面 0.4 ～ 2.0 nm 范围内的化学分析灵敏度高，数据收集速度快，能探测周期表上 He 以后的所有元素。对于能量为 50 eV ～ 2 000 eV 范围内的俄歇电子，深度分辨率约为 1 nm，横向分辨率则取决于入射束斑的大小。如果配上溅射离子枪，就可以对试样进行逐层刻蚀，获得沿深度方向的成分分布，这对于研究多层膜和界面非常有用。

（二）X 射线光电子能谱（XPS）

X 射线光电子能谱分析（XPS）最初以化学领域的应用为主要目标，故又称为化学分析用。电子能谱分析（ESCA）是目前应用最广泛的表面分析方法之一，主要用于固体表面的成分和化学状态分析。XPS 的测量原理是基于爱因斯坦的光电理论的。用单色的 X 射线照射待测样品，具有一定能量的入射光子与样品原子相互作用，发生光致电离后产生光电子。这些光电子从产生之处输运到表面，然后克服逸出功发射出来，用能量分析器分析光电子的动能，即可得到光电子产额（光电子强度）对光电子动能或光电子结合能的分布曲线，这就是 X 射线光电子能谱。由于只有深度极浅范围内产生的光电子，才能将能量无损地输到表面，因此 XPS 得到的也是固体表面的信息。

对于孤立原子，光电子的动能为

$$E_k = h\nu - E_b \tag{5-27}$$

式中，$h\nu$ 为入射光子的能量；E_b 为电子的结合能。$h\nu$ 为已知的，光电子的动能 E_k 可以用能量分析器测定出来，于是 E_b 就可得知。

对于固体样品，电子的结合能 E_b 被定义为把电子从所在能级转移到费米能级所需要的能量，故有

$$E_k = h\nu - E_b - W_s \tag{5-28}$$

式中，W_s 为克服功函数所需的能量，在数值上等于电子的逸出功。

即使是同一种元素的原子，不同能级上的电子的 E_b 也不同，故在相同的 h 下，同一元素会有不同能量的光电子在能谱图上出现，呈现出不止一个谱峰。其中最强而又最易识别的就是主峰（又称特征峰），一般就用主峰进行分析，并以被击出电子原来所处的能级为主峰命名。不同元素的主峰 E_b 和 E_k 不同，用能量分析器分析光电子动能，将实测的光电子谱图与标准谱图做对照，就能进行表面成分分析。

根据测得的光电子动能所对应的光电子能谱图上的谱峰位置可以识别样品表面存在何种元素的原子，即进行元素的定性分析；而根据谱峰的强度可以确定元素的相对含量，即进行元素的定量或半定量分析。另外，与 AES 类似，在实际测量过程中往往会发现，所得到的结合能峰与单个原子的结合能标准值有一定偏差。这是因为，原子的化学状态不同，内层电子的精确结合能 E，会有所改变，在 XPS 谱图上就表现为谱峰相对于纯元素峰的位移，这种位移称为化学位移。元素的化学位移与原子的价态、氧化态以及所结合元素的电负性有关。在金属元素的光电子能谱中，最容易出现的是由于氧化引起的 1 s 电子结合能的位移。根据谱峰的化学位移就可以确定元素的化学状态。

图 5-13 所示为 X 射线光电子能谱仪的结构，它主要由 X 射线激发源、样品分析室、能量分析器、电子检测器、记录控制系统和超高真空系统等组成。用于产生电子能谱的 X 射线源，其主要指标是强度和线宽。常用的 X 射线源一般采用 Mg 或 Al 的 K_α 线。Mg 的 K_α 线的能量为 1253. 6 eV，线宽为 0.7 eV；Al 的 K_α 线的能量为 1486. 6 eV，线宽为 0.85 eV。使用单色器可使线宽变窄，能降低信噪比并提高分辨

率，消除 X 射线伴线所产生的伴峰以及减弱连续 X 射线所造成的连续背底。但是，单色器的使用显著减弱了 X 射线的强度，影响了检测灵敏度。多数设备还配有溅射离子枪，除了可用于溅射清洗样品表面外，还可对样品表面进行逐层剥蚀，以便进行成分的深度剖析。有的设备还备有电子枪，这样就可以利用同样的分析仪器和电子系统进行俄歇电子能谱分析（AES）。XPS 的背景不像 AES 那么强大，因此不用微分法，而是直接测出能谱曲线。由于信号电流非常微弱（在 1 ～ 10^5 CPS 范围内，因此用脉冲记数法测量。与 AES 相比，分析速度较慢）。

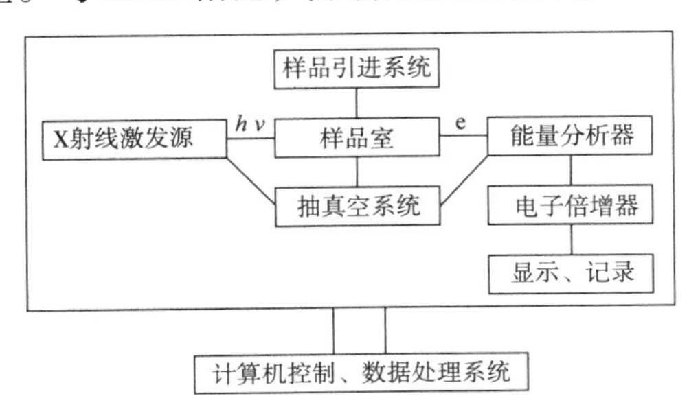

图 5-13　X 射线光电子能谱仪的结构

XPS 可以在无标样的情况下确定样品的元素种类和元素含量，其最大特色是可以获得丰富的元素化学状态信息。与 AES 和 SIMS（二次离子质谱分析）相比，XPS 对样品的损伤是最轻微的，定量也是最好的。XPS 能测定大于 He 的所有元素，其有效探测深度对金属和金属氧化物为 0.5 ～ 2.5 nm，对有机物为 4 ～ 10 nm。XPS 的缺点是由于 X 射线不易聚焦，因而照射面积较大，不适合微区分析。此外，XPS 的相对灵敏度不高，只能检测出样品中含量在 0.1% 以上的组分。

（三）二次离子质谱分析（SIMS）

二次离子质谱分析（SIMS）是用离子源所产生的一次离子加速并聚焦成细小的高能离子束轰击样品表面，使之激发和溅射出二次离子，将二次离子按质荷比分开并使用探测器将其记录下来，便可得到二次离子强度按质量（质荷比）分布的二次离子质谱。有时，还可以进行二次离子的能量分析，由此可得到有关的表面信息，如元素种类、同位素、化合物、分子结构等。SIMS 可以鉴别包括氢及其同位素在内的所有元素，并且二次离子来自样品表层（小于 2 nm），是一种有效的表面和微区成分分析技术。

图 5-14 为二次离子质谱仪的结构框图，它由一次离子源及光学系统、样品台、

二次离子的收集、能量分析、质谱分析及检测器、电子学及数据处理系统组成。同时，它可以以二次离子质谱（二次离子数与质荷比的函数）、成分深度图（二次离子数与溅射时间的关系曲线）和二次离子像（二次离子数在表面的微观横向分布）等形式输出分析结果。

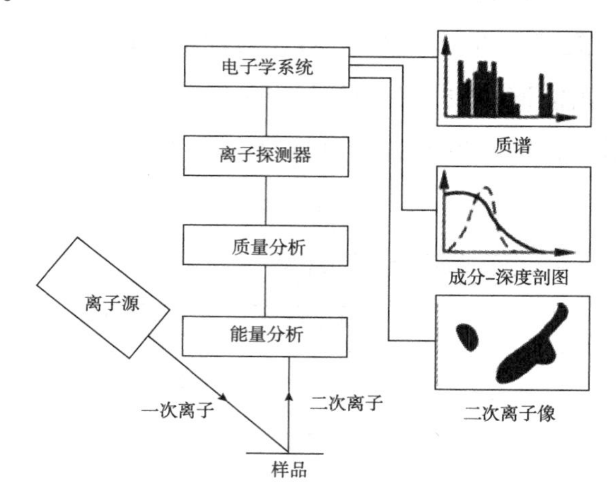

图 5–14　二次离子质谱仪的结构框图

二次离子质谱又分为静态二次离子质谱和动态二次离子质谱两种。前者通常采用较低的离子能量和离子束流，使溅射仅发生在表面单原子层，分析时深度变化可忽略不计，是真正意义上的表面分析；后者则采用较高的离子能量和较大的离子束流对表面进行快速剥蚀，不断地对新鲜表面进行分析，故会破坏样品表面的完整性，但可以迅速得到样品的成分分布和成分随轰击时间（样品深度方向）的变化情况（即近表面层的成分深度图）。二次离子像是利用离子微探针（扫描离子显微镜）或离子显微镜的成像功能，来获得二次离子在表面的分布图像的。

由于 SIMS 的背景强度几乎为零，因而其检测灵敏度极高。与 AES 相比，其灵敏度要高 1 000 倍，可高达 10^{-19} g 数量级，适用于微量微区分析及有机化学分析。但 SIMS 分析对样品表面损伤严重，属消耗性分析。

（四）电子探针 X 射线显微分析（EPMA）

电子探针（X 射线）显微分析（EPMA）是在电子光学和 X 射线光谱学基础上发展起来的常用微区成分分析方法。由于该方法中用于激发特征 X 射线的电子被汇聚成很细的束，宛如针状，故又称电子探针分析。

EPMA 是用高速运动的电子直接轰击被分析的样品表面，当高速电子轰击到原子的内层时，激发出各种样品元素的特征 X 射线，经分光后即可根据特征 X 射线的波长和强度进行元素的定性和定量分析。经常将电子探针与扫描电子显微镜结合起来，就能在获得高分辨率图像的同时，进行微区成分分析。

图 5-15 为电子探针显微分析仪的结构示意图，它主要由电子光学系统、光学显微镜目测系统、X 射线光谱仪、背散射电子图像显示系统和吸收电子图像显示系统五个部分组成。

（1）电子光学系统包括电子枪、两对电子透镜、电子束扫描线圈。

（2）光学显微镜目测系统，用来观察电子束所处的位置，调整样品与电子束的相对位置，以便对准所需分析的微区。

（3）X 射线光谱仪包括分光晶体、计数器、X 射线显示装置，它是电子探针的信号检测系统。其中，用来测定特征波长的谱仪称为波谱仪（WDS），而用来测定 X 射线能量的谱仪称为能谱仪（EDS）。

（4）背散射电子图像显示系统，用来研究样品表面各种原子的分布和组织结构。

（5）吸收电子图像显示系统，用来研究样品表面各种原子的分布状态。

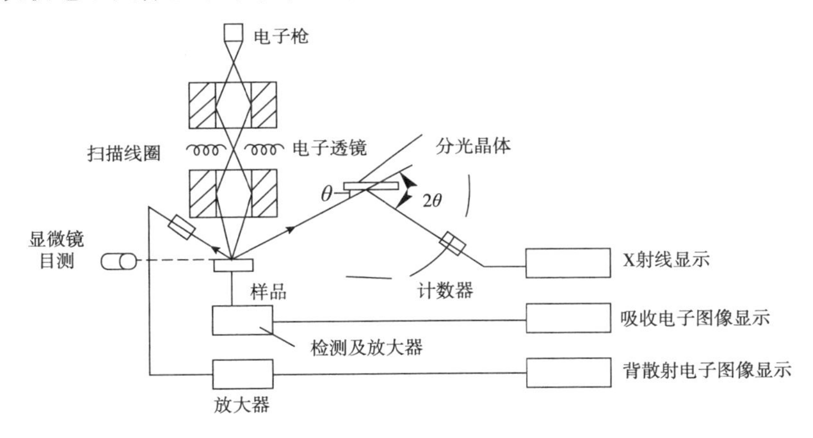

图 5-15 电子探针显微分析仪的结构

EPMA 既可用来进行表面成分的定性分析（包括定点分析、线扫描分析和面扫描分析），又可用来进行定量分析。EPMA 可测定元素周期表中包括 Be 以后的所有元素，其探测深度为 1 ～ 10 μm，探测极限为 0.1%，横向分辨率为 1 μm。因此，严格来说它属于一种表层成分分析方法，而不属于表面分析之列。但由于许多表面工程技术所涉及的薄膜厚度通常为微米数量级，故它在纳米薄膜材料中仍获得了大量应用。

二、表面形貌和显微组织分析

对薄膜材料的表面形貌和显微组织的观察与分析主要依靠各种显微分析技术。光学显微镜（OM）是在微米尺度上观察与分析材料的表面形貌和显微组织的方法。扫描电子显微镜（SEM）和透射电子显微镜（TEM）则把观察与分析的尺度推进到亚微米及以下层次。它们都是传统的材料表面形貌和显微组织分析中最常用的手段。以前，SEM在材料的表面和断口形貌分析上用得较多，近年来随着SEM分辨率的提高，它也大量用于显微组织分析。而TEM则主要用于显微分析，其主要特点是可以进行组织形貌与晶体结构的同位分析。在进行TEM分析时，制备样品是其中特别关键的一步。对于薄膜样品，除了采用传统的减薄技术制样以外，常在镀膜时有意识地使用NaCl晶体之类的材料作为薄膜的基体，镀膜完毕后，将基体溶去即可直接获得TEM薄膜样品。或者将两块薄膜样品面对面用环氧树脂黏结起来，进行磨削、抛光，并减薄至所需的厚度，以备TEM分析之用。

场离子显微镜（F1M）是基于场电离原理工作的。在强电场下，利用半径为50 nm的针尖样品表面原子层的特征轮廓边缘电场，借助成像气体（氦、氖等）产生的离化，可直接显示界面两侧的原子排列和位向关系，常用来研究界面的点阵结构、结构缺陷、表面扩散、表面重构以及气体原子在表面的吸附行为，它是研究界面和表面吸附的重要手段。

1981年，IBM公司苏黎世实验室的G.Binning和H.Rohrer成功研制出世界上第一台新型表面分析仪器——扫描隧道显微镜（STM），从此揭开了人类原位直接观察物质表面原子的排列状态和实时研究与表面电子有关的物理、化学性质的历史，对薄膜材料和纳米科学的发展发挥了很大的促进作用。该成果被科学界公认为20世纪80年代世界十大科技成就之一，他们也因此荣获了1986年的诺贝尔物理学奖。与OM，SEM，TEM和FIM等显微分析技术相比，STM具有结构简单、分辨率高等特点。表5-1列出了以上这几种显微分析技术的分辨率和主要特点。

表5-1　几种显微分析技术的分辨率和主要特点

分析技术	分辨率	探测深度	工作环境	工作温度	样品破坏程度
OM	横向分辨率：0.2 μm 纵向分辨率：0.5 μm	—	大气	室温 高温	无

续表

分析技术	分辨率	探测深度	工作环境	工作温度	样品破坏程度
SEM	采用二次电子成像 横向分辨率：1 ～ 3 nm 纵向分辨率：低	1 μm	高真空	低温 室温 高温	小
TEM	横向点分辨率： 0.3 ～ 0.5 nm 横向晶格分辨率： 0.1 ～ 0.2 nm 纵向分辨率：无	<100 nm	高真空	低温 室温 高温	中
FIM	横向分辨率：0.2 nm 纵向分辨率：低	原子厚度	超高真空	30 ～ 80 K	大
STM	可直接观察原子 横向分辨率：0.1 nm 纵向分辨率：0.01 nm	1 ～ 2 原子层	大气、溶液、真空	低温 室温 高温	无

在 STM 的基础上，1986 年，G.Binning 等发明了可用于绝缘材料的原子力显微镜（AFM）。后来，由 STM 和 AFM 又派生出若干种用于探测表面力学、电学、磁学、热学和光学性质的技术与相关仪器，如磁力扫描探针显微镜（MFM）、静电力扫描探针显微镜（EFM）、横向力扫描探针显微镜（LFM）、力调制扫描探针显微镜（FMM）、热扫描探针显微镜（TSM）、扫描电容显微镜（SCM）、相检测扫描探针显微镜（PDM）、近场扫描光学显微镜（NSOM）等。这些显微分析技术都是利用带有超细针尖的探针逼近样品，并采用反馈回路控制探针，使其在距表面纳米量级位置进行扫描，从而获得表面原子的纳米级图像信息的。它们可以说都是由于探针与样品表面不同的作用模式而形成的不同探测方式，因而统称为扫描探针显微镜（SPM）。

（一）扫描隧道显微镜（STM）

扫描隧道显微镜（STM）是利用量子理论中的隧道效应来工作的。图 5-16 为 STM 的工作原理。工作时，在样品 B 和针尖 A 之间加一定电压，当样品与针尖之间的距离 d 小于一定值（纳米数量级）时，由于量子隧道效应，在样品和针尖间将会产生隧道电流 I，而且 I 对 d 的变化非常敏感。在低温低压条件下，I 与 d 之间存在如下关系

$$I \propto \exp(-2kd) < 2 \tag{5-29}$$

式中，k 为常数，与电子质量 m 和有效局部功函数 Φ 密切相关，有

$$k = \frac{2\pi}{h}\sqrt{2m\Phi} \tag{5-30}$$

式中，h 为普朗克常数。当有效局部功函数 Φ 近似为 4 eV，k=10 nm^{-1} 时，由式（5-29）可计算得出，当 d 增加 0.1 nm 时，隧道电流 I 将会下降一个数量级。

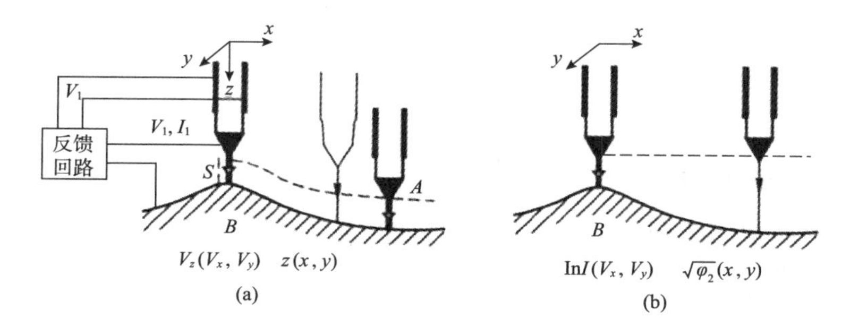

图 5-16 STM 的工作原理

（a）恒电流模式；（b）恒高度模式

进一步分析发现，隧道电流 I 并不是样品表面起伏的简单函数，它表征的实际上是样品与针尖的电子波函数的重叠程度，因此式（5-29）可改写为

$$I \propto V_b \exp\left(-A\Phi^{\frac{1}{2}}d\right) \tag{5-31}$$

式中，V_b 为针尖与样品之间所加的偏压；Φ 为针尖与样品的平均功函数；A 为常数，在真空条件下，A 近似为 1。

STM 可以在恒电流和恒高度两种模式下工作。

1. 恒电流模式

在表面扫描过程中，探针沿 z 向的位移由反馈电路控制，当反馈电路接收到由于样品表面高低起伏而引起的电压信号变化后，即驱动压电陶瓷使探针沿 z 向上下移动，以保持隧道电流在扫描过程中恒定不变（即探针针尖与样品之间的距离恒定不变）；通过记录扫描过程中针尖位移的变化，即可得到样品表面的三维显微形貌。

2. 恒高度模式

在表面扫描过程中，探针始终保持在同一高度，随着样品表面的起伏，隧道电

流不断变化，通过记录扫描过程中隧道电流的变化，也可以得到样品表面的三维显微形貌。在恒高度模式下，STM 可进行快速扫描，快速获取显微图像，而且能有效减少噪声和热漂移对隧道电流信号的干扰，有利于提高分辨率。但是，恒高度模式只适用于观察表面起伏较小（小于 1 nm）的样品；而恒电流模式可用于观察表面起伏较大的样品，是 STM 通常使用的工作模式。

实际上，STM 的信号中有五个变量，即三维空间 x，y，z 值以及隧道电流 I 和偏压 V。在恒电流模式下，I，V 恒定，x，y，z 为三维变量；在恒高度模式下，在样品表面给定点（x，y）和样品与探针间的距离 z 都固定的情况下，如果样品的偏压 V 从负几伏到正几伏连续扫描，就能得到隧道电流 I 随偏压 V 的变化曲线（I–V 或 dI/dV–V 曲线），称为扫描隧道谱（STS）。利用 STS 对样品表面的显微图像进行逐点分析，即可获得样品表面原子的电子结构信息。

STM 常用来研究金属材料表面的几何结构和电子结构，也可借助 STM 技术在原子尺度上对材料进行加工及制备。

（二）原子力显微镜（AFM）

由于 STM 要求样品导电，因此它不能分析绝缘体的表面形貌。于是，G.Binning 等在 STM 的基础上，又发明了原子力显微镜（AFM），这是将 STM 的工作原理与针式轮廓仪的原理相结合而产生的一种新型表面分析仪器。

原子之间的结合键分为化学键和物理键两大类。化学键为主价键，它包括金属键、离子键和共价键三种；物理键为次价键，也称范德瓦耳斯力，它是借助瞬时的、微弱的电偶极矩的感应作用，将原子或分子结合在一起的结合键（包括静电力、诱导力和色散力）。范德华力普遍存在于各种分子（或原子）之间以及两个轻微接触的物体之间。AFM 就是一种通过研究探针与样品表面原子间的作用力与距离之间关系而获得样品表面形貌信息的显微分析技术。

AFM 的工作原理如图 5–17 所示。样品 6 固定在三维压电晶体驱动器 7 上，对微弱力极为敏感的微悬臂 3 的一端固定，另一端附有一个微小的针尖。当针尖在待测样品表面上作光栅扫描（或针尖固定，样品表面相对于针尖作相应移动）时，在针尖原子与样品表面原子之间将会产生相互作用力（距离很近时为排斥力，距离为 0.2 ～ 10.0 nm 时为范德华力），这种作用力是伴随着样品表面的高低起伏而变化的，从而将会引起微悬臂的形变和运动状态的改变。如果通过利用激光束或电子技术探测微悬臂位移的方法来测量此原子间的作用力，就可以得到样品表面原子的三维形貌信息。

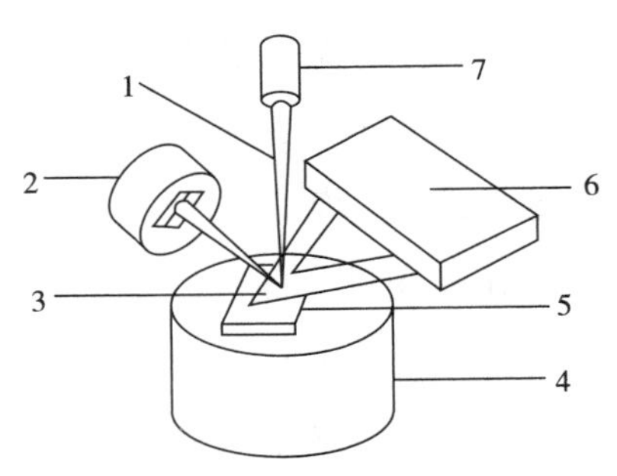

1—激光束；2—光电探测器；3—微悬臂；4—三维压电晶体驱动器；5—样品；6—微悬臂基座；7—激光器

图 5-17　AFM 的工作原理

AFM 有三种不同的工作模式，即接触模式、非接触模式以及介于这两者之间的轻敲模式。图 5-18 是在这三种模式下针尖与样品间的相互作用力随距离变化的曲线。在接触模式中，针尖始终与样品接触，在两者相互接触的原子中的电子之间存在库仑排斥力，可形成稳定、高分辨的图像，但探针与样品长时间接触会造成样品及探针的破坏，探针在样品表面的移动及黏附力有时还会在图像中产生假象。非接触模式是控制探针在样品表面上方 5 ～ 20 nm 距离处进行扫描，所检测的是范德瓦尔斯力和静电力等对样品没有破坏的长程作用力，分辨率比接触模式低。在轻敲模式中，针尖与样品是间歇接触的，分辨率几乎与接触模式的一样，但因为接触很短暂，使得由剪切力所引起的样品破坏几乎可以忽略。在轻敲模式下，当针尖与样品表面接触时，针尖有足够的振幅（大于 20 nm）来克服针尖与样品之间的黏附力。因此，轻敲模式在多种场合下得到应用。

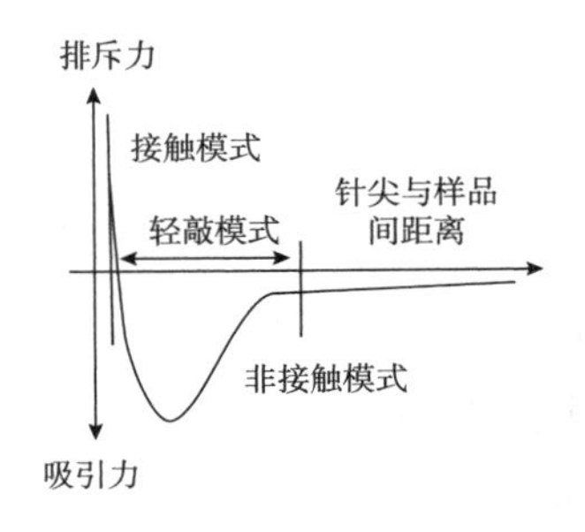

图 5-18　针尖与样品间的相互作用力随距离变化的曲线

AFM 能够探测任何类型的力，于是派生出各种扫描探针显微镜（SPM），如磁力扫描探针显微镜（MFM）、静电力扫描探针显微镜（EFM）、横向力扫描探针显微镜（LFM）等。它们既可用于导电样品，也可用于不导电样品，几乎适用于所有材料；既可以在大气和真空条件下工作，也可以在液体环境中工作，又不需要特别的制样技术，设备成本也较低，因此其应用十分广泛。

（三）扫描探针显微镜（SPM）

扫描探针显微镜（SPM）是一项突破性的技术。它结合了光学显微镜的易操作性和电子显微镜的高分辨率的优点（如 STM 在平行和垂直于样品表面方向的分辨率分别可达 0.10 nm 和 0.01 nm），能够对从原子到分子尺度的表面结构进行三维成像和测量，且不受测量环境的限制，可在真空、大气、液体、低温等不同环境下工作，而且不需要特别的制样技术，就可实现对纳米级表面信息的采集、筛选、加工、分析和利用。根据它们的工作原理，SPM 可分为以下几种类型：

（1）扫描隧道显微镜（STM）。基于量子隧道效应，用于研究导电样品的表面结构。

（2）原子力显微镜（AFM）。基于原子间的相互作用力，用于获取绝缘体、半导体和导体表面的原子级分辨率图像，测试分析样品表面的纳米级力学性能，如表面原子间作用力，表面的弹性、塑性、硬度、黏着力和摩擦力等。

（3）磁力扫描探针显微镜（MFM）。采用非接触模式，通过检测硬磁针尖与磁性样品（硬磁或软磁材料）之间的磁力作用，观察和分析磁性材料上的未读写过的区域与读写过的区域所显现的不同结构，可同时获得样品表面的形貌图和表面磁场分布图。

（4）静电力扫描探针显微镜（EFM）。采用非接触模式，用一个接地的导电针尖，在针尖与样品之间施加一偏压，以测定样品上的局部静电荷和电荷势垒密度。

（5）横向力扫描探针显微镜（LFM）。采用接触模式，LFM 的探针在样品表面滑行时，由于表面摩擦力和表面的高低起伏都能引起微悬臂的横向偏转，因此根据横向力图，就可以获取样品表面的相关信息。

（6）力调制扫描探针显微镜（FMM）。采用力调制模式，当针尖与样品接触时，针尖在 z 向的振幅和相位将随着样品表面的力学性能的变化而变化，据此可提取样品表面的弹性和黏性信息。

（7）脉冲力扫描探针显微镜（PFM）。采用一种间歇接触的非共振的成像技术，通过在 AFM 中引入 z 向压电陶瓷的正弦调制系统，使针尖的振幅更高（可达

10 ～ 500 nm），可同时获取样品表面各点处的刚度和黏度信息。

除此之外，还有热扫描探针显微镜（TSM）、扫描电容显微镜（SCM）、电流敏感扫描探针显微镜（CSAFM）、相检测扫描探针显微镜（PDM）、近场扫描光学显微镜（NSOM）等。总之，SPM 是通过采用不同的探针，并利用探针与样品间不同的物理作用（力、电、磁、热等），以及使探针工作在不同的接触区域等途径形成不同的探测方式，而获取相关信息的。

如果根据样品的测试环境来分类，则可把各种 SPM 划分为超高真空型、大气型、液体型和电化学型等类型。扫描探针显微镜（SPM）的应用场合如下：

（1）样品表面与薄膜的原子、分子形貌及电子结构研究和三维成像；

（2）材料表面与薄膜的纳米硬度、微摩擦力、黏弹性、弹性等力学性能研究；

（3）材料表面与薄膜的电性能研究；

（4）材料表面与薄膜的磁性能研究；

（5）材料表面与薄膜的热导性能研究；

（6）材料表面与薄膜的粗糙度、表面缺陷、污染情况和相组成研究；

（7）半导体掺杂、电容及芯片研究；

（8）纳米尺度的刻蚀和操纵以及纳米器件研究；

（9）电化学反应研究；

（10）实时生物表面活性、生物结构与功能的关系研究等。

三、表面结构分析

材料结构分析目前仍以衍射法为主。常用的衍射法主要有 X 射线衍射、电子衍射、中子衍射、γ 射线衍射、穆斯堡尔谱等，薄膜材料的结构分析常采用掠入射角 X 射线衍射（GIXS）、低能电子衍射（LEED）、反射式高能电子衍射（RHEED）、红外吸收光谱（IR）和拉曼光谱（Raman）等手段。

（一）掠入射角 X 射线衍射（GIXS）

X 射线的波长为 0.05 ～ 10.00 nm，其对固体的穿透深度在几十到几百微米范围。普通 X 射线衍射分析的入射角很大，对于厚度在数微米甚至纳米量级的薄膜而言，在所探测到的衍射光波中既包含着薄膜的信息，也包含基体的信息。但由于薄膜很薄，衍射光波的强度很低，因此薄膜的信息往往被衍射强度更高的基体的信息所掩盖。利用 X 射线衍射法分析薄膜材料的结构时，为了限制 X 光的穿透深度，提高薄

膜相对于基体的衍射光波强度，一般采用掠入射角 X 射线衍射法（GIXS）。GIXS 的基础仍然是 Bragg 方程，即

$$2d\sin\theta = n\lambda \tag{5-32}$$

式中，λ 为入射 X 射线波长；d 为晶面间距；θ 为入射角；n 为任意整数（反射级数）。

当 X 射线以很小的角度入射到表面光滑平整的样品上时，入射光束几乎与薄膜表面平行，此时在入射光所穿过的材料体积中薄膜就会占得较多，比较容易获得薄膜材料的结构信息。在表征 20 ～ 100 nm 厚的薄膜样品时，一般使用 Seemann-Bohlin 入射线衍射仪和 Read 照相法，如果使用掠入射角衍射，那么薄膜中参与衍射的体积就会相对增大。例如，当入射角为 6.4° 时，X 射线光束在这种薄膜样品中的路径长度可增加到其膜厚的 9 倍。

根据 X 射线衍射谱，不仅可以确定薄膜材料的物相结构，提供薄膜中的晶粒取向和晶粒大小分布等信息，而且还可以确定在薄膜中形成的金属间化合物相的厚度，测定薄膜的表面粗糙度和晶体薄膜的内应力等。

（二）低能电子衍射（LEED）

由于 X 射线射入固体较深，因此普通 X 射线衍射多用于三维晶体或厚膜样品的结构分析。但是电子束的波长要比 X 射线短得多，而且电子与表面物质的相互作用要比 X 射线强 4 个数量级，同时电子束还可方便地用电磁场偏转或聚焦，因此电子束常用于薄膜材料的结构分析。依据入射电子能量的大小，电子衍射又可分为高能电子衍射和低能电子衍射两类。

低能电子衍射（LEED）是利用能量为 10 ～ 500 eV、波长为 0.05 ～ 0.40 nm 的入射电子束，通过弹性背散射电子波的相互干涉产生衍射花样。由于电子与样品表面物质的强烈相互作用，因此LEED法给出的是样品表面 1 ～ 5 个原子层的结构信息。

LEED 实际上是一种二维衍射。如果材料中的散射质点构成一个单位矢量为 **a** 的一维周期性点列，波长为 λ 的电子波垂直入射其上，那么在与入射反方向相交成 φ 角的背散射方向上，将会得到相互加强的散射波（图 5-19）

$$\boldsymbol{a}\sin\varphi = h\lambda \tag{5-33}$$

式中，h 为整数。若考虑二维阵列情况，平移矢量分别为 $\boldsymbol{a}$ 和 $\boldsymbol{b}$（图 5-20），则衍射波还需满足另一条件

$$\boldsymbol{b}\sin\varphi' = k\lambda \tag{5-34}$$

式中，k 为整数。此时衍射方向即为以入射方向为轴，半顶角分别为 φ 或 φ›（φ> 对应于平移矢量 $\boldsymbol{b}$）的两个圆锥面的交线，这就是熟知的二维劳厄条件。LEED 的衍射图样就是与二维晶体结构相对应的二维倒易点阵的直接投影，故 LEED 特别适用于清洁晶体表面和有序吸附层等的结构分析。

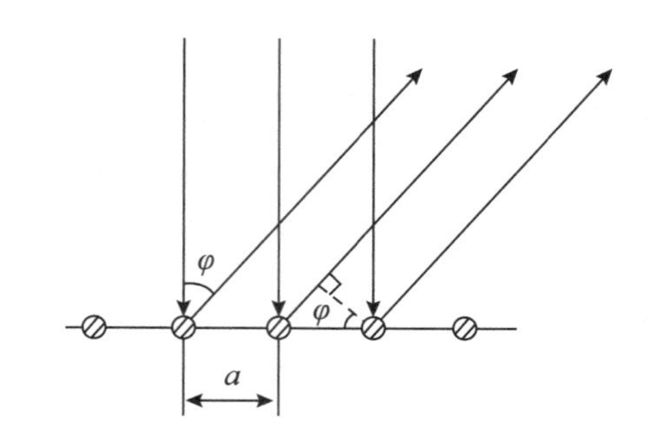

图 5-19　垂直入射时一维点列的衍射

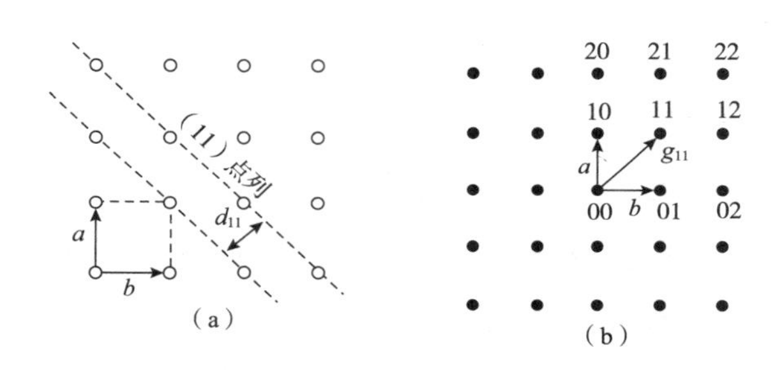

图 5-20　二维点阵及其倒易点阵

（a）二维点阵；（b）倒易点阵

低能电子衍射仪的结构原理如图 5-21 所示，它主要由超高真空室、电子枪、样品架、栅极和荧光屏组成。从电子枪的钨丝发射的热电子，经三极聚焦杯加速、聚焦并准直后，入射到待测样品（靶极）表面，束斑直径为 0.4 ～ 1.0 mm，发散度约为 1°。待测样品处于半球形接收极的中心，两者之间设有 3 ～ 4 个半球形的网状栅极：G_1 与样品同电位（接地），目的是在靶极与 G_1 之间保持无电场空间，保证能量很低的入射和衍射电子束不发生畸变；G_2 与 G_3 相连，并具有略大于钨灯丝（阴极）的负电位，用来排斥损失了部分能量的非弹性散射电子；G_4 接地，对接收极起着屏蔽作用，以降低 G_3 与接收极之间的电容。在半球形接收极上涂有荧光粉，并接 5 kV 的正电位，对穿过栅极的电子衍射束起加速作用，使之能够在接收极的荧光面上产生肉眼可见的 LEED 花样，并允许从靶极后面直接观察或拍摄记录该衍射花样。

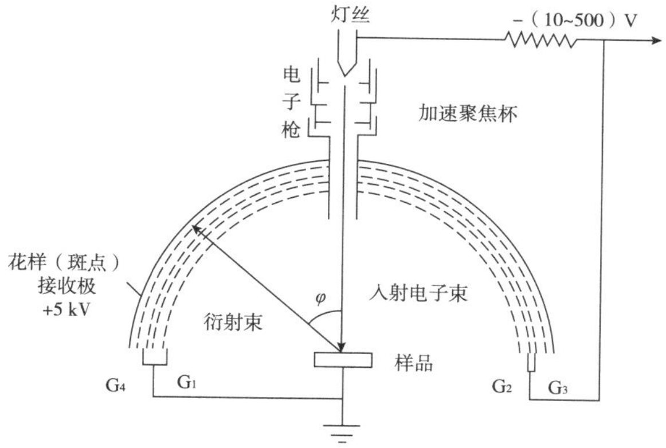

图 5-21　低能电子衍射仪的结构原理

在低能电子发生衍射以后再使其加速，谓之“后加速技术”。它能使原来不易检测到的微弱衍射信息得到加强，但不改变衍射图样的几何特征。如果测出各级衍射束的强度与入射电子能量（电压）的关系曲线（即低能电子衍射谱），就可以确定表面原子的位置以及吸附原子与基体间的距离。

LEED 无须专门制样就可以进行表面结构分析。在低能电子衍射装置中，常配备原位清洗表面或获取清洁表面的辅助装置，使其具备原位溅射剥蚀表面或在高真空中沉积新鲜表面的功能。LEED 法常用于分析晶体表面的原子排列、气相沉积表面膜的生长、氧化膜的形成、气体吸附和催化、表面平整度和清洁度、台阶高度和台阶密度等。

（三）反射式高能电子衍射（RHEED）

反射式高能电子衍射是利用 10 ～ 50 keV 的高能电子束经准直，聚焦和偏转后，以掠入射方式（掠射角小于 5°）照射到平滑的样品表面上（图 5-22），确保弹性散射只发生在近表面层。因此，RHEED 的衍射束在荧光屏上所显示的反射电子图像只反映待测样品近表面层的结构信息。

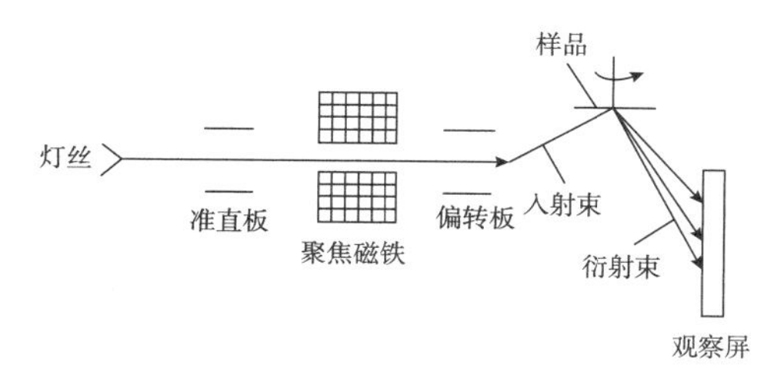

图 5-22　RHEED 示意图

使用 RHEED 法进行表面结构分析时，由于入射电子束要覆盖约 1 cm 长的表面，因此待测样品表面的长度不能小于 5 mm，并且要求表面光滑、平整。由于衍射斑点较大，RHEED 法的结构分析精度不如 LEED 法，但它可弥补 LEED 法在 500 ℃以上无法观察衍射图样的不足，因此常用于研究与温度有关的表面过程及结构变化，其典型应用如监控人造超晶格和分子束外延膜的生长过程等。

（四）红外吸收光谱（IR）和拉曼光谱（Raman）

红外吸收光谱（IR）和拉曼光谱（Raman）都是基于分子振动的振动谱。组成物质分子的化学键和官能团的原子总处于不断振动的状态，物质分子的振动与其成分、化学键和分子结构密切相关，特别是分子之间的化学键直接决定着分子的振动能。红外吸收光谱和拉曼光谱常用于分析有机材料的化学键和分子结构。

有机物分子中的原子振动频率与红外光的频率范围相当，如果用红外光照射有机物，其分子中的化学键或官能团就可能对红外光产生振动吸收。并非所有的振动都会产生红外吸收，实际上只有那些能使分子的偶极矩发生变化的振动才能产生红外吸收（这种振动称为红外活性振动），而偶极矩变化为零的分子振动不会产生红外吸收。

当一束具有连续波长的红外光通过有机物时，如果分子中某个基团的振动（或转动）频率与红外光的某一频率相同，该分子就可能因吸收能量而由原来的基态振动（或转动）能级跃迁到能量更高的振动（或转动）能级，其结果使得人射的红外光在此频率处的透射光强度明显减弱。由于不同的化学键或官能团的吸收频率不同，其各自的吸收峰在红外光谱上就处于不同的位置，由此即可获得该有机物分子中含有何种化学键或官能团的信息。因此，红外光谱法实质上是一种根据有机物分子内部原子间的振动信息或分子的转动信息来确定其分子结构和鉴别化合物的方法。将分子吸收红外光的情况用仪器记录下来，就得到红外光谱图。红外光谱图通常用波长或波数为横坐标，表示吸收峰的位置；用透光率或吸光度为纵坐标，表示吸收强度。

如果用单色光照射待测样品，就会发生另一种具有重要价值的效应——拉曼散射（raman scattering）。拉曼散射是由印度物理学家拉曼发现的一种光波在被散射后频率发生变化的现象。光波通过透明物质时会发生散射，拉曼发现在散射光束中除了与入射光的波长相同的弹性散射成分（即瑞利散射）外，还有比入射光的波长更长或更短的成分，这意味着待测样品对入射光波产生了非弹性散射（即拉曼散射）。这种由非弹性散射所引起的光波的频率变化与物质分子的振动能级变化有关，携带着物质分子的结构信息。一般把瑞利散射和拉曼散射合起来所形成的光谱称为拉曼光谱。如果测出散射光束的频率变化量，就可以通过拉曼光谱确定待测样品中的化学键种类及键合特性。由于拉曼散射很弱，如果用激光作为单色光源，就能够提高拉曼散射的强度，因而实际应用的主要是激光拉曼光谱。

红外吸收光谱与拉曼光谱的形成机制是不同的：分子的某一结构是否具有红外活性，取决于振动时其偶极矩是否发生变化；但其是否具有拉曼活性，则取决于振动时其极化率是否发生变化。因此，红外光谱为极性基团的鉴定提供了有效信息，而拉曼光谱则对研究材料的极化特性特别有用。在研究高聚物结构的对称性方面，红外光谱和拉曼光谱两者可相互补充：非对称振动通常会产生强的红外吸收，而对称振动通常会出现显著的拉曼频带。这说明，如果把红外光谱与拉曼光谱结合起来，有助于更完整地研究分子的振动和转动能级，从而更可靠地确定材料的分子结构。

第三节 纳米薄膜的光电性能分析

纳米薄膜材料，由于其独特的物理和化学性质，已成为材料科学、光电子技术和能源转换领域的重要研究对象。在此背景下，理解并优化纳米薄膜的光电性能，对于其广泛的应用至关重要。本节将深入探讨纳米薄膜的光电性能，包括其光学和电学性能，以及如何测量和优化其光电转换效率。

一、光学性能分析

（一）透射率和反射率

透射率和反射率是评估纳米薄膜光电性能的重要参数，主要描述薄膜对光的传播行为。透射率指的是光通过纳米薄膜后，出射光强与入射光强的比值；反射率则是反射光强与入射光强的比值。

纳米薄膜的透射率主要取决于其折射率、厚度，以及光的入射角和波长。折射率是薄膜材料的基本性质，不同的材料有不同的折射率，而折射率又与光的波长有关，一般来说，光的波长越长，折射率越低，因此透射率也越高。此外，透射率还与薄膜的厚度有关，厚度越薄，透射率通常越高。

纳米薄膜的反射率也是由其折射率、厚度，以及光的入射角和波长决定的。折射率越大，反射率也越大。因此，一般来说，折射率高的材料反射率也高。反射率也与薄膜的厚度有关，但与透射率不同的是，当厚度达到一定值后，反射率可能会增大，这是因为在厚度达到一定值后，薄膜内部可能会发生多次反射，导致反射率增大。

透射率和反射率的测量通常通过光谱仪进行，通过测量在不同波长下的透射率和反射率，可以得到纳米薄膜的光谱特性，这对于理解纳米薄膜的光电性能，以及设计和优化光电器件，如太阳能电池、光电二极管等有着重要的意义。

透射率和反射率的调控是优化纳米薄膜光电性能的重要手段。例如，在制作太阳能电池时，通常希望纳米薄膜的透射率和反射率达到适当的比例，以实现最高的光电转换效率。同样，在设计光电探测器时，也需要通过调整纳米薄膜的透射率和反射率，来实现最佳的探测性能。

（二）吸收率分析

吸收率衡量的是纳米薄膜材料对入射光的吸收能力，与薄膜的光电转换效率密切相关。对吸收率的理解和掌控，对于光电子器件的设计和优化具有关键意义。

对于纳米薄膜材料来说，吸收率与材料的内在性质，特别是带隙宽度密切相关。在光吸收过程中，光子与材料中的电子相互作用，使得电子从价带跃迁到导带，这需要消耗一定的能量。这个能量就等于光子的能量，也就是材料的带隙宽度。只有当光子的能量大于或等于材料的带隙宽度时，才可能发生光吸收。因此，纳米薄膜的吸收率与入射光的波长有关，波长越短，光子能量越大，吸收率也就越高。

然而，光吸收并不仅仅与材料的带隙宽度有关。纳米薄膜的厚度、晶体结构、表面粗糙度等物理性质，以及温度、光强度等环境因素，都会影响光吸收的过程。纳米薄膜的厚度越大，光在材料内部传播的路径就越长，因此有更多的机会与材料中的电子相互作用，从而提高光吸收率。但是，过厚的纳米薄膜可能会导致光在内部多次反射，从而降低吸收率。此外，晶体结构对吸收率也有重要影响。通常来说，具有定向排列的晶体结构，可能会增强特定方向的光吸收。

对于吸收率的测量，通常采用光谱仪进行。在测量过程中，将特定波长的光照射到纳米薄膜上，通过测量透射和反射的光强，可以计算出吸收率。此外，吸收光谱是一种有效的工具，可以用来研究材料的光吸收性质。通过分析吸收光谱，可以得到材料的带隙宽度、缺陷态等重要信息。

在实际应用中，如太阳能电池、光电探测器等光电子器件，需要选择吸收率高的材料，以实现高效的光电转换。对于太阳能电池来说，吸收率的高低直接决定了电池的光电转换效率。因此，选择吸收率高的纳米薄膜材料，以及通过设计优化薄膜的厚度和结构，以提高光吸收，是太阳能电池研发的重要方向。对于光电探测器来说，高的吸收率可以提高探测器的灵敏度和响应速度，从而提高其性能。

（三）色散性能

色散性能是纳米薄膜光电性能中的另一个重要参数。它描述了材料折射率随光的波长或频率变化的特性。在不同的波长或频率下，光在材料中的传播速度是不同的，这就导致了色散现象。对色散性能的了解，对于光电子器件的设计和优化具有关键意义。

纳米薄膜材料的色散性能主要由材料的电子结构决定。当光在材料中传播时，会与材料中的电子产生相互作用，这些相互作用会改变光的传播速度。特别是，当光的频率接近材料的电子振动频率时，这种相互作用最强，导致折射率显著变化，从而产生强烈的色散。除此之外，纳米薄膜的厚度、形状、结晶状态等也会影响色散性能。例如，纳米薄膜的厚度会影响光在材料中的传播路径，从而影响色散性能。同时，纳米薄膜的形状和结晶状态可以改变光与材料中电子的相互作用方式，进一步影响色散性能。

色散性能的测量通常采用光谱仪进行。在测量过程中，将不同波长的光照射到纳米薄膜上，通过测量不同波长光的透射率和反射率，可以得到色散曲线。这个色散曲线可以反映材料的色散性能，有助于理解材料的光电性质。

色散性能对许多光电子器件的性能有重要影响。例如，在光纤通信中，光信号的不同频率组分在光纤中的传播速度不同，会导致信号的失真。通过选择具有适当色散性能的纳米薄膜材料，可以有效降低信号失真，提高通信质量。在光电探测器和光电二极管等光电子器件中，色散性能也是影响设备性能的重要因素。优化色散性能，可以提高器件的灵敏度和响应速度。

二、电学性能分析

（一）导电性能

1. 纳米薄膜的电子输运机制

电子输运在纳米薄膜中的行为是纳米薄膜导电性能的核心因素。电子在纳米薄膜中的输运，其实质是由于电子的运动，而这种运动又受到纳米薄膜的各种物理特性的影响。

纳米薄膜电子输运的主要模式可以分为欧姆输运和隧道输运。欧姆输运模式下，电子在纳米薄膜中的移动受到的阻力与电子的运动速度成正比，这种输运方式通常在较厚的纳米薄膜中出现。然而，在纳米尺度的薄膜中，由于量子效应的影响，隧道输运可能成为主导，这种现象表明电子可以“隧道”穿越势垒而不需要足够的能量来克服它。

电子在纳米薄膜中的输运还受到材料种类的影响。对于金属纳米薄膜，电子输运通常遵循经典的电导理论，即电子在金属晶格中的运动受到晶格振动的散射作用，从而产生电阻。但在半导体或绝缘体纳米薄膜中，电子输运更复杂。它们的电子能级在一定范围内被禁止，只有在得到足够能量后，电子才能从价带跃迁到导带，参与电导。

纳米薄膜的电子输运性能还会受到温度和电场的影响。随着温度的增加，晶格振动的散射作用会增强，导致电阻增加。而强电场下，电子可能获得足够的能量，产生隧道效应或越过势垒，这样会导致非线性的 I–V 特性，即电流与电压并不成正比。

理解纳米薄膜中电子输运机制，可以为改善纳米薄膜的导电性能提供理论支持。例如，选择适当的薄膜材料，调整纳米薄膜的厚度，以及控制制备过程中的温度和电场条件，都可能有效地改变纳米薄膜中的电子输运行为，从而改善其导电性能。同时，对纳米薄膜的电子输运行为的研究，也有助于理解和预测纳米薄膜在各种电子设备中的性能。

2. 纳米薄膜的导电性能的测试方法

纳米薄膜的导电性能测试是一个重要环节，其结果可以为后续的材料选择、工艺优化等提供关键信息。当前，有几种常见的测试方法被广泛应用于纳米薄膜的导电性能测试。

（1）四探针法。四探针法是一种非常重要的纳米薄膜导电性能测试方法。它能够对材料的内阻进行准确测量，以此获得材料的真实电阻率，从而理解和评估纳米薄膜的导电性能。

四探针法的名称来源于它使用的四个独立的探针，通常是金属制成，一对用于向样品施加电流，另一对用于测量通过样品的电压。施加电流的一对探针被称为电流探针，用于在样品上形成已知的电流。测量电压的一对探针被称为电压探针，它们位于电流探针之间，用于测量样品上的电压。根据欧姆定律，通过测量的电压和施加的电流可以计算出样品的电阻率。

四探针法的一个重要优点是它可以消除接触电阻的影响。当电流通过电极和样品之间的接触点时，可能会产生额外的电阻，这个电阻被称为接触电阻。接触电阻对于大规模的样品可能可以忽略不计，但是对于纳米薄膜样品来说，接触电阻可能会对测量结果产生重大影响。由于电压探针仅仅测量样品内部的电压，因此在计算电阻率时，可以避免接触电阻的干扰。

然而，尽管四探针法是一种非常有用的测试方法，但是在应用到纳米薄膜样品时，可能会面临一些挑战。首先，探针的大小和间距必须精确控制，才能在纳米尺度上进行准确测量；其次，由于纳米薄膜的厚度极小，因此可能需要特别设计的设备和技术，以避免在测量过程中对样品造成损伤。

（2）场发射扫描电镜法。场发射扫描电镜法（FESEM）是纳米科学领域中常用的一种显微镜技术。因其具有超高的分辨率和对样品影响较小的特性，FESEM 被广泛用于纳米薄膜导电性能的测试。

FESEM 的工作原理是利用高电场使金属阴极发射电子，这些电子束经过电磁透镜的调节后，被聚焦在纳米尺度上并扫描样品表面。通过检测反向散射电子和次级电子，FESEM 能够获取样品表面的高分辨率图像，这一特性使得其可以在纳米尺度上精确控制和测量电极之间的距离。

除了显微观察功能，FESEM 还可通过在探针和样品之间施加电压，测量样品的电阻值，这种方法称为电阻成像模式。通过电阻成像模式，FESEM 可以测量并映射出样品表面的导电性分布，这对于纳米薄膜导电性能的研究具有重要的意义。例如，可以通过电阻成像模式研究纳米薄膜的均匀性，理解其在导电性上的异质性。

此外，FESEM 还能通过施加不同的偏置电压，测量纳米薄膜的 I–V 特性，即电流与电压的关系。这种特性可用于研究纳米薄膜的导电性机制，尤其是研究隧道效应或者其他非线性电学行为。

尽管 FESEM 在纳米薄膜导电性能测试中具有诸多优点，但其操作和解析数据都需要专业知识，因此在实际应用中需要有经验的操作员。而且，由于样品需要在高真空环境中测量，所以样品必须能够抵抗真空环境的影响，这在某些情况下可能对样品选择有所限制。

（3）热释电导技术。热释电导（TSDC）技术是一种用于测量材料电导率和介电性能的有效方法，特别适用于研究纳米薄膜等固态材料。

TSDC 基于的是一种简单的理念：当一个电介质材料在外加电场下极化，并在固定的低温下冻结极化后，然后在无外加电场的条件下逐渐升温，会有一个与温度有关的极化电流产生。这种电流称为热释放电流，它提供了有关材料电子和离子的运动信息，这可以用来研究材料的导电性能。

TSDC 技术的操作过程中，首先要在外加电场的作用下，将纳米薄膜样品极化，然后在一定的低温下保持一段时间，以使极化状态在材料内部“冻结”。然后，将样品缓慢加热到室温，同时测量释放出的极化电流。通过这种方式，可以获得一个随温度变化的极化电流曲线，即 TSDC 光谱。TSDC 光谱可以为纳米薄膜的导电性能提供丰富的信息。首先，TSDC 光谱的峰值温度代表了材料的活化能，这对于理解纳米薄膜的导电机制非常重要。另外，TSDC 光谱的形状和强度可以反映材料的极化过程，包括电子极化、离子极化和介电弛豫等。

TSDC 技术是一种动态的测量方法，它不仅可以获取材料的静态电导率，还可以观察到材料在温度变化下的电导率动态变化。这对于研究纳米薄膜的导电性能具有特别的优势，因为在纳米尺度下，随着温度的变化，电子的运动和分布可能发生显著的变化，这将直接影响到材料的导电性能。

（4）电化学阻抗谱（EIS）。电化学阻抗谱（EIS）是一种用于测量电介质或导电材料电性能的有效工具。它适用于众多领域，包括电化学、材料科学、生物化学和能源等，尤其在纳米薄膜的导电性能研究中，EIS 展现出了其独特的优势。

EIS 的基本原理是施加一个交变电压或电流信号到被测样品上，并测量样品对此信号的响应。这种响应通常用复阻抗表示，包括实部（阻抗）和虚部（相位角）。通过改变信号的频率，可以获得一系列的复阻抗数据，形成阻抗谱。阻抗谱反映了样品在不同频率下的电性能，包括导电性、电容性和介电性等。

对于纳米薄膜的导电性能研究，EIS 的应用主要体现在以下几个方面。首先，EIS 可以测量纳米薄膜的直流和交流电导率。通过在低频和高频范围内测量阻抗，可以分别得到样品的直流和交流电导率。这对于了解纳米薄膜在不同电场和频率下的导电性能具有重要的作用。此外，EIS 还可以用于研究纳米薄膜的电荷传输机制。通过分析阻抗谱的形状和特征，可以得到样品的电荷传输和储存过程，包括电荷的注入、扩散和复合等。

尽管 EIS 是一种强大的测量工具，但它也有一些限制。例如，EIS 的数据解析往往需要复杂的电路模型和专业的知识，这对操作者的技能有一定的要求。此外，由于 EIS 测量的是样品的整体电性能，因此在处理多层或异质纳米薄膜时，可能需要额外的方法来分离不同部分的电性能。

3. 纳米薄膜导电性能的影响因素

纳米薄膜的导电性能受多种因素影响，其中薄膜的厚度和材料种类是两个重要的影响因素。通过改变薄膜的厚度和选择不同的材料种类，可以有效地调控薄膜的导电性能，从而满足不同的应用需求。

（1）薄膜厚度。纳米薄膜的厚度是影响其导电性能的重要因素。在纳米尺度上，薄膜的厚度可以直接影响电子的输运路径和电子态密度，从而改变薄膜的导电性能。

当薄膜的厚度达到纳米级别时，电子的运动可能受到量子限制，这是因为薄膜的厚度接近或低于电子的波动长度。在这种情况下，电子的输运将受到量子效应的影响，导致薄膜的导电性能发生显著变化。例如，可能出现量子隧道效应，导致电子可以直接穿越能障，这可能提高薄膜的导电性能。

此外，薄膜厚度的改变也会影响薄膜内部的晶格结构和缺陷分布，从而影响电子的散射过程。薄膜越厚，内部的晶格缺陷和杂质就越多，电子的散射就越严重，这可能降低薄膜的导电性能；相反，如果薄膜足够薄，可以减少晶格缺陷和杂质，从而减少电子的散射，提高薄膜的导电性能。

（2）材料种类。纳米薄膜的导电性能也与薄膜的材料种类密切相关。不同的材料有着不同的电子结构和晶格结构，这将直接影响薄膜的导电性能。

首先，不同的材料有着不同的电子能带结构，这将决定电子的输运性质。例如，金属通常有着部分填充的能带，电子可以自由运动，导电性能强。而半导体和绝缘体的导带和价带之间有一个能隙，只有在一定条件下，电子才能从价带激发到导带，形成导电通道。

其次，材料的晶格结构也会影响薄膜的导电性能。不同的晶格结构意味着不同的晶格周期和晶格常数，这将影响电子的布拉格散射，从而改变电子的输运性质。同时，晶格结构还决定了薄膜的缺陷类型和分布，这也会影响电子的散射过程和薄膜的导电性能。

4. 改进纳米薄膜的导电性能的方法和技术

纳米薄膜的导电性能对其在各种电子设备和系统中的应用至关重要。改进纳米薄膜的导电性能可以通过多种方法和技术实现。

（1）优化纳米薄膜的制备工艺。纳米薄膜的制备工艺对其导电性能有直接影响。例如，可以通过调整沉积参数（如沉积温度、沉积速率等），来优化纳米薄膜的晶格结构和晶粒大小，从而改善其导电性能。另外，使用更优质的原材料，如高纯度的原材料，也可以减少薄膜中的杂质和缺陷，提高其导电性能。

（2）材料掺杂。掺杂是一种常用的改善半导体导电性能的方法。通过在纳米薄膜中引入掺杂元素，可以改变薄膜的电子能带结构，增加导电通道。例如，对硅薄膜进行磷或硼掺杂，可以分别形成 n 型和 p 型半导体，大大提高其导电性能。

（3）热处理。热处理是一种有效的改变纳米薄膜物理和电学性能的方法。例如，通过退火处理，可以修复薄膜中的晶格缺陷，优化晶粒结构，从而提高其导电性能。此外，热处理还可以用来控制薄膜的相变，例如将非晶态的薄膜转变为晶态，进一步改善其导电性能。

（4）表面性质。纳米薄膜的表面性质对其导电性能也有重要影响。通过表面修饰，例如氧化、硝化、镀金等，可以改变薄膜的表面状态，提高其导电性能。

（5）引入二维材料。二维材料，如石墨烯、过渡金属硫属化物等，由于其独特的二维结构和优良的导电性能，已经被广泛用于改善纳米薄膜的导电性能。通过将这些二维材料与纳米薄膜复合，可以形成异质结构，提高薄膜的导电性能。

（二）介电性能

1. 介电常数和介电强度的定义与测量

介电常数和介电强度是评估材料电学性能的重要参数，它们分别反映了材料在电场中的极化能力和抵抗电击穿的能力。

（1）介电常数的定义与测量。介电常数是一种描述电介质在电场中极化程度的物理量，它是介质对电场的响应。介电常数的大小决定了电场在介质中的传播速度和介质对电荷的存储能力。介电常数通常用希腊字母 ε 表示，其单位是法拉 / 米（F/m）。

介电常数的测量通常使用阻抗分析仪进行，其基本原理是施加一个交变电场，并测量介质对此电场的响应。首先，将样品置于两个电极之间，施加交变电压；然后通过测量电流的变化来获取样品的电容。由于介电常数与电容是成正比关系，因此可以通过测量电容来获取介电常数。

（2）介电强度的定义与测量。介电强度是指在引起电介质击穿之前，电介质中所能承受的最大电场强度。它是评价电介质抗击穿能力的重要参数，通常用希腊字母 E 表示，单位是伏特 / 米（V/m）。

介电强度的测量主要是通过击穿试验来进行的。击穿试验是指在电介质两端施加电压，逐渐增大电压，直到电介质发生电击穿为止。测量时，首先将样品置于两个电极之间，然后逐渐增大电压，记录电介质发生击穿的电压；其次，根据击穿电压和样品的厚度，计算出介电强度。

2. 纳米薄膜介电性能的影响因素

介电性能是评估材料电学特性的重要参数之一，对于纳米薄膜来说，其介电性能受到许多因素的影响，这些因素主要包括材料属性、频率和温度。

（1）材料属性。纳米薄膜的介电性能首先取决于其材料属性，这包括其晶体结构、晶粒尺寸、表面 / 界面状态、电子能带结构等。不同的晶体结构具有不同的极化机制，直接影响了介电常数。同时，晶界和表面 / 界面状态，以及电子能带结构也对材料的介电性能产生重要影响。例如，存在大量电荷陷阱的界面或表面可以降低介电常数，但可能增加介电损耗。

（2）频率。频率是影响介电性能的重要因素。在不同的频率下，介质的极化机制可能不同，这导致介电常数和介电损耗随频率变化。在低频区域，因为电荷可以在电极和材料之间自由迁移，通常会观察到较高的介电常数。随着频率的增加，电荷迁移的机会减少，所以介电常数会减小。同时，随着频率的增加，介电损耗也会增加，这是因为电荷在迁移过程中会与晶格发生散射，产生热量。

（3）温度。温度对纳米薄膜的介电性能也有重要影响。温度的升高通常会引起晶格的热振动增强，这会导致极化强度降低，从而导致介电常数降低。同时，温度的升高也可能引起电子能带结构的改变，从而改变材料的介电性能。另外，温度的升高会增加晶格的热振动，增加电荷的散射过程，从而增加介电损耗。

3. 改进纳米薄膜的介电性能的方法

纳米薄膜的介电性能是其在电力电子设备、微电子设备、能源存储和传感等领域应用的关键属性。有多种方法和技术可以改进纳米薄膜的介电性能，主要包括材料选择、制备工艺、后处理方法和尺度控制。

（1）材料选择。纳米薄膜的介电性能首先取决于所选择的材料。不同的材料具有不同的介电常数和介电强度，选择适当的材料是提高介电性能的第一步。例如，钛酸钡（$BaTiO_3$）和锆酸铅（PZT）都是具有高介电常数的材料，适合用于需要高介电常数的应用。

（2）制备工艺。制备工艺也对纳米薄膜的介电性能有重要影响。例如，通过改变沉积条件（如沉积速率、氧分压和基底温度）可以改变纳米薄膜的晶体结构和微观形貌，从而影响其介电性能。此外，掺杂也是一种常见的方法，通过引入不同的离子可以调节材料的电子结构和极化行为。

（3）后处理方法。后处理方法如热处理和退火可以改变纳米薄膜的晶体结构和微观形貌，从而改进其介电性能。例如，适当的热处理可以增加晶粒尺寸，减少晶界对电荷迁移的阻碍，从而提高介电常数；退火则可以修复制备过程中产生的缺陷，提高材料的介电强度。

（4）尺度控制。在纳米尺度下，通过精确控制薄膜的厚度和晶粒尺寸，可以优化材料的介电性能。例如，随着薄膜厚度的减小，极化可以更容易地在电极和介质之间转移，从而提高介电常数。

（三）耐电击性能

1. 耐电击性能的定义与重要性

耐电击性能，亦称电击穿特性，是指材料在电场作用下，能抵抗电子或离子从材料一侧穿越到另一侧的能力。这一性能被认为是判定一种材料是否能在高电压或高电场条件下稳定工作的关键指标。

耐电击性能通常由电击穿强度来定量描述，单位是千伏 / 毫米（kV/mm）或者兆伏 / 米（MV/m）。电击穿强度是指一个材料在电击穿发生时所承受的最大电场强度。一个高的电击穿强度意味着材料在更高的电场强度下仍能保持其绝缘性。

对于纳米薄膜材料而言，耐电击性能尤其重要。这是因为在微尺度下，纳米薄膜往往会承受高电场强度，从而容易引发电击穿。而一旦电击穿发生，就会形成穿孔通道，导致材料失去绝缘性，从而可能引发设备的故障。

更具体地说，耐电击性能在以下几个方面具有重要意义：

（1）影响设备寿命。电击穿是导致绝缘材料失效的主要机制之一。一旦电击穿发生，设备可能立即失效。因此，耐电击性能直接影响设备的寿命。

（2）影响设备性能。在某些设备中，如微电子设备和能源存储设备，电击穿可能导致设备性能的严重下降。因此，选择耐电击性能好的材料是确保设备性能的重要手段。

（3）影响设备安全。电击穿可能导致电气火灾和电气伤害，从而对人员安全和设备安全构成威胁。因此，耐电击性能对于确保设备的安全运行至关重要。

对纳米薄膜材料的耐电击性能进行研究，不仅可以深入理解材料的电学性质，还有助于优化材料选择和设备设计，以提高设备的性能和安全性。

2. 纳米薄膜的耐电击性能测试方法

纳米薄膜的耐电击性能是通过特定的测试方法来量化的。主要的测试方法有直流电压试验、交流电压试验和脉冲电压试验。

（1）直流电压试验。直流电压试验是一种评估纳米薄膜耐电击性能的重要方法。这种测试方法主要用于测定绝缘材料在持续的直流电压应用下的电击穿强度。它提供了一种量化材料在直流电场下的耐电击性能的手段。

在直流电压试验中，首先将待测的纳米薄膜材料放置在两个电极之间。随后，在电极上施加一个直流电压。这个电压随着时间逐渐增加，直到材料出现电击穿。电击穿是指电荷穿越材料，导致材料的电阻突然降低，形成一条电导通道。

在测试过程中，需要持续记录电压和电流的变化。当电流突然增加，表明材料发生了电击穿。此时的电压值除以纳米薄膜的厚度，就可以得到电击穿强度。电击穿强度是衡量材料耐电击性能的关键参数，其值越大，说明材料的耐电击性能越好。

需要注意的是，直流电压试验对实验条件的控制要求较高。例如，电极的表面状态、环境湿度、温度等因素都可能影响测试结果；电极的表面状况，如表面粗糙度和清洁度，会影响电压在电极表面的分布，从而影响电击穿的发生；环境湿度和温度也会影响材料的电性能。因此，在进行测试时，需要对这些条件进行严格的控制。

（2）交流电压试验。交流电压试验是一种常用的测量纳米薄膜材料耐电击性能的方法。这种测试方法主要用于评估材料在交流电场下的电击穿强度。它反映了材料在实际应用中，更常见的工作条件下的耐电击性能。

在交流电压试验中，首先将待测的纳米薄膜材料放置在两个电极之间；其次，在电极上施加一个交流电压。这个电压会逐渐增加，直至发生电击穿。电击穿是指材料在电场作用下，突然失去绝缘性，形成电导通道，导致电流突然增大。

在测试过程中，需要记录电压和电流的变化情况。当电流突然增加时，说明材料发生了电击穿。此时的电压值除以纳米薄膜的厚度，即为电击穿强度。电击穿强度是衡量材料耐电击性能的重要指标。如果电击穿强度值越大，说明该材料的耐电击性能越好。

交流电压试验结果可能受到电压频率的影响。不同的频率条件下，电击穿强度可能有所不同。这是因为交流电场会使电荷在材料内部来回振动，这种振动可能导致材料内部产生热，从而影响电击穿的发生。

交流电压试验也对实验条件有较高的要求。例如，电极的表面状态、环境湿度和温度等因素，都可能影响测试结果。因此，需要对这些条件进行严格的控制。

（3）脉冲电压试验。脉冲电压试验是一种特殊的测试方法，主要用于评估材料在短时间内承受高电压脉冲的能力，也就是耐电击性能。这种测试方法尤其适合用于模拟实际工作环境中可能出现的电压冲击，如雷电冲击或开关操作等。

在脉冲电压试验中，纳米薄膜材料被置于两个电极之间，将短时间内高电压的脉冲施加在电极上。这个电压脉冲的升高速度非常快，通常在微秒级别。在这种强烈电场的作用下，材料可能会发生电击穿，即电流突然增大，材料的电阻急剧下降。

测试过程需要细致地记录电压和电流的变化，尤其是电流的突变，因为电流的突变通常意味着材料发生了电击穿。对于纳米薄膜材料来说，电击穿的电压值除以材料的厚度，即为电击穿强度。电击穿强度是评估材料耐电击性能的重要参数。

脉冲电压试验对实验设备和实验条件都有较高的要求。首先，由于电压脉冲的升高速度很快，需要使用专门的脉冲电源和高速数据采集设备；其次，电极的表面状态、环境湿度和温度等因素也可能影响测试结果，需要进行严格的控制。

脉冲电压试验的结果与材料的结构、厚度、温度以及施加电压的特性等多种因素有关。对于纳米薄膜材料来说，由于其特殊的结构特性，可能会表现出与常规材料不同的耐电击性能。例如，纳米薄膜的电击穿可能发生在特定的纳米结构中，或者与材料的厚度、晶粒大小等因素有关。

3. 纳米薄膜耐电击性能的影响因素

（1）薄膜厚度。薄膜厚度是影响纳米薄膜耐电击性能的关键因素之一。厚度不仅影响电流的传导路径长度，从而影响电击穿电场强度，还与薄膜的结构性能有关。通常情况下，薄膜的厚度越小，其耐电击强度越高。这是因为薄膜变薄，电荷在其中的传输距离缩短，从而抑制了电击穿的发生。但当薄膜的厚度过小，如接近或达到纳米尺度时，就可能出现由于电子隧道效应等量子效应导致的耐电击强度降低。

薄膜的厚度也可能影响其内部结构，如晶粒大小、晶界分布等。这些结构参数的变化可能进一步影响薄膜的电击穿性能。因此，理解和控制纳米薄膜的厚度对提高其耐电击性能具有重要意义。

（2）材料种类。不同的材料种类对纳米薄膜的耐电击性能影响巨大。例如，金属、半导体和绝缘体这三种不同类型的材料，在电击穿性能上就有很大的差别。金属由于具有很多自由电子，所以其电击穿电压通常很高。相比之下，半导体和绝缘体由于电子较少，所以其电击穿电压较低。

另外，即使是同一类型的材料，由于元素种类和结构的不同，其耐电击性能也会有所不同。例如，在半导体材料中，宽带隙材料的耐电击性能通常优于窄带隙材料。在绝缘体材料中，高介电常数材料的耐电击性能通常优于低介电常数材料。

4. 改进纳米薄膜的耐电击性能的方法

提升纳米薄膜耐电击性能的方法主要围绕对薄膜的厚度控制、材料选择、制备工艺优化和后处理技术等方面进行。

（1）厚度控制。厚度是影响纳米薄膜耐电击性能的重要因素。在实际应用中，可以通过物理气相沉积（PVD）、化学气相沉积（CVD）等制备方法精确控制薄膜的厚度。在一些特定应用中，还可以通过层层堆叠形成多层纳米薄膜，以提高其耐电击性能。

（2）材料选择。选择具有高耐电击性能的材料是提升纳米薄膜耐电击性能的直接方法。例如，使用高介电常数、高电阻率、高热稳定性的材料，可以有效提升纳米薄膜的耐电击性能。

（3）制备工艺优化。优化制备工艺也是改善纳米薄膜耐电击性能的重要方式。例如，可以通过改变沉积参数，如沉积温度、沉积速率、气体比例等，来改善薄膜的结构、厚度均匀性、晶粒大小等，从而提高其耐电击性能。

（4）后处理技术。退火、激光照射、离子植入等后处理技术，可以进一步改善纳米薄膜的结构和性能。如通过退火处理，可以改善薄膜的晶体结构，提高其晶粒大小，进而提高其耐电击性能。

第四节　纳米薄膜的力学性能

纳米薄膜材料的力学性能涉及薄膜的强度、界面结合强度、硬度、弹性模量、塑性、韧性和摩擦磨损性能等诸多方面。纳米薄膜的力学性能数据是评价薄膜材料质量的重要指标，也是进行薄膜材料设计和计算的主要依据。本节着重介绍适用于测试纳米薄膜力学性能的测量方法。

一、界面综合强度评价

界面结合强度是薄膜最重要的性能之一，薄膜的许多性能，如耐磨性、耐蚀性、抗氧化性和使用寿命等都与其直接相关。此外，它也直接关系到薄膜的使用效果并决定了某种薄膜能否实际应用。一种有效的界面结合强度的测试方法应满足以下两个条件：一是能使薄膜脱离基体，并有良好的物理模型；二是可准确地给出有关的力学数据。除此之外，试验方法简单可靠，能在产品上实现无损检测，也是评价一种界面结合强度测试方法的重要依据。已有的界面结合强度评价方法较多，可分为定性法和定量法两大类。

定性法有黏带法、杯突法、弯折法、锉刀法、X 射线衍射法和超声法等。这类方法操作简单易行，通常以经验判断和相对比较为主，不需要专门的仪器设备，其结果一般难以给出具体的力学数据。

定量法有划痕法、压痕法、拉伸法、刮剥法、四点弯曲法、断裂力学法、接触疲劳法、热疲劳法、核化法和电容法等，其结果一般能够给出定量或半定量的力学数据。

下面仅就最常用的划痕法和压痕法进行介绍。

（一）划痕法

划痕法简单方便，很早就被用来检测薄膜的界面结合强度。进行划痕试验时，压头在薄膜表面以一定的速度划过，同时作用在压头上的垂直压力 N 持续增加，增加方式有步进式和连续式两种。当压力足够大时，薄膜就会发生剥落，把薄膜从基体上剥落时的最小压力称为临界载荷 P_c。根据薄膜剥离时的应变能释放模型可推导出 P_c 具有以下关系

$$P_c = \frac{A_1}{\nu\mu_c}\left(\frac{2EW}{t}\right)^{\frac{1}{2}} \tag{5-35}$$

式中，A_1 为划痕轨道的面积；ν 为薄膜材料的泊松比；μ_c 为摩擦因数；E 为弹性模量；W 为薄膜的附着功。

在划痕法中，判断薄膜从基体上剥落的开始点至关重要，否则就无法确定临界载荷。判断薄膜破坏的常用方法有以下几种：

（1）显微镜法。用低倍显微镜直接观察确定薄膜剥落的开始点。

（2）声发射法。实时检测划痕试验过程中的声发射信号，声发射曲线上的第一个突增峰即为薄膜的开始剥落点。

（3）摩擦力法。在划痕试验过程中，实时检测压头与薄膜之间的摩擦力，利用薄膜剥落时摩擦因数的突变确定剥落点。通常以摩擦曲线的第一拐点处或两条不同斜率曲线的交汇处的载荷作为临界载荷。

划痕试验装置经常作为纳米压痕仪的附件，如 MTSNanoIndenter 系统的 LFM 组件等。但也有专用的划痕仪，如兰州中科凯华公司生产的 WS-2005 型涂层附着力自动划痕仪。

划痕仪通过测量作用在薄膜样品表面上的法向力、切向力和划入深度的连续变化，不仅可以研究界面结合强度、摩擦磨损、变形和破坏性能，还可用于研究薄膜的黏着失效和黏弹性行为。此外，划痕法的测试条件易于实现，定量精度较高，重复性也较好，并且有商品化的测试仪器，因此应用非常广泛，但划痕法也存在以下问题：

（1）临界载荷 P_c 的物理意义以及 P_c 与膜基结合强度之间的内在关系不明确。在划痕法中，造成薄膜剥落破坏的应力、应变场颇为复杂，除了压痕周围的弹塑性应力场外，还有内应力和切向的摩擦力等。在划痕法中，临界载荷被定义为使薄膜发生膜基界面分离所需的法向载荷。用光镜（OM）和扫描电镜（SEM）观察时，如果薄膜已经剥落或已被撕破，这时判断容易；但如果仅仅观察到表面裂纹的话，就很难据此判断膜基是否脱离，因为表面裂纹只能说明薄膜发生破裂；如果薄膜的塑性和韧性很好，即使已与基体脱离，但仍未发生开裂，那就更难以判断了。这就是说，划痕测试结果更多地反映了薄膜自身破裂时系统对法向载荷的承受能力，而并非真正的界面结合强度。而使用声发射法监听时，噪声源很多，有的可以采取措施加以消除，有的则无法消除。当薄膜剥落所发生的声音很微弱，或者薄膜自身的破裂在先时，往往难以做出正确的判断；而且膜基界面的破坏方式不下十余种，压头的压入深度往往远比膜厚深，试验时所测得的临界载荷并不是全部用来使薄膜自基体发生剥离。因此，临界载荷与界面结合强度的关系还需要进一步研究。

（2）划痕试验的测量结果受多种因素的影响。临界载荷明显受到薄膜材料本身的硬度、韧性和厚度，基体材料的硬度和表面粗糙度，加载速度、划痕速度、压头与薄膜之间的摩擦、压头的几何形状和磨损情况以及测试环境等诸多因素的影响。例如，随着基体材料硬度的升高和膜厚的增加，P_c 均会有所提高；又如，压头形状尺寸的微小变化也会令测试结果发生较大的变化。划痕试验的压头形状主要有尖端为小球面的圆锥形和三棱锥形两种。压头加工时造成的形状误差，以及压头在使用过程中因磨损而引起其尖端曲率半径的变化，均会导致测试结果出现较大的变化。对于三棱锥压头，采用棱朝前或面朝前两种方式进行试验时，即使是在同样的法向力和划痕速度下，使用面朝前方式所造成的犁沟深度和两边的隆起高度均大于棱朝前方式。

（3）划痕试验属一次性加载，但在实际使用中多数膜基系统是在交变载荷或动载荷下服役，甚至在外力与冷热双重作用下工作的，此时薄膜的剥落过程与试验条件下完全不同。在这种工况条件下，界面结合强度与疲劳强度、循环周次等密切相关，采用动态结合强度试验可能更能反映薄膜的实际使用寿命。

（二）压痕法

压痕法是一种实用性很强，操作简单，无须专门制备样品，并且可以在普通硬度计上进行的界面结合强度无损检测方法。图 5-23 为用压痕法测试界面结合强度的示意图。当载荷不大时，加载时薄膜与基体一起变形；但在载荷足够大的情况下，在薄膜与基体的界面上将会产生横向裂纹，裂纹扩展到一定阶段就会引起薄膜的脱落。通常把能够观察到薄膜剥落破坏的最小载荷作为临界载荷 P_c。

与划痕法相比，压痕法的优点之一就是临界载荷 P_c 对基体的硬度不敏感。但压痕法同样存在着与划痕法相类似的理论问题，即临界载荷 P_c 与界面结合强度密切相关，但两者并不完全是一回事。

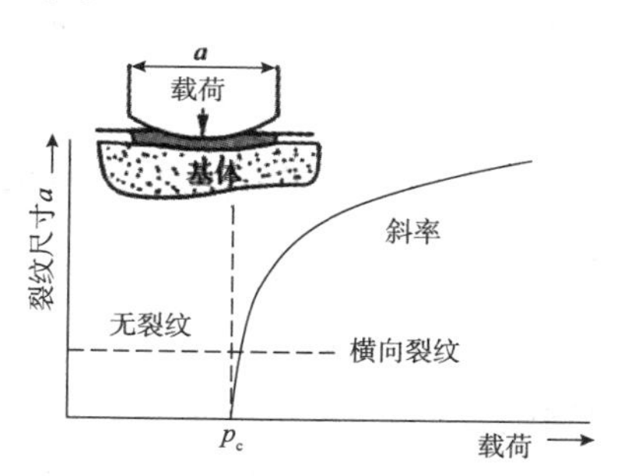

图 5-23　用压痕法测量界面结合强度

二、摩擦磨损性能测试

对于工模具和刀具上的薄膜以及工作时有接触摩擦的运动零部件上的薄膜来说，往往都有摩擦磨损性能要求。虽然薄膜的硬度可以在一定程度上反映其耐磨性能的高低，但硬度与耐磨性之间并不存在简单的对应关系。硬度高的，耐磨性并不一定都好。这主要是因为，影响薄膜耐磨性的因素除了硬度、韧性、界面结合强度及内应力等薄膜自身的特性之外，还与薄膜的服役条件（如载荷、速度、温度，气氛、润滑条件和对磨材料等）有很大的关系。因此，要想深入地了解某一薄膜材料的摩擦磨损性能，对其实施模拟服役条件下的摩擦磨损试验是很有必要的。

摩擦磨损试验的评定主要采用对比法。在相同试验条件下，摩擦因数愈小的，减摩性愈好；磨损率愈大的，耐磨性愈差。至于磨损率的确定，通常可采用称重法，也就是使用高精度的分析天平测量待测样品在摩擦磨损试验前后的质量差值；或借助显微镜精确地测量磨痕的形状和尺寸，再通过计算得到结果。

常见的 MM–2 型摩擦磨损试验机由于载荷偏大，比较适合硬质厚膜样品的耐磨性试验。对于绝大多数薄膜样品而言，载荷较小、精度更高的小型摩擦磨损试验机更为适用。

三、内应力测量

无论用何种方法制备的薄膜材料，其内部几乎都残留有内应力。薄膜中的残余应力一般包括由于薄膜生长和结构变化而产生的内应力和由于双金属效应而产生的热应力两部分。薄膜残余应力的大小随着薄膜材料、基体材料和薄膜形成条件的不同而不同。残余应力的存在，表明在薄膜以及与其相接的基体内部贮存着大量的弹性能，它作用在薄膜与基体的界面上，一旦超过界面的断裂能，就会引起薄膜的剥落。残余应力既可表现为残余压应力，也可表现为残余拉应力。其中，残余拉应力有更大的危险性；而残余压应力在工件受到拉伸载荷时，可抵消一部分外力，从而使薄膜能承受较大的拉伸应变。在大多数情况下，薄膜中的内应力为残余压应力。

薄膜内应力的测量有很多方法，其中主要有通过衬底应变测量变形量的直接测量法和利用 X 射线衍射技术的间接测量法。

（一）衬底弯曲法

当薄膜中存在内应力时，薄膜本身的伸长或收缩都会导致衬底变形。薄膜中的拉应力使衬底变形为弯曲的内侧面，而压应力又使衬底变形为弯曲的外侧面。假设薄膜由于内应力作用而发生的变形为 δ_{I}，由热应力作用而发生的变形为 δ_{T}，则衬底的总变形量 δ 为

$$\delta = \delta_{\mathrm{I}} + \delta_{\mathrm{T}} \tag{5-36}$$

如果设法测量出总变形量 δ，再利用适当的方法评定 δ_T 后，由式（5–35）即可计算出 δ_I，于是就可以求得薄膜的内应力。一般可通过以下方法从衬底的应变中测量薄膜的内应力。

1. 悬臂法

图 5–24 为利用悬臂法测量薄膜内应力的示意图。

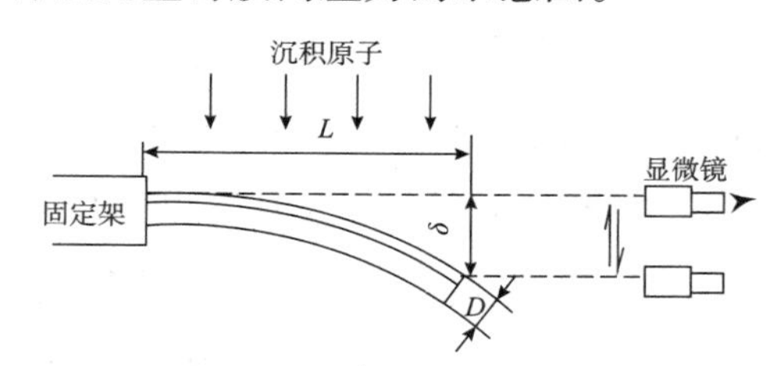

图 5–24　利用悬臂法测量薄膜内应力

在长条形衬底上单面镀膜，薄膜原子沉积于衬底表面后，条形衬底受到薄膜内应力的作用而发生弯曲变形。测量时，条形试样的一端固定，另一端可自由弯曲，形成悬臂。测量出薄膜试样产生的自由端位移 δ，根据 Stoney 方程，就可以求出薄膜的内应力 σ 为

$$\sigma=\frac{E_s t_s^2\delta}{3d_f L_s^2\left(1-\nu_s\right)} \tag{5–37}$$

式中，E_s、t_s、L_s 和 ν_s 分别为衬底的弹性模量、厚度、长度和泊松比；d_f 为薄膜厚度。

在悬臂法中，衬底的长宽比值通常为 2 ～ 25 或更大，衬底厚度通常在 25 ～ 250 μm 范围内。悬臂自由端位移 δ 可利用读数显微镜直接测量，或者利用光学杠杆放大原理进行测量。

2. 圆盘法

在圆盘形衬底上单面镀膜，薄膜原子沉积于衬底表面后，圆盘形衬底受到薄膜内应力的作用而向一侧弯曲，形成抛物面，从而产生一定的挠度。通过测量圆盘形薄膜试样的挠度而获得薄膜的内应力数值。圆盘的挠度可以用表面轮廓仪测量，或是将圆盘放置在一厚度为 25 ～ 250 μm 的光学玻璃平板上，通过牛顿环的移动量求得圆盘的挠度。根据 Stoney 方程，即可求出薄膜的内应力为

$$\sigma=\frac{E_s t_s^2\delta}{3d_f r^2\left(1-\nu_s\right)} \tag{5–38}$$

式中，r 为距圆盘中心的距离；δ 为圆盘形衬底的挠度；其余同式（5–37）。

（二）衍射法

利用 X 射线衍射、电子衍射和中子衍射法测量薄膜的内应力属于间接测量法，它们都是建立在测量晶体材料的晶面间距的基础上的，因而不能用于测量非晶材料的内应力。通过所测量的晶面间距的变化，可以计算出点阵的应变和应力。如果薄膜中存在宏观应力，则衍射峰的峰位会出现位移；如果薄膜中存在微观应力，则衍射峰的宽度会变宽。

利用 X 射线衍射法测量时，可通过以下两种方法获得待测薄膜的内应力。

（1）在 X 射线入射方向上改变 θ 角的同时，使探测器方向改变 2θ 角，观测在正衍射方向上的衍射图形。

如果由（hkl）晶面所产生的衍射角为 θ_{hkl}，面间距为 d_{hkl}，X 射线波长为 λ，则由布拉格方程可得到一级衍射为

$$2d_{hkl}\sin\theta_{hkl}=\lambda \Rightarrow d_{hkl}=\frac{\lambda}{2\sin\theta_{hkl}} \tag{5-39}$$

如果（hkl）晶面平行于薄膜表面和衬底表面，且（hkl）晶面的正常面间距（即内应力为零时的面间距）为 d_0，则该晶面上（hkl）方向的应变 ε 为

$$\varepsilon=\frac{d_0-d_{hkl}}{d_0} \tag{5-40}$$

则薄膜的内应力为

$$\sigma=\frac{E\varepsilon}{2\nu} \tag{5-41}$$

式中，E 为薄膜的弹性模量；v 为薄膜的泊松比。

（2）X 射线入射方向保持一定，改变探测器的方向，观测衍射图形。即固定 X 射线的入射方向，在相对于样品的两个入射角上，测定（hkl）晶面的面间距。

首先将 X 射线的入射角调整到某一数值，使其在平行于衬底表面的（hkl）晶面发生衍射，测定衍射角 ψ_0，并由布拉格方程确定晶面间距 d_0；随后将探测器旋转一适当角度，测出不平行于衬底表面的（hkl）晶面上的衍射角 ψ_{hkl}，求得面间距 d_{hkl}，则薄膜内应力为

$$\sigma=\frac{\left(d_{\mathrm{hkl1}}-d_{0}\right)E}{d_{0}(1+\nu)\sin 2\psi_{\mathrm{hkl}}} \tag{5-42}$$

此外，利用 Raman 光谱也可以测量晶体薄膜的内应力。其基本原理是：内应力会引起薄膜晶格振动的变化，从而造成 Raman 谱线的蓝移或红移现象，据此可测量出薄膜的内应力。Raman 光谱中谱峰的偏移方向可用于确定残余应力的符号（拉应力或压应力），而谱峰的幅值则可用于确定残余应力的大小。

思考题

1. 简述薄膜厚度测量的力学方法。
2. 薄膜表面成分分析方法有哪些？
3. 简述薄膜表面结构分析方法。
4. 纳米薄膜的力学性能测试方法有哪些？

第六章 纳米薄膜材料的应用

本章将深入探讨纳米薄膜在各个领域的实际应用和重大影响，包括微电子、能源、环境和生物医学等领域。

第一节 纳米薄膜在微电子领域的应用

一、纳米薄膜在集成电路中的应用

（一）隔离层材料

随着集成电路技术的不断发展，纳米薄膜在集成电路中的应用变得越来越重要。隔离层材料是集成电路中的关键组成部分，其作用是隔离不同电路之间以及电路与底层衬底之间的相互干扰，并提供电子器件之间的电气隔离。

在选择隔离层材料时，需要考虑其绝缘性能、热稳定性、机械强度和兼容性等因素。纳米薄膜作为隔离层材料具有很多优点，如较高的绝缘性能、较低的厚度和良好的兼容性。

一种常用的纳米薄膜隔离层材料是二氧化硅（SiO_2）。SiO_2 薄膜可以通过化学气相沉积或物理气相沉积等方法制备，其厚度通常在纳米级别。SiO_2 薄膜具有出色的绝缘性能、良好的热稳定性和较高的机械强度，可以有效地隔离电路间的相互干扰。此外，SiO_2 薄膜的制备工艺成熟，与现有集成电路制造工艺兼容性好。

另一种常见的纳米薄膜隔离层材料是氮化硅（Si_3N_4）。Si_3N_4 薄膜具有较高的绝缘性能和良好的热稳定性，可以用于高温应用。它的制备方法包括化学气相沉积和物理气相沉积等技术。由于 Si_3N_4 薄膜的较高机械强度，它可以在集成电路中提供更好的机械保护。

此外，还有其他一些纳米薄膜材料用于隔离层的研究，如氮化铝（AlN）和氧化铝（Al_2O_3）。这些材料具有较高的绝缘性能和优异的热稳定性，可以在特定应用中提供更好的隔离性能。

纳米薄膜作为隔离层材料在集成电路中具有广泛的应用潜力。随着纳米技术的进一步发展和制备技术的改进，纳米薄膜隔离层材料的性能和稳定性将得到进一步提升，为集成电路的高性能和高可靠性提供支持。

（二）金属互连线材料

金属互连线是集成电路中用于连接不同电子元件的关键部分。它们承担着信号传输和电流传导的重要任务。纳米薄膜材料作为金属互连线的材料，具有许多优越的性能，因此在集成电路中得到广泛应用。

纳米薄膜金属互连线材料的选择主要考虑电导率、稳定性、可靠性和制备工艺等方面的要求。以下是几种常见的纳米薄膜金属互连线材料。

（1）铜（Cu）。铜是目前最常用的金属互连线材料之一。纳米薄膜铜具有良好的电导率、低电阻和较高的热稳定性，使其在高速、高密度集成电路中具有出色的表现。此外，纳米薄膜铜还可以通过控制晶粒大小和形状来减小电阻，提高信号传输的速度和效率。

（2）银（Ag）。银是另一种具有优异电导率的金属互连线材料。纳米薄膜银具有非常高的电导率和光反射性能，因此在光电器件和高频电路中广泛应用。然而，银的价格较高，且在一些环境条件下容易氧化，因此在特定的应用中需要考虑这些因素。

（3）铝（Al）。铝是一种低成本的金属互连线材料，广泛应用于低功耗电子设备中。纳米薄膜铝具有良好的电导率和良好的反射性能，适用于一些低频和中频的应用。

除了以上提到的金属，还有一些其他金属如钨（W）、铂（Pt）、钛（Ti）等，也被用作纳米薄膜金属互连线材料的研究。这些材料具有不同的电导率和稳定性，可以根据具体的应用需求进行选择。

纳米薄膜金属互连线材料的制备通常涉及物理蒸发、溅射、化学气相沉积等技术。通过调控制备工艺和参数，可以实现纳米级别的金属互连线制备，从而提高集成电路的性能和可靠性。

（三）栅氧化物材料

栅氧化物是集成电路中的关键材料，广泛应用于MOS（metal oxide semiconductor）结构中的栅极和绝缘层。

纳米薄膜栅氧化物材料具有许多优点，如良好的电绝缘性、较低的电阻、较高的介电常数和较高的界面品质。以下是几种常见的纳米薄膜栅氧化物材料。

（1）硅氧化物（SiO_2）。SiO_2是最常用的栅氧化物材料之一。纳米薄膜SiO_2具有良好的电绝缘性、稳定性和低介电常数，可以有效地隔离栅极和底层衬底。纳米薄膜SiO_2还可以通过制备方法的优化来控制其厚度和界面质量，从而实现更好的电性能。

（2）高介电常数材料。除了SiO_2外，一些高介电常数材料也被研究用作纳米薄膜栅氧化物。这些材料具有更高的介电常数，可以在相同厚度下提供更大的电容性能。例如，氧化铝（Al_2O_3）和氧化钇（Y_2O_3）等高介电常数材料广泛应用于动态随机存取存储器（DRAM）等高密度集成电路中。

（3）高－介电常数－低漏电流（HKLG）结构。HKLG结构是一种通过在栅氧化物中引入高介电常数材料和低漏电流材料的复合结构来提高栅氧化物性能的方法。纳米薄膜栅氧化物中采用HKLG结构可以在提供高介电常数的同时，降低漏电流，从而提高集成电路的性能。

二、纳米薄膜在传感器中的应用

（一）化学和生物传感器

化学和生物传感器中的纳米薄膜具有显著的特点，这些特点使得这些薄膜成为高灵敏度和高选择性检测的理想材料。它们的优势主要在于其高表面积－体积比、高的表面反应活性以及表面效应对其特性的显著影响。

首先，纳米薄膜的高表面积－体积比提供了大量的反应位点，可以大大增加与待测分子的相互作用概率。这使得纳米薄膜传感器在相同的体积或质量条件下，比传统的宏观传感器具有更高的灵敏度。

其次，纳米薄膜具有较高的表面反应活性。在纳米尺度下，晶体的表面原子或分子受到不同程度的表面效应影响，它们的化学性质与体积内部的原子或分子相比，可能发生显著改变。这一特性使得纳米薄膜传感器能够对目标分子做出更快、更敏感的反应。

其次，纳米薄膜的物理和化学性质主要受表面效应影响，而这些表面效应在很大程度上受到薄膜的表面形态、纳米结构及其空间排列方式的影响。通过调控这些因素，可以制备出具有特定性能的纳米薄膜，进一步提升其在传感器中的性能。

在化学传感器中，纳米薄膜通常被用于检测各种化学物质的存在，如气体、离子、有机分子等。纳米薄膜对这些化学物质的反应可以产生可检测的电气、光学或者力学信号，从而达到检测的目的。

在生物传感器中，纳米薄膜则主要应用于生物分子的检测，如蛋白质、DNA、RNA 以及各种生物大分子。纳米薄膜的表面可以进行化学修饰，使其对特定生物分子具有选择性的亲和力，因此可以作为生物传感器的敏感元件。

纳米薄膜在化学和生物传感器中的应用，不仅能提高传感器的灵敏度和选择性，还能降低传感器的体积和质量，使其更适合于微型化和集成化的发展趋势。然而，纳米薄膜在实际应用中还存在一些问题，如稳定性、再现性以及制备过程的复杂性等，这些都需要进一步的研究和解决。

（二）压力传感器

纳米薄膜在压力传感器中的应用已经引起了广泛的关注。在压力传感器中，纳米薄膜的主要功能是将外界的压力信号转化为可测量的电信号。由于其特殊的微观结构和优越的性能特性，纳米薄膜被认为是制作高性能压力传感器的理想材料。

纳米薄膜的厚度小，使其具有非常高的灵敏度。这是因为薄膜的厚度越小，受到外力的影响越大，从而使得其电阻或电容的变化更加显著。这使得纳米薄膜压力传感器能够精准地感应微小的压力变化，满足了对高灵敏度的需求。

纳米薄膜具有优良的机械性能。在纳米尺度下，材料的力学性质可能会发生显著变化，这包括弹性模量、硬度和断裂强度等。这种改变使得纳米薄膜在承受压力时能够保持其结构稳定，不易发生塑性变形或破裂。

在实际应用中，纳米薄膜压力传感器可以用于各种环境和条件下的压力检测。例如，它们可以被应用于微机电系统（MEMS）中，用于测量微小的力或压力。此外，纳米薄膜压力传感器也可以应用于生物医学领域，如用测量血压、眼压以及生物组织内部的压力等。

（三）温度传感器

温度传感器是工业和科研领域中常用的一种传感器。近年来，纳米薄膜被广泛应用于温度传感器的制作中，尤其是在需要精确、迅速且稳定地测量温度的应用中。纳米薄膜在这些温度传感器中的应用，其特殊的微观结构和优异的物理性能使得温度传感器的性能得到显著提升。

纳米薄膜的厚度小、体积轻，具有良好的热导率和较高的热敏感性，这使得纳米薄膜温度传感器能快速响应温度变化；并且由于纳米薄膜的热膨胀系数小，使其在受热时的体积变化小，这为保证其长期稳定工作提供了可能。

在纳米尺度下，纳米薄膜的电阻或磁性等物理性质会随温度的变化而变化。例如，一些半导体材料的电阻率会随着温度的升高而下降，而一些金属材料的磁性会随着温度的升高而降低。这些温度依赖的物理性质使得纳米薄膜可以作为温度传感元件，将温度信号转换为电信号或磁信号。

纳米薄膜温度传感器的另一个优点是其表面的高度可定制性。通过在纳米薄膜表面进行化学修饰或物理修饰，可以改变其物理性质，从而改善其温度感应性能。例如，可以在纳米薄膜表面形成特定的微观结构，来增强其对温度变化的敏感性。

纳米薄膜温度传感器的应用领域十分广泛，包括但不限于航天、电力、医疗、环保等行业。例如，在航天领域，纳米薄膜温度传感器可以被用于监测航天器的温度变化，以确保其正常工作；在电力领域，纳米薄膜温度传感器可以用于监测电力设备的运行温度，以防止过热；在医疗领域，纳米薄膜温度传感器可以用于监测患者的体温，以便进行精确的医疗诊断。

三、纳米薄膜在微纳电子机械系统中的应用

（一）微机电系统的驱动层

微纳电子机械系统的核心组成部分是驱动层，它负责接收和转化输入的电信号，以实现对机械元件的精确控制。纳米薄膜，作为一种新兴的微纳材料，因其独特的物理性质和高度的可定制性，被广泛应用于微机电系统驱动层的制作中。

首先，纳米薄膜的电导性、热导性和光学性能等可通过其厚度、成分、晶体结构以及制备过程进行精确调控。这使得纳米薄膜能够根据驱动层的工作需求，制备出具有特定性能的驱动材料。例如，可以通过改变纳米薄膜的厚度和成分，以实现其电导性、磁导性或热导性的优化，从而提高驱动效率。

其次，纳米薄膜的厚度小，体积轻，使其在微型化和集成化方面具有优势。这是微机电系统所追求的核心目标，因为微型化和集成化可以使系统的体积减小，功耗降低，同时提高其工作效率和可靠性。

最后，纳米薄膜的力学性能也是其在微机电系统驱动层中得以应用的重要原因。在纳米尺度下，材料的弹性模量、硬度、抗拉强度等力学性质会发生显著变化。这使得纳米薄膜在接受电信号驱动时能保持良好的稳定性和耐久性。

在实际应用中，纳米薄膜可用于制作各种微机电系统的驱动层，如微型马达、微型泵、微型阀门、微型传感器等。这些微机电系统广泛应用于各种领域，包括航空航天、生物医学、信息技术、环保等。

（二）微机电系统的隔离层

微纳电子机械系统中的隔离层是一种关键的功能层，它的主要作用是隔离电路元件，防止电流泄漏，同时也可以防止组件间的机械干扰。纳米薄膜的优秀电绝缘性质使其成为电气隔离的理想选择。在纳米级别的尺度下，纳米薄膜的电子迁移率非常低，从而使得电子在其内部的运动受到严重阻碍，电流无法通过。因此，利用纳米薄膜作为隔离层可以有效防止电流的泄漏，保障微机电系统的正常工作。同时，纳米薄膜的机械强度较高，可以防止机械应力对微机电系统的破坏，保护系统内部的敏感部件。

（三）微机电系统的传感层

微纳电子机械系统的传感层是系统中关键的功能部分，它的作用是接收并转换外部的物理信号，如压力、温度、湿度、光强等，为后续的信号处理和决策提供数据支持。纳米薄膜的独特性质使其在微机电系统的传感层中具有广泛的应用前景。

纳米薄膜的主要优势在于其独特的物理和化学特性，这使得它能够对各种物理和化学信号进行敏感且精确的响应。例如，某些类型的纳米薄膜在遇到特定类型的化学物质时会发生电阻或电导率的变化，这一特性可以用于制作化学传感器。同样，某些纳米薄膜会对光强、磁场、电场、温度等物理量产生特定的响应，因此可用于制作各种物理传感器。

纳米薄膜的高度可定制性也是其在微机电系统传感层中的一个重要优势。通过改变纳米薄膜的厚度、晶格结构、成分等，可以精确地调控其对特定信号的响应性能，从而制作出有针对性的传感器。

第二节　纳米薄膜在能源领域的应用

一、纳米薄膜在太阳能电池中的应用

（一）电池吸光层材料

纳米薄膜在太阳能电池中的应用尤其重要，特别是作为电池的吸光层材料。这是因为吸光层是太阳能电池中最关键的组成部分之一，它负责吸收入射的阳光并将光能转化为电能。

在设计太阳能电池时，选择合适的吸光层材料至关重要，因为其性能直接影响太阳能电池的效率和稳定性。理想的吸光层材料应具有较高的光吸收系数，能够在太阳光的主要波段（可见光和近红外光）内实现高效吸收。此外，材料应具有适宜的能带结构，以便在吸收光子后能有效地将电子－空穴对分离并导电。

纳米薄膜在这方面表现出极大的优势。首先，纳米薄膜由于其纳米级的厚度，能够使得光在薄膜内部多次反射，增加光的路径长度，从而大大提高光的吸收效率；其次，纳米薄膜的能带宽度和位置可以通过调整纳米颗粒的大小和形状来精确调控，从而优化电池的光吸收和载流子分离效率。

例如，铜铟镓硒（CIGS）纳米薄膜被广泛应用于太阳能电池的吸光层。CIGS 纳米薄膜具有较高的光吸收系数和适宜的能带结构，而且能够实现高效的载流子分离和传输，因此其应用于太阳能电池可以获得较高的转换效率。

（二）电池电极材料

电极材料在太阳能电池中起着重要的作用，它是连接太阳能电池和外部电路的媒介，负责收集和输出光生电荷。因此，电极材料的选择对太阳能电池的性能有着直接的影响。

纳米薄膜由于其独特的性质，被广泛应用于太阳能电池电极材料的制备。纳米薄膜的厚度可以通过控制制备工艺来精确调整，从而在维持良好电导性的同时，保证其对光的透明性。此外，由于纳米薄膜具有较高的表面积和表面活性，因此可以提高电极与电解质或半导体之间的接触面积，增强电荷的收集效率。

以透明导电氧化物（TCO）纳米薄膜为例，其被广泛应用于太阳能电池的前电极材料。TCO 材料如氧化锡（SnO_2）、氧化铟锡（ITO）和氧化锌铝（AZO）等，具有良好的电导性和优秀的光学透明性，是理想的前电极材料。通过将 TCO 材料制备成纳米薄膜，可以进一步优化其光学和电学性能，从而提高太阳能电池的效率。

后电极材料的选择也同样重要。后电极需要具有良好的电导性，以保证光生电荷的高效收集和输出；此外，后电极还需要具有良好的稳定性，以防止在光照和电荷传输过程中的退化。金属纳米薄膜，如铝（Al）、银（Ag）和金（Au）等，由于其优异的电导性和稳定性，被广泛应用于太阳能电池的后电极材料。

通过选择合适的纳米薄膜材料并优化制备工艺，可以进一步提高太阳能电池电极的性能，从而提高太阳能电池的光电转换效率。随着纳米技术的发展，预计纳米薄膜电极材料在太阳能电池中的应用将得到更广泛的研究和发展。

（三）电池界面层材料

太阳能电池的界面层材料起着至关重要的作用，因为它影响电子－空穴对的有效分离、电荷的收集和迁移速率，从而直接影响太阳能电池的性能。纳米薄膜材料由于其独特的性质，已被广泛应用于太阳能电池界面层的制备。

界面层材料需要具有优良的电子传输性质和良好的化学稳定性；理想的界面层材料还应具有与吸光层材料匹配的能级，以确保有效的电荷分离和传输；此外，界面层的厚度也会影响电荷传输和光损失，因此需要通过精确地控制来优化。

纳米薄膜由于其纳米级的厚度，可以有效地减少光的损失，同时保持良好的电子传输性质。此外，纳米薄膜的能带结构可以通过控制纳米颗粒的大小和形状来调整，从而实现与吸光层材料的能级匹配。

例如，氧化钛（TiO_2）纳米薄膜被广泛用作染料敏化太阳能电池（DSSC）和钙钛矿太阳能电池的电子传输层。TiO_2 纳米薄膜具有良好的电子传输性能和化学稳定性，而且其能带边可以与染料或钙钛矿材料的能级良好匹配，从而实现高效的电荷分离和传输。

此外，二氧化钨（WO_3）纳米薄膜也被用作钙钛矿太阳能电池的空穴传输层。WO_3 纳米薄膜具有适中的能带边和良好的空穴传输性质，因此在钙钛矿太阳能电池中表现出良好的性能。

在实际应用中，界面层材料的选择和优化需要考虑各种因素，包括电子和空穴的传输性质、材料的化学稳定性、光学性质以及与其他层材料的匹配性等。通过选择合适的纳米薄膜材料并优化其性质，可以进一步提高太阳能电池的性能。

二、纳米薄膜在燃料电池中的应用

（一）电极催化剂材料

燃料电池是一种高效清洁的能源转换设备，其工作原理是直接将化学能转换为电能。在燃料电池中，电极催化剂材料对于燃料电池的性能至关重要，因为它们直接参与氧化还原反应和燃料氧化反应，如氢氧化反应和甲醇氧化反应等。

在这些电化学反应中，电极催化剂需要提供足够的活性位点，以提高反应的速率并提高燃料电池的效率。此外，由于这些反应往往在高电压和高温下进行，电极催化剂还需要具有良好的稳定性。然而，目前广泛使用的贵金属催化剂，如铂和其合金，虽然具有良好的催化活性，但由于其昂贵和稀缺，限制了燃料电池的大规模商业化应用。

纳米薄膜材料由于其独特的性质，包括大的表面积、高的表面活性以及可控的性质，被广泛研究用于电极催化剂材料。例如，纳米薄膜可以通过调整颗粒大小和形状以优化催化性能，或通过引入其他元素进行掺杂以提高催化活性和稳定性。

一种广泛研究的纳米薄膜电极催化剂材料是基于过渡金属氮化物，如氮化钴（CoN）和氮化铁（FeN）等。这些材料具有良好的 ORR 和 HOR 催化活性，且比贵金属催化剂更稳定和经济。此外，还有一些研究者正在研究基于金属－有机框架（MOFs）的纳米薄膜催化剂，这些催化剂通过控制 MOFs 的组成和结构，可以实现催化活性位点的精确调控。

纳米薄膜电极催化剂材料的研究仍处于发展阶段，需要进一步优化其性质并解决其稳定性和耐久性问题。然而，考虑到其出色的催化性能和可调控的性质，可以预期纳米薄膜电极催化剂材料在燃料电池中的应用前景很广阔。

（二）质子交换膜材料

在燃料电池中，质子交换膜（PEM）的角色不容忽视。由于具有良好的导电性、优异的质子传导性以及稳定的化学性，质子交换膜已成为燃料电池的核心组件。对于燃料电池来说，高效的质子传导和良好的电解质稳定性至关重要，而纳米薄膜技术在这方面发挥了重要作用。

质子交换膜燃料电池（PEMFC）是最具商业化前景的燃料电池类型之一。在 PEMFC 中，纳米薄膜质子交换膜可以有效地导电和传导质子，同时阻止燃气在电池两极间的直接混合。这种材料具有高的电离度、良好的机械稳定性和化学稳定性、低的燃气穿透率和优异的热稳定性等优点。

近年来，科研人员对纳米薄膜质子交换膜的研究中也取得了一些突破。例如，新型的复合纳米薄膜质子交换膜已经实现了较高的质子导电性和优异的机械性能。这些新型复合纳米薄膜通过将纳米颗粒分散在聚合物基体中，改善了膜的导电性和机械强度。

然而，尽管已经取得了一些进展，但是纳米薄膜质子交换膜的研究仍面临一些挑战。例如，提高纳米薄膜质子交换膜的稳定性、降低其制备成本以及提高其在更宽环境条件下的应用性能等。

（三）电解质层材料

纳米薄膜的厚度在纳米尺度，这使得它们在电解质层中具有一些独特的优势。首先，纳米薄膜的纳米级别厚度可以大大降低离子传输的路径长度，从而提高离子的传输速率和燃料电池的功率密度；其次，纳米薄膜的大表面积对体积比能提供更多的反应界面，从而提高电化学反应的效率。

纳米薄膜电解质的一种主要类型是固态电解质，其主要优点是稳定性高，不易泄漏，安全性好。固态纳米薄膜电解质可以在更宽的温度范围内工作，并且具有较高的离子导电性。例如，氧化锆和氧化钙等氧化物纳米薄膜已经被广泛应用于固态氧化物燃料电池的电解质层。

另外，由于纳米薄膜的厚度和组成可以通过制备工艺进行精确控制，因此可以通过材料设计和优化，实现电解质性能的定向改善。例如，通过在纳米薄膜电解质中引入离子传输通道或改变膜的微观结构，可以进一步提高电解质的离子导电性。

尽管纳米薄膜电解质在燃料电池中具有一系列优点，但它们仍面临着一些挑战。例如，保证纳米薄膜的长期稳定性，特别是在高温和高湿度条件下，仍然是一个需要解决的问题。此外，如何在保持高导电性的同时，降低纳米薄膜电解质的制备成本，也是一个重要的研究方向。

三、纳米薄膜在超级电容器中的应用

（一）电极材料

超级电容器，也被称为电化学电容器或超级电容，是一种电能存储装置，其工作原理主要基于电荷的物理吸附（在电介质表面）或快速表面红外反应。超级电容器在能量存储领域备受关注，主要因为它们拥有高功率密度、长循环寿命和良好的充放电稳定性等优点。

电极材料是决定超级电容器性能的关键因素之一。理想的电极材料应具有高的比表面积、良好的电导性、稳定的化学性质以及优秀的机械稳定性。由于纳米薄膜具有这些优越特性，因此已经被广泛用作超级电容器的电极材料。

石墨烯纳米薄膜是一种常用的超级电容器电极材料。石墨烯是一种由单层碳原子组成的二维材料，具有超高的比表面积和优秀的电导性，使其在超级电容器中表现出优异的电化学性能。除此之外，石墨烯的结构可进行调控，如通过化学修饰或掺杂，以进一步提升其电容性能。

另一种是导电聚合物纳米薄膜，如聚苯胺和聚吡咯等。这些聚合物具有良好的电导性和可控的电荷存储机制，且其纳米薄膜形态可以提供大量的表面活性位点，从而提升超级电容器的电荷存储能力。

除此之外，某些过渡金属氧化物和氢氧化物纳米薄膜，如 RuO_2、MnO_2、$Ni(OH)_2$ 等，因此它们具有良好的电化学性质和高的比容量，也被广泛研究用于超级电容器电极材料。

虽然纳米薄膜电极材料已在超级电容器领域展示出良好的性能，但仍然需要进一步研究和优化，以提升其电容性能和稳定性，实现其在更高级别的能源存储应用中的广泛应用。

（二）电解质材料

纳米薄膜材料可以用于电解质的制备，以提升超级电容器的性能。常见的做法是将纳米薄膜与传统的液态电解质（如硫酸、磷酸等）结合使用，通过纳米薄膜调整电解质的物理和化学性质，从而改善超级电容器的性能。

一种有效的方法是使用含有固体电解质的纳米薄膜，如聚合物或陶瓷等。这些纳米薄膜可以在微米或纳米级别提供高度的离子传导通道，从而实现高的离子导电性。此外，通过纳米级的尺寸效应，这些纳米薄膜还可以提供更宽的电化学稳定窗口，从而提升超级电容器的能量密度。

另外，一些特定的纳米薄膜材料，如石墨烯或导电聚合物等，由于其自身的导电性，也可以直接作为电解质使用。例如，石墨烯薄膜可以直接用作固态电解质，实现全固态超级电容器的制备。

需要指出的是，虽然纳米薄膜电解质展示了巨大的潜力，但其在超级电容器中的应用仍然面临许多挑战。例如，纳米薄膜电解质的制备通常需要精细的过程控制，以实现均匀的薄膜形成和良好的与电极的接触。此外，纳米薄膜电解质的稳定性和耐久性也是需要进一步研究和解决的问题。

（三）隔离膜材料

超级电容器的隔离膜材料的作用在于防止正负电极直接接触，从而防止短路，同时允许离子在电解质中自由传递。因此，理想的隔离膜材料需要具有良好的化学稳定性、热稳定性、机械强度和良好的离子导电性。在许多情况下，聚合物膜被用作隔离膜，如聚丙烯和聚酯。

在这种情况下，纳米薄膜可以通过改善隔离膜的这些属性来提高超级电容器的性能。首先，纳米薄膜具有很高的比表面积，这意味着它们能够提供更多的通道，使离子在电极间穿过隔离膜；其次，纳米薄膜的厚度可以通过精确控制生长条件来调整，使得制作出来的隔离膜可以具有更低的电阻，进一步提高超级电容器的性能。

某些类型的陶瓷纳米薄膜，如氧化铝或氧化锆，已经在隔离膜中得到了应用。这些陶瓷纳米薄膜具有出色的化学稳定性和热稳定性，并且可以防止电极间的电子直接穿越，从而防止短路。此外，由于它们的纳米级薄度，离子可以在短时间内穿越这些薄膜，从而保持了良好的电性能。

另外，一些纳米级的有机聚合物薄膜，如聚苯醚或聚乙烯，也可以用作隔离膜。聚合物材料的高机械强度和柔韧性，使它们可以在制造过程中避免短路，同时保持良好的离子传输性能。

第三节　纳米薄膜在环境领域的应用

一、纳米薄膜在水处理中的应用

（一）纳米薄膜过滤技术

纳米薄膜过滤技术是当今水处理技术中的一项重要技术，应用广泛。这一技术依赖于特定纳米薄膜的过滤性质，利用其纳米级别的孔径去除水中的悬浮颗粒、细菌、病毒以及某些化学污染物，从而实现水的净化。

纳米薄膜的孔径可以精确到纳米级别，这样的尺寸足以阻挡大部分的微生物和颗粒，而允许水分子通过。此外，通过改变纳米薄膜的化学构造和表面特性，能够实现对特定污染物的选择性吸附和去除，如重金属离子、有机污染物等。

当纳米薄膜用于过滤技术时，其高度的定制化和可调性是至关重要的。通过调整纳米薄膜的厚度、孔径、化学构造以及表面特性，可以制作出针对各种污染物的专用过滤膜。这种灵活性为解决各种复杂的水质问题提供了可能性。

虽然纳米薄膜过滤技术具有很大的潜力，但是在实际应用中还需要解决一些问题。例如，如何有效地防止膜的堵塞和污染，以保持长时间的高效过滤性能，这是一个技术难题；同时，如何在大规模应用中实现纳米薄膜的高效制备和使用，也是一个挑战。

不过，随着纳米技术的不断发展，纳米薄膜过滤技术在水处理领域的应用将变得更加广泛。通过进一步的研究和改进，未来的纳米薄膜过滤技术有望提供更高效、更经济的解决方案，以应对日益严峻的水资源问题。

（二）纳米薄膜脱盐技术

纳米薄膜脱盐技术是一种新兴的水处理方法，该方法通过在海水或含盐水中应用纳米薄膜，有效地移除溶解在水中的盐分。该技术在各种水质处理领域中得到了广泛的应用，如海水淡化、工业废水处理等，由于其效率高且环保的特点，得到了广大科研和实践人员的青睐。

该技术的核心是利用纳米薄膜的高过滤性能，实现盐分和水的分离。纳米薄膜孔径较小，能有效阻挡大部分盐离子的通过，而允许水分子通过。这样，盐分被留在一侧，而经过膜过滤的水在另一侧得到收集，实现了水和盐的分离。

一种常见的纳米薄膜脱盐技术是反渗透技术。反渗透技术通过在水的一侧施加压力，使得水分子通过纳米薄膜，而盐分则被阻挡在膜的另一侧。这种方法效率高，对电力需求较低，而且操作简单，适用于大规模的水处理。

然而，纳米薄膜脱盐技术也面临一些挑战。例如，长时间使用可能会导致膜表面的污染，从而影响其过滤性能。此外，纳米薄膜的制备成本较高，也是其普及程度受限的一个因素。

尽管存在这些挑战，但科研人员正在不断优化和改进纳米薄膜脱盐技术，如开发新的纳米膜材料，提高膜的抗污染性能，降低膜的制备成本等。这些研究不仅有助于提高纳米薄膜脱盐技术的效率，也有助于推动其在全球范围内的普及。

（三）纳米薄膜分离技术

在水处理领域，纳米薄膜分离技术已经成为关键的处理方式之一。它依靠纳米薄膜的特殊物理和化学性质，进行物质的过滤和分离。这种技术为处理各类废水，包括工业废水和生活污水提供了一种有效的手段，具有重要的环保和社会价值。

纳米薄膜的主要特性是其具有极小的孔径，可以有效地阻挡或拦截污染物，包括微生物、重金属离子、有机化合物等，而允许水分子通过。此外，纳米薄膜的表面性质，如亲水性或疏水性，也可以对过滤效果产生影响。

在工业废水处理中，纳米薄膜分离技术可以用于去除有毒的重金属离子和有害的有机物质。一些工业过程产生的废水含有大量的有害物质，如果直接排放到大自然中，会对环境和人类健康造成严重影响。因此，对废水进行处理，尤其是对有毒物质的分离和去除，具有重要的环保价值。

在生活污水处理中，纳米薄膜分离技术可以有效地去除微生物和悬浮物。这样的处理方法对保护水源、减少疾病传播具有重要的意义。

纳米薄膜分离技术的主要优点有高效率、环保、节能等。纳米薄膜的高过滤效能使其可以在较短的时间内处理大量的废水；同时，由于纳米薄膜过滤不需要添加化学药剂，因此对环境影响小。

二、纳米薄膜在空气净化中的应用

（一）纳米薄膜捕集颗粒物

在空气净化领域，纳米薄膜的应用日益受到关注，特别是纳米薄膜在捕集颗粒物方面展示出了无可比拟的优势。颗粒物是影响空气质量的重要因素之一，这种物质可能导致各种呼吸系统疾病，甚至可能影响气候变化。因此，寻找有效的颗粒物捕集方法是空气质量改善的重要环节。

纳米薄膜以其超微小的孔径，能有效地捕获和过滤空气中的微小颗粒物。这些微小颗粒物包括烟尘、灰尘、花粉、病菌等，对人体健康具有潜在的威胁。纳米薄膜能将这些颗粒物拦截在表面，阻止它们进入呼吸系统。

在空气净化设备中，纳米薄膜可以作为过滤媒介，用于捕获空气中的悬浮颗粒物。由于纳米薄膜的高过滤性能和良好的透气性，使其成为空气净化领域的理想选择。纳米薄膜可以根据实际需求进行设计和制造，以适应各种不同的空气质量和环境条件。

然而，纳米薄膜在捕集颗粒物方面也面临一些挑战。例如，随着使用时间的增长，纳米薄膜的孔隙可能会被颗粒物堵塞，导致过滤效率降低。此外，纳米薄膜的制备和维护成本相对较高，可能会影响其在空气净化设备中的广泛应用。

尽管如此，科研人员正在努力改进纳米薄膜的性能。例如，提高其抗污染能力，降低其制备成本，以使其在空气净化领域得到更广泛的应用；通过改变纳米薄膜的材料和结构，提高其对颗粒物的捕获效率，延长其使用寿命。

（二）纳米薄膜吸附有害气体

环境空气质量与人类生活息息相关，其中，有害气体的存在极大地影响了空气的清洁度。在吸附有害气体方面，纳米薄膜技术的应用显示出了显著的优势。纳米薄膜通过其独特的物理和化学性质，能有效地吸附和去除空气中的有害气体，如硫化氢、氨气、一氧化碳、氮氧化物等。

纳米薄膜通常具有较大的比表面积，这使得其对气体分子有很高的吸附能力。特别是一些活性较高的纳米薄膜，其表面带有大量的活性位点，可以吸附空气中的有害气体，并在其表面发生化学反应，从而实现有害气体的去除。

在空气净化设备中，纳米薄膜可被用作吸附材料，以去除环境中的有害气体。其高效的吸附性能、出色的稳定性和长寿命使其在这一领域中显得尤为突出。同时，纳米薄膜可以根据具体需求进行定制，以优化其对特定有害气体的吸附性能。

纳米薄膜在吸附有害气体方面的应用也正在向更多领域拓展，例如，在室内空气净化和工业废气处理中，纳米薄膜的应用正在得到越来越广泛的认可。

（三）纳米薄膜催化分解污染物

催化分解是一种有效的空气净化方法，它使用催化剂加速化学反应，从而降低空气中的污染物含量。纳米薄膜可以作为载体，通过其表面发生的催化反应，使污染物分解为无害或者低害的物质。例如，钛白粉（TiO_2）纳米薄膜在紫外光照射下可以分解有机污染物，生成二氧化碳和水。这个过程称为光催化氧化。

纳米薄膜的催化分解效果还与其特有的表面性质有关。尺寸越小，反应活性越强，这是纳米材料的一个重要特性。另外，纳米薄膜的孔隙结构也对催化反应产生影响，通常，孔径越小，孔道越长，反应速率就越高。通过对纳米薄膜孔隙结构的精细设计，可以优化其催化性能，从而更有效地净化空气。

纳米薄膜还具有良好的稳定性和耐久性，这是其在空气净化应用中的另一大优点。尽管催化剂在反应过程中经历严酷的条件，但是纳米薄膜仍能保持其形状和功能，维持长期稳定的催化性能。这对于保证净化器的持久运行是至关重要的。

在探索空气净化技术的过程中，纳米薄膜催化分解污染物的技术不断被优化，例如，利用更高效的光催化材料，提高光照效率，以及设计更加复杂的孔隙结构等。这些优化都使纳米薄膜在空气净化领域的应用前景越来越广泛。

第四节　纳米薄膜在生物医学领域的应用

一、纳米薄膜在药物递送中的应用

（一）纳米薄膜药物控制释放

纳米薄膜作为一种新型的生物材料，已经在药物递送领域展示出了极高的潜力。通过将药物载体缩小到纳米级别，纳米薄膜技术能够大幅度提高药物在体内的运输效率，优化药物的分布模式，从而更精准地治疗疾病。

1. 纳米薄膜药物控制释放的基本原理

纳米薄膜的制备通常基于自组装、溶剂蒸发、层压等方法。制得的纳米薄膜拥有极其细小的厚度和巨大的表面积，这使得药物可以大量地吸附在其表面或内部，形成药物负载的纳米薄膜。在适当的条件下，药物可以从纳米薄膜中逐渐释放出来，实现药物的控制释放。

2. 纳米薄膜药物控制释放的优势

（1）精准给药。通过调节纳米薄膜的物理化学性质，如尺寸、形状、表面修饰等，可以实现针对特定疾病或组织的定向药物递送，大大提高药物的疗效和安全性。

（2）缓释效应。药物被载入纳米薄膜后，可以根据需要进行缓慢或快速地释放，从而根据疾病的需要来调整药物的给药频率和剂量。

（3）生物相容性。纳米薄膜一般由生物相容性良好的材料制成，如聚乳酸、聚醋酸乙烯等，对人体毒性小，且可降解，符合药物递送的环保要求。

3. 纳米薄膜药物控制释放的应用前景

纳米薄膜药物控制释放系统在许多领域都有潜在的应用，如肿瘤治疗、神经退行性疾病的治疗、创伤和感染的处理等。此外，其还可用于改善药物的生物利用度，降低副作用，提高患者的依从性。

但同时，纳米薄膜药物控制释放系统也面临着许多挑战，如如何提高药物的载药率，如何实现药物的定向递送，如何调控药物的释放速率等。这些问题需要科研人员继续深入研究和解决。

（二）纳米薄膜药物载体

纳米薄膜药物载体是一个非常独特的系统，利用其独有的性质，能够提升药物的生物利用度，提高药物的治疗效果，降低药物的副作用。

1. 纳米薄膜药物载体的基本原理

药物载体的核心任务是将药物安全、有效地送达目标区域。利用纳米薄膜作为药物载体，可以实现这一目标。纳米薄膜的制备过程通常包括自组装、溶剂蒸发、层压等步骤。通过这些方法，可以在纳米薄膜中包裹药物，形成一种新型的药物载体。

2. 纳米薄膜药物载体的优点

（1）提升生物利用度。纳米薄膜药物载体的表面积大，有利于提高药物的吸收和利用，从而提升药物的生物利用度。

（2）降低药物副作用。纳米薄膜药物载体能够保护药物，减少药物与人体健康组织的接触，从而降低药物的副作用。

（3）实现药物定向递送。通过改变纳米薄膜药物载体的物理化学性质，如尺寸、形状、表面修饰等，可以实现药物的定向递送，针对特定的疾病或组织。

3. 纳米薄膜药物载体的挑战与前景

尽管纳米薄膜药物载体具有许多优点，但其在实际应用中仍面临一些挑战，如药物载入率、药物稳定性、载体生物相容性等问题。这些问题需要科学研究人员不断地探索和解决。

随着纳米薄膜技术的不断发展，预计在更多的领域都将看到纳米薄膜药物载体的应用，如肿瘤治疗、抗菌、疾病诊断等。同时，纳米薄膜药物载体也将为制药工业带来新的研发方向和市场机会。

二、纳米薄膜在生物组织工程中的应用

（一）纳米薄膜细胞培养基底材料

纳米薄膜细胞培养基底材料的研究以模仿细胞自然环境为目标，用以实现对细胞生长和分化的有效控制。因为细胞的生长、分化、迁移和功能表达等一系列过程都受到其周围微环境的影响，所以这种微环境被称为细胞微环境。细胞微环境包括细胞间的物理接触、化学信号的交换以及细胞与细胞外基质（ECM）的相互作用等。

纳米薄膜的微观结构可模拟细胞外基质的功能，提供类似于自然生物环境的三维支架，以促进细胞的定向生长和分化。这种材料的物理性质（如硬度和弹性）以及表面特性（如粗糙度和化学功能性）均可通过纳米工程手段进行调控，以适应不同类型的细胞培养需要。

另外，纳米薄膜的大表面积和高孔隙度也使其成为一种优良的药物载体，可用于定向输送药物到细胞内部，以增强疗效并减少副作用。例如，通过将生长因子或其他生物活性分子附着到纳米薄膜的表面，可以有效促进细胞的生长和分化。

然而，尽管纳米薄膜在生物组织工程中的应用具有诸多优点，但仍存在一些挑战需要解决。例如，纳米薄膜的制备方法尚需进一步优化，以提高其制备效率和规模化生产能力。此外，纳米薄膜的生物相容性和长期稳定性也是研究重点，为了使其在临床中的应用更为广泛，需要进一步研究和改进。

（二）纳米薄膜组织支架材料

在生物组织工程中，组织支架被设计为能提供适宜的环境以促进组织的生长、修复和再生。这种支架应具有适当的生物力学性能、生物相容性、生物降解性和生物活性等。

纳米薄膜以其优异的物理和化学性能，以及可调控的结构和尺寸，得以在组织支架的设计和制备中发挥关键作用。纳米薄膜的微观结构可以模拟自然组织的细胞外基质，为细胞提供与自然环境相似的生长环境，从而促进细胞的生长、分化和功能表达。

在组织支架的设计和制备中，纳米薄膜的结构和性质可通过纳米技术进行精确调控，以满足不同类型组织的特定需求。例如，通过控制纳米薄膜的孔径和孔隙率，可以改变支架的物理性能（如弹性模量和强度），以适应不同类型组织的力学环境。

同时，纳米薄膜的表面可通过化学修饰进行功能化，以增加生物活性分子的吸附，从而提高细胞的黏附、生长和分化能力。

三、纳米薄膜在生物检测中的应用

（一）纳米薄膜生物传感器

纳米薄膜生物传感器是纳米薄膜在生物检测中的典型应用。其主要功能是通过利用纳米薄膜与特定生物分子之间的相互作用，将生物信息转换为可检测的电学或光学信号。由于纳米薄膜具有较大的比表面积、高的表面活性和良好的导电性，因此，纳米薄膜生物传感器具有较高的灵敏度和选择性。

在纳米薄膜生物传感器中，纳米薄膜充当着探针的角色，通过与目标生物分子的结合，实现对特定生物分子的检测。这种结合通常是基于特定的生物分子之间的生物识别反应，例如，抗体和抗原之间的特异性结合、酶和底物之间的催化反应等。

在这种检测过程中，目标生物分子的结合通常会引起纳米薄膜表面电荷的变化，这种电荷变化可以通过电学方法检测，从而实现对目标生物分子的定量或定性检测。例如，通过电化学阻抗谱法可以实现对纳米薄膜表面电荷变化的监测，从而实现对特定生物分子的高灵敏度检测。

此外，通过利用纳米薄膜的光学性质，也可以实现对目标生物分子的检测。例如，通过表面等离子共振技术，可以实现对纳米薄膜表面生物分子吸附的实时监测，从而实现对目标生物分子的高灵敏度和高分辨率检测。

纳米薄膜生物传感器在诸多领域中都有广泛的应用，例如，食品安全检测、环境监测、临床诊断等。但是，如何提高生物传感器的稳定性和重复性，以满足长时间的连续监测需求；如何提高生物传感器的选择性，以避免非特异性吸附和干扰；以及如何简化生物传感器的制备和操作过程，以满足便携式和现场快速检测的需求，是目前需要进一步研究的。

（二）纳米薄膜生物标记技术

纳米薄膜生物标记技术是纳米薄膜在生物检测中的另一种重要应用。这种技术主要利用纳米薄膜对特定生物分子的高选择性吸附，结合其独特的光学或电学特性，实现对生物分子的可视化、定量和定位。

在纳米薄膜生物标记技术中，纳米薄膜被设计为具有高亲和力的探针，可以特异性地结合到目标生物分子上。这种结合通常是通过特定的生物识别反应实现的，如抗体－抗原反应、生物素－亲和素反应等。此外，纳米薄膜的表面还可以通过化学修饰进行功能化，引入特定的生物活性分子或信号分子，以增强其对目标生物分子的识别能力或信号输出能力。

纳米薄膜生物标记技术的核心是利用纳米薄膜的光学或电学特性，实现对标记生物分子的可视化和定量。例如，通过利用纳米薄膜的光学散射或吸收特性，可以实现对标记生物分子的光学检测。此外，纳米薄膜的电学特性，如电导率、电容性或电位，也可以用于实现生物分子的电学检测。这种方法的优点是可以在无须标签的情况下实现生物分子的直接检测，从而避免标签引入的复杂性和可能的干扰。

纳米薄膜生物标记技术在生物科学和医学中有广泛的应用。例如，可以用于细胞内生物分子的可视化和定位，揭示其在细胞内的分布和动态变化；也可以用于生物分子的定量检测，实现对生物过程的定量监控和分析。

（三）纳米薄膜生物分析技术

纳米薄膜生物分析技术是另一种在生物检测领域应用广泛的纳米薄膜应用方式。该技术主要依赖纳米薄膜的物理、化学和生物性质，以提供对生物样本的定量或定性分析。在生物分析技术中，纳米薄膜常被作为检测介质或反应平台，以实现对生物分子、生物组织或生物体的精准探测和鉴定。

具有灵敏度和选择性的纳米薄膜生物分析技术在生物识别、疾病诊断、环境监测等领域中发挥着重要作用。其基本原理在于利用纳米薄膜的表面性质、孔径尺寸、电化学活性等因素来促进或抑制特定生物反应的进行，从而获得关于目标生物体或生物分子的信息。

纳米薄膜的生物分析技术中一种常见的应用就是作为生物样品的分离和富集介质。例如，纳米薄膜可以被用于蛋白质、DNA 或 RNA 等生物分子的分离富集，提高分析灵敏度。

思考题

1. 纳米薄膜在微电子领域有哪些具体应用?
2. 纳米薄膜在能源领域有哪些具体应用?
3. 简述纳米薄膜在环境领域中的应用。
4. 简述纳米薄膜在生物医学领域的应用。

参考文献

[1] 施利毅 . 纳米材料 [M]. 上海：华东理工大学出版社 , 2007.

[2] 张立德 . 纳米材料 [M]. 北京：化学工业出版社 , 2000.

[3] 陈翌庆，石瑛 . 纳米材料学基础 [M]. 长沙：中南大学出版社 , 2009.

[4] 袁哲俊，杨立军 . 纳米科学技术及应用 [M]. 哈尔滨：哈尔滨工业大学出版社 , 2019.

[5] 张志焜，崔作林 . 纳米技术与纳米材料 [M]. 北京：国防工业出版社 , 2000.

[6] 曹茂盛，曹传宝，徐甲强 . 纳米材料学 [M]. 哈尔滨：哈尔滨工程大学出版社 , 2002.

[7] 亓钧雷，曹健，李淳，等 . 纳米材料与纳米器件基础 [M]. 哈尔滨：哈尔滨工业大学出版社 , 2022.

[8] 郭松柏，耿海音 . 纳米与材料 [M]. 苏州：苏州大学出版社 , 2018.

[9] 王玲，李林枝 . 纳米材料的制备与应用研究 [M]. 北京：原子能出版社 , 2019.

[10] 张亚非，刘丽月，杨志 . 纳米材料与结构测试方法 [M]. 上海：上海交通大学出版社 , 2019.

[11] 姜姗姗，高淑娟 . 现代纳米材料及其技术应用研究 [M]. 北京：原子能出版社 , 2019.

[12] 季一勤，刘华松 . 二氧化硅光学薄膜材料 [M]. 北京：国防工业出版社 , 2018.

[13] 张永宏 . 现代薄膜材料与技术 [M]. 西安：西北工业大学出版社 , 2016.

[14] 汪洋 . 气体的吸附及薄膜材料的应用 [M]. 北京：国防工业出版社 , 2016.

[15] 刘耀东 . 氧化锌薄膜材料 [M]. 北京：国防工业出版社 , 2013.

[16] 刘琳，刑锦娟，钱建华 . 薄膜材料的制备及应用 [M]. 沈阳：东北大学出版社 , 2011.

[17] 冯丽萍，刘正堂 . 薄膜技术与应用 [M]. 西安：西北工业大学出版社 , 2016.

[18] 张济忠，胡平，杨思泽，等 . 现代薄膜技术 [M]. 北京：冶金工业出版社 , 2009.

[19] 丁雷 . 界面插层调控磁阻薄膜材料电输运性能研究 [M]. 北京：原子能出版社 , 2018.

[20] 伍秋涛 . 软包装薄膜材料及应用 [M]. 北京：印刷工业出版社 , 2011.

[21] 蔡珣，石玉龙，周建 . 现代薄膜材料与技术 [M]. 上海：华东理工大学出版社 , 2007.

[22] 唐伟忠 . 薄膜材料制备原理、技术及应用 [M]. 2 版 . 北京：冶金工业出版社 , 2003.
[23] 孙振范，郭飞燕，陈淑贞 . 二氧化钛纳米薄膜材料及应用 [M]. 广州：中山大学出版社 , 2009.
[24] 陈海霞，丁继军 . 氧化锌和氧化硅纳米薄膜材料的微结构和光学特性 [M]. 北京：国防工业出版社 , 2015.
[25] 林媛，陈新 . 先进纳米薄膜材料：制备方法及应用 [M]. 北京：化学工业出版社 , 2017.
[26] 王月花 . 薄膜光学原理与技术 [M]. 徐州：中国矿业大学出版社 , 2020.
[27] 杜军，朱晓莹，底月兰 . 气相沉积薄膜强韧化技术 [M]. 北京：国防工业出版社 , 2018.
[28] 戴达煌，代明江，侯惠君 . 功能薄膜及其沉积制备技术 [M]. 北京：冶金工业出版社 , 2013.
[29] 金曾孙 . 薄膜制备技术及其应用 [M]. 长春：吉林大学出版社 , 1989.
[30] 王月花，黄飞 . 薄膜的设计、制备及应用 [M]. 徐州：中国矿业大学出版社 , 2016.
[31] 刘琳，刑锦娟，钱建华 . 薄膜材料的制备及应用 [M]. 沈阳：东北大学出版社 , 2011.
[32] 王慈 , 余江 , 苏子艺 , 等 . 高效复合纳米薄膜材料在水处理中的应用 [J]. 深圳大学学报 (理工版),2015,32(3):239-244.
[33] 蔡浩原 , 崔大付 , 李亚亭 , 等 . 高阻值纳米薄膜材料的热电特性测量 [J]. 光学精密工程 ,2014,22(7):1794-1799.
[34] 崔传文 , 姜明 . 纳米薄膜材料的制备技术及其应用研究 [J]. 科技视界 ,2012(19):50-51.
[35] 周永宁 , 傅正文 . 纳米薄膜锂离子电池电极材料 [J]. 化学进展 ,2011,23(Z1):336-348.
[36] 唐圆 . 光电转换纳米薄膜材料 [J]. 技术与市场 ,2008(5):7.
[37] 王晓丽 , 焦清介 . 微 / 纳米含能薄膜材料的制备与应用研究 [J]. 含能材料 ,2006(2):139-141.
[38] 冯则坤 , 何华辉 . 高性能纳米磁性薄膜材料的湿法工艺 [J]. 磁性材料及器件 ,2003(6):26-29.
[39] 二维纳米防护薄膜材料研制取得进展 [J]. 表面工程与再制造 ,2019,19(2):65.
[40] 张馨月 , 刘长胜 , 夏英 , 等 . 改性纳米碳酸钙在 PVC 软质薄膜材料中的应用 [J]. 现代塑料加工应用 ,2018,30(3):46-49.
[41] 邱成军 , 曹茂盛 , 朱静 , 等 . 纳米薄膜材料的研究进展 [J]. 材料科学与工程 ,2001(4):

132-137.

[42] 王艺程，张怀武，鲁广铎，等．纳米高频软磁薄膜材料研究进展 [J]. 中国材料进展，2012,31(7):42-50.

[43] 吴大维，吴越侠，唐志斌．纳米晶硅薄膜材料的技术发展 [J]. 真空 ,2012,49(1):70-73.

[44] 林伟，黄世震，陈文哲．新型碳纳米管复合薄膜材料的气敏性能 [J]. 华南理工大学学报 (自然科学版),2010,38(9):102-107.

[45] 陶丰，郑旭煦．纳米尺度的表面化学在薄膜材料与表面工程中的应用 [J]. 中国表面工程 ,2007(5):1-10.

[46] 刘艳彪，周保学，熊必涛，等．TiO_2 纳米管阵列太阳能电池薄膜材料及电池性能研究 [J]. 科学通报 ,2007(10):1102-1106.

[47] 曲抒旋，巩文斌，孙小珠，等．基于碳纳米管薄膜的复合材料在线损伤监测 [J]. 航空学报 ,2022,43(1):586-598.

[48] 陈思佳，马德韬，李静，等．纳米材料在薄膜中的改性应用 [J]. 胶体与聚合物 ,2019,37(2):91-94.

[49] 储震宇，金万勤．新型纳米传感薄膜材料在发酵组分检测中的研究进展 [J]. 化工进展 ,2019,38(1):382-393.

[50] 曹小安，刘荣，彭燕．催化发光传感器纳米薄膜制备条件的优化 [J]. 广州大学学报 (自然科学版),2012,11(4):90-93.

[51] 吴国友，沈毅，张青龙，等．纳米 WO_3 薄膜材料的制备及掺杂改性研究 [J]. 中国钨业，2005(5):32-36.

[52] 廖波，谢君堂，仲顺安，等．纳米硅薄膜材料在场发射压力传感器研制中的应用 [J]. 中国科学 E 辑：技术科学 ,2003(3):205-208.

[53] 曾祥斌，徐重阳，王长安，等．PECVD 法制备纳米硅薄膜材料 [J]. 电子元件与材料，1999(5):1-2,47.

[54] 张连宝，卢荣玲，吴鸣鸣．用电沉积方法制备纳米迭层薄膜材料 [J]. 北京工业大学学报 ,1998(2):71-76.

[55] 徐建，陆敏，朱丽娜，等．纳米薄膜的制备技术及其膜厚表征方法进展 [J]. 现代仪器，2012,18(3):11-15.

[56] 孟庆超，葛圣松，邵谦．溶－凝胶法制备纳米薄膜技术应用研究进展 [J]. 山东科学，2006(4):58-62,71.

[57] 游阳明，张国庆．电沉积制备纳米迭层薄膜材料 [J]. 电镀与精饰 ,1995(4):20-23,26.

[58] 李鹏．纳米薄膜材料制备工艺研究 [D]. 重庆：重庆大学 ,2004.

[59] 金志欣．纳米 TiO_2 薄膜材料及其染料敏化太阳电池制备研究 [D]. 呼和浩特：内蒙古师范大学 ,2012.